KB235123

# 북한의 옛집

그 기억과 재생 | 함경도 편

# 북한의 옛집

그 기억과 재생 | 함경도 편

· 강영환 지음

이담 Books

## 서문_ 이 글을 쓰기까지


1996년 겨울이 시작되던 어느 날 나는 거제도로 향했다.

실향민 한 분을 만나러 가는 길이었다.

설문지에 기록된 내용도 비교적 충실했고, 우선 집을 지어 본 경험이 있다는 기술에 마음이 끌려 꼭 만나 보고 싶었던 것이다.

그러나 남해 바닷가의 작은 포구에서조차 그를 찾는 것이 그리 쉬운 일은 아니었다. 두어 시간을 헤맨 끝에 간신히 찾아낸 그는 대낮부터 취한 채 인사불성인 모습으로 자고 있었다. 도저히 인터뷰가 불가능하여 우리는 그곳에서 하룻밤을 기다려야 했다.

다음 날 아침에서야 우리는 남해가 바라보이는 작은 시골다방에 마주 앉게 되었다. 엊저녁 취기가 채 가시지 않은 피곤한 얼굴로 나타난 그는 나의 방문목적이나 진의를 정확히 파악하기까지 경계심을 늦추지 않았고 퉁명스러움으로 일관했다. 그러나 마을과 집에 대한 이야기가 시작되자 점차 차분히 가라앉으며 기억을 더듬어 나아갔다.


함남 북청군 출신인 그는 일제 때 지주로서 면장을 지낸 아버지 덕분에 유복한 집안에서 자랐다고 한다. 해방이 되자 공산정권하에서 친일파 민족반역자로 몰리게 되었고 재산도 몰수당하면서 몰락하게 된다. 한국동란이 발발하고 국군이 북진하면서 마을사람들은 치안대를 조직하였고, 당시 중학교 2학년이던 그는 연락원으로 참여하였다. 국군이 후퇴하면서 이러한 전력 때문에 숙청될까 두려워 동생과 함께 월남 길에 나서게 된다. 흥남에서 미군함정을 타고 거제도로 내려온 것이 오늘날까지 거제에 뿌리박게 된 배경이다.

그는 이미 그려 주었던 도면만큼이나 그가 살았던 마을과 집에 대해 정확한 기억을 가지고 있었다. 마을의 호수나 지형으로부터, 집의 평면과 구조, 배치, 재료에 이르기까지 그의 구술은 상세하고 신뢰성이 높은 것이었다. 소농계층과 부농계층의 차이나, 이북지방과 이남지방의 차이, 일본식과 조선식의 차이 등 그의 변별적인 설명도 지금까지 조사했던 내용과 정확히 일치하고 있었다. 그의 설명은 마치 내가 함경도 북청 땅의 남대천을 거슬러 올라 몽산동 마을을 거닐고 있는 듯 현장감 넘치는 것이었다.

뿌연 담배연기를 한숨처럼 토해 낸 그는 독백으로 얘기를 맺었다.
"이제는 꿈에서만 보여.
배를 타고 남대천을 오르는 꿈이지.
남대천은 물이 얕아 배가 다닐 수 없거든.
그런데 그 꿈속에 이상하게 마누라가 있단 말이지.
니가 왜 여기 왔느냐고 묻곤 하지."

그는 지금까지도 꿈을 꾸고 있었다. 배가 오르지 못하는 강을 거슬러

처자식과 함께 고향땅을 밟아 보는 이상한 꿈에서 깨어나지 못하고 있었다. 묘하게도 그의 꿈은 내 가슴에도 공명을 일으키며 같은 꿈을 재현하게 했다. 나는 그의 꿈을 통하여 내가 체험하지 못했던 세계를 그와 같은 심정으로 거닐고 있었던 것이다.

'토포필리아(topophilia)'-물적 환경이나 장소와 결합되어 있는 인간의 감정과 정서.

문화지리학자인 Yi-Fu Tuan이 정의했던 이 용어는 그들의 심경을 표현하기에 너무도 적절한 표현이다. '고향'이라는 물적 환경은 여느 마을과 크게 다르지 않지만 그들의 삶과 더불어 존재하기 때문에 그들에게 특별한 의미가 있다. 좁고, 어둡고, 지저분한 다락방이라도 어린 시절 어른들의 꾸중을 피해 숨어들었던 기억과 관련되어 있다면 그것은 특별한 세계이며, 의미이다. 같은 소나무라도 사랑하는 연인과 함께했던 소나무라면 그 가지 하나라도 오랜 시간 동안 잊히지 않는다.

하물며 나와 내 가족이 살던 고향의 옛집이랴.

생사를 모르는 가족들과 가 볼 수 없는 현실적 상황, 어린 시절의 즐거웠던 기억들, 이러한 것들은 그들이 물적 환경과 더불이 온진히 그들의 가슴속에 맺혀 있다. 나이가 들수록 그 기억은 보다 생생해지고 꿈속을 헤매다가, 그 꿈과 함께 묻히게 된다.

나는 옛집을 연구하는 학자로서 그들의 집에 대한 기억을 재생하는 일에 착수했다. 그것은 그들의 기억 속에 존재하는 고향집의 모습을 시각화함으로써 분단의 아픔에 조금이나마 위로가 되고 싶은 개인적 욕심이었고, 남북분단 이후 답보상태에 있는 북한주거연구에 대한 1차적 자료를 축적해야 한다는 학문적 열망의 발로였다.

이 일은 당시 대학원생이었던 문정호 군과 함께 그들의 주소를 확인하는 일로부터 시작되었다. 설문지의 형식을 만들고, 도면작도법을 그리며, 과연 그들이 40년 전의 기억을 제대로 기억하고 있을지, 그것을 적절하게 표현할 수 있을지, 발송하는 순간까지 염려스러워했다.

첫 회신이 오던 날 봉투를 개봉하는 순간 우리는 환호성을 지르며 얼싸안았다. 그것은 너무도 정교하고 생생한 북한의 옛집이었다. 우리의 염려는 기우에 불과했다. 부엌의 솥단지에서부터, 뒤뜰의 나무 한 그루, 수챗구멍에 이르기까지 상세하게 그려 준 그들의 도면은 현장에서 실측 조사된 어떤 도면보다도 정교하고 치밀한 것이었다. 3차에 걸친 검증과 회신 속에서 그 도면들은 보다 정교해졌다. 그들의 고향집은 드디어 아픈 기억으로부터 나와 온전히 재현되고 있었다. 그것은 또한 북한지역 전통주거에 관한 연구의 실증적 자료로 축적되어 갔다.

연구를 시작하기 전 나는 설문지를 통하여 그들과 약속을 한 것이 있다. 연구가 완료되는 대로 그 도면들을 보내 주기로 한 약속이다. 학회지의 논문은 지면의 제약이 있어 그 귀중한 자료들을 다 수록할 수 없었다. 이제 이 자료들을 연구결과와 함께 수록함으로써 그들과의 약속을 지키려 한다. 이것은 이 분야를 연구하려는 다른 학자들에 대한 자료의 공개이기도 하다.

그러나 나의 연구는 이 책으로 끝나지 않을 것이다. 자료를 제공해 줄 실향민이 있는 한 나의 자료 수집은 계속될 것이고, 이를 바탕으로 새롭게 수정 보완될 것이다. 또한 하루빨리 통일이 되어 그분들과 함께 그들의 고향집을 방문하기를 간절히 기원하는 바이다.

　이 책에 칭찬받을 점이 있다면 나의 손발이 되어 조사연구에 동참해 준 문정호 군과 송현석 군, 그리고 편집을 도와준 고홍명군과 남하영양의 몫이 절반이다. 나머지 절반은 모두 설문지에 도면을 그리고 성실하게 답변해 준 실향민들의 몫이다. 그분들에게 머리 숙여 감사의 뜻을 전하며, 그분들의 아픔에 조금이나마 위로가 되었다면 나의 사명은 거의 달성된 것이다. 연구를 진행하는 도중에 작고하신 분도 있어 이 기회를 빌려 고인의 명복을 기원하며, 그 영전에 이 책을 바친다.
　그분들과 함께 통일을 염원하는 모든 분들에게 이 책을 바치는 바이다.

2010년 무거재에서

# 목 차_

# 제1장

# 기억의 재생이라는 연구방법

## 1. 북한의 옛집, 그 30년간의 화두

　지난 15년 동안 나는 한국 주거사에 대한 탐구를 계속해 왔다. 선사시대의 자료들은 발굴된 집자리의 보고서들을 통하여, 역사시대의 자료들은 문헌상의 기록이나, 회화, 공예품들을 통하여 그 시대의 집 모양을 추정하는 데 도움을 주었다. 한편 조선시대의 사료들은 아직도 풍부하게 현장에 남아 있었기 때문에 쉽게 접근할 수 있었다.

　이 연구를 처음 시작할 당시만 해도 도시 외곽만 벗어나면 어디에서든지 이 연구를 위한 생생한 자료를 얻을 수 있었다. 몇백 년 묵은 고가로부터 일제시대에 지어진 왜식주택에 이르기까지, 조선시대 양반사대부가의 기와집으로부터 소농들의 초가집에 이르기까지 해방 이전에 지어진 살림집이라면 모두 한국 주거사 연구의 실증적 사료로서 조사와 연구의 대상이 되었다.

　나의 연구는 이렇게 풍부한 자료를 바탕으로 심화될 수 있었고, 그 자료와 함께 검증이 가능한 것이었다. 이러한 연구들이 축적되어 어설프게나마 한국 주거사라는 동사적 체계에 도전할 수 있었다. 그러나 조선시대 주거의 지역성에 관한 한 북한지역은 항상 꿰뚫리지 않는 화두처럼 남아 있었다. 북한지역을 배제하는 한 한국 주거사는 반쪽의 역사에 지나지 않기 때문이었다.

　물론 해방 이전에 일본인 학자들이 조사해 놓은 북한지역의 자료들이 없는 것은 아니었다. 해방 이후 북한학자들의 조사연구도 수는 적지만 풍부한 내용을 담고 있었다. 그러나 그들이 서술한 사례의 수는 통틀어

30여 건에 지나지 않았고, 담긴 내용도 부분적인 것에 불과했다. 무엇보다도 현장체험이 없는 간접자료라는 점에서 공허함을 메울 길이 없었다.

반면 남한지역의 주거에 관해서는 지난 30년간 활발한 현장조사와 연구가 진행되어 왔다. 특히 60년대 이후 현장실측조사의 유행을 타고 자료의 수도 폭발적으로 증가했고, 연구자의 수도 급속히 증가했다. 자료의 확장과 다양한 연구방법들이 개발됨에 따라 기존의 이론들이 새롭게 검증되었고, 새로운 이론들이 도출되었다. 그러나 북한지역에 관한 한 60년대 이후 새로운 자료들이 전혀 발굴되지 않았고, 발표된 것도 없었다. 이에 따라 기존의 이론을 검증할 수도 없고, 새로운 이론을 도출할 수도 없었다.

남북분단의 현 상황에서 북한지역을 답사할 수도 없고, 더 이상의 간접자료도 보충되지 못했다. 설령 현장에 접근할 수 있는 기회가 주어진다고 해도, 해방 이전에 건립된 주택이 원형대로 보존되어 있으리라는 보장도 없었다. 이 때문에 학계에서마저 북한지역에 관한 한 일제시대 일본인들의 연구결과나 60년대 이전의 북한학자들의 연구에 전적으로 의존한 채 답보상태에 머물고 있었다.

〈표 1-1〉 1960년대까지 북한의 옛집에 관한 연구들

| | | |
|---|---|---|
| 小田內通敏, | 1923, | 朝鮮部落調査豫察報告, 제1책, 朝鮮總督府. |
| 小田通敏朝, | 1924, | 朝鮮部落調査報告, 제1책, 朝鮮總督府. |
| 今和次郎, | 1924, | 朝鮮部落特別調査報告, 제1책(民家), 朝鮮總督府. |
| 岩規善之, | 1924, | 朝鮮民家의 家具에 대하여, 〈朝鮮과 建築〉 1-5. |
| 野村孝文, | 1938, | 朝鮮住宅의 一考察, 〈朝鮮과 建築〉 17-5. |
| 리종묵, | 1960, | 우리나라 농촌주택의 류형과 그 형태, 19세 중엽-20세기 초엽, 〈문화유산〉 5호. |
| 리종묵, | 1960, | 우리나라 농촌주택의 발전에 관한 민속학적 고찰, 〈문화유산〉 6호. |
| 황철산, | 1965, | 우리나라 과거주택의 류형과 그 형성 발전, 고고민속 3호. |

　　오랜 고민 끝에 나는 우회적인 방법을 찾아내었다. 그것은 북한 출신 주민들이 많이 거주하고 있는 중국 동북지역을 조사하는 일이었다. 옛 만주지역은 일제시기 이전부터 많은 한국인이 이주하여 정착한 곳이며, 이들은 주로 함경도와 평안도에서 이주하였기에, 이들이 과거의 주거형태를 유지하고 있다면 이를 통하여 북한지역의 주거를 추정할 수 있을 것으로 생각했던 것이다.

　　다행히 학술진흥재단의 연구비 지원을 받게 되어 나와 울산대학교 연구진들은 1992년부터 연변지역의 마을과 주택에 대해 조사연구를 수행할 수 있었다. 과연 기대했던 것처럼 그곳에는 최소한 일제시기까지 함경도식 주거를 추정할 수 있는 집들이 존재하고 있었다. 넓은 정주간을 갖춘 양통집, 그것은 민속촌이나 종래의 연구서에서 도면으로 보았던 함경도식 양통집이었다. 주민들과의 면담에서도 그들의 주거형식이 함경도식과 다르지 않다는 사실을 확인할 수 있었다.

　　그러나 그것은 어디까지나 추정이었다. 더구나 그러한 형식이 한반도의 어느 지역까지 분포하는지, 계층적으로 어떻게 다른지도 알 수 없는 일이었다. 또한 평안도시역과 인접한 요동지역에 대한 연구가 더 이상 진행되지 못함으로써 평안도 주거와 비교할 기회노 없었다.

　　이러한 한계는 결국 현장 실측조사라는 종래의 연구방법이 안고 있었던 방법론상의 한계 때문이었다. 현장에서 실측조사 된 것만을 실증적 자료로 생각해 왔기 때문에 남북분단 이후 더 이상의 자료가 보충되지 않았던 것이다. 발상의 전환이 필요했다. 현장에 가 보지 않고도 자료를 얻을 수 있는 방법의 모색, 그것은 어쩌면 공상으로 끝나 버릴 신기루와 같은 과제였다.

## 2. 기억의 재생이라는 새로운 방법

어느 날 나는 북한 출신 한 분으로부터 노트에 그려진 도면을 받게 되었다. 그 도면은 그분이 살았던 북한의 옛집을 배치평면도로 그린 그림이었다. 그 도면을 받는 순간 번개와 같은 충격이 내게 다가왔다. 30년간의 화두가 한꺼번에 풀리는 순간이었다. '물건'이 아니라 바로 '사람'이었다. 지금까지 현장답사를 통한 주택의 실측조사와 도면작성만을 고집해 왔던 방법론의 껍질이 깨지는 순간이었다. '주택'이라는 물적 대상으로부터 '주택에 대한 사람의 기억'으로 연구대상을 전환하는 계기가 마련되었던 것이다.

남한에는 수십만의 월남자들이 생존해 있고, 그들이 해방 이전에 살았던 주택에 대해 정확한 기억을 가지고 있다면 그것을 재현해 냄으로써 북한지역의 주택과 주거생활에 대한 새로운 자료를 얻을 수 있을 것으로 판단되었다. 그러나 이러한 방법은 시간의 제약을 받는 방법이었다. 북한 주거에 대한 기억을 가지고 있는 사람들은 이미 연로하여 점차 사라져 가고 있기 때문이었다. 조급한 마음으로 애를 태우던 중 다시 한 번 기회가 주어졌다. 1995년 학술진흥재단의 연구비 지원을 받게 된 것이다.

당시 대학원생이었던 문정호 군과 함께 우선 경상남도 내에 거주하는 실향민의 소재파악에 나서게 되었다. 이북오도 사무소 경남지부와 부산지부의 협조를 받아 명단을 얻어 본바 십만 명에 이르는 회원이 등록되어 있었다. 이 중에서 월남 당시 15세 이상이었던 대상자를 추려 내고, 다시 주소가 확인된 회원(회지를 받아 보는 회원)을 대상자로 선정했다.

Piaget의 인지 발달론에 의하면 15세 이상이 되어야 환경적 인지가 완전히 성숙하기 때문이었다.

한편 그들에게 보낼 설문지 양식을 준비했다. 인적 사항과 함께 북한에서의 주소와 가족형태, 경제형태 등을 알아보기 위한 질문과 건설경험을 묻는 항목을 설정했다. 마을의 환경조건을 파악하기 위해 마을의 입지와 지형, 마을규모 등을 기재토록 했다. 주거 내의 건물구성을 파악하기 위해 각 건물의 명칭과 규모, 형태, 평면, 지붕형태, 지붕재료 등 배치평면도에 표현되지 않는 내용을 질문하였다. 대문과 담장의 형태 등 외곽시설에 대한 질문도 포함되었다. 공간의 용도와 성격을 파악하기 위한 항목도 삽입하였다.

무엇보다 중요한 것은 그들 스스로가 기억을 더듬어 그릴 수 있는 주택의 배치평면도였다. 설문대상자들이 도면작성의 경험이 없을 것이라는 전제하에 두 개의 배치평면도를 보기로 제시하고 도면기호를 범례로 제공하였다. 입면까지 작도하는 것을 생각하였으나, 비전문가에게 입면작도는 어려운 작업이며 시간이 많이 소요되기 때문에 설문지 자체가 회신되지 않을 염려가 있었다. 대신 당시 주택의 사진이 있을 경우 보내 줄 것을 정중히 부탁하였다.

부산·경남지역에서 선정된 조사대상자 436명에게 설문지를 발송하던 날, 나는 두근거리는 가슴을 억제할 수 없었다. 과연 몇 건이나 회신되어 돌아올지, 설문지 항목마다 성실하게 답변해 줄지, 무엇보다도 그들이 50년이 지난 주택의 모습을 아직도 기억하고 있을지, 그 기억을 정확히 표현해 줄지, 오로지 신만이 아시는 일이었다.

그로부터 삼 일 후 드디어 누런 회신봉투가 편지함에 쌓이기 시작했다.

봉투를 열어 본 순간 그 놀라움과 희열은 연구자가 아니면 느낄 수 없으리라. 모든 설문항목이 빼곡히 기재되어 있었다. 도면 또한 기대했던 것 이상으로 세심하고 상세하며, 정확하게 작도되어 있었다. 어떤 분은 제도판에서 작도한 듯 전문가의 세련된 솜씨로 그려 주기도 하였다. 부뚜막에 솥단지 위치로부터, 마당의 복숭아나무, 심지어 수챗구멍 위치까지 그들은 그 모든 것들을 50년의 세월 동안 기억 속에 간직하고 있었던 것이다.

그뿐만이 아니었다. 별지에 깨알 같은 글씨로 집 주변이나 마을의 환경을 설명해 주었고, 주택의 계층적 차이나 시대적 변화를 설명한 분도 있었다. 그분들은 그런 도면과 설문지를 보내면서도 자신의 기억이 불명료함에 미안해했고, 도면표현이 서투름을 사과해 왔다. 대부분의 설문지는 눈물에 젖은 듯 부풀어 있었다. 그들은 분명 두고 온 옛집을 찾아가고 있었으리라. 그곳에 사랑하는 부모형제가 살아 있고, 어린 시절의 아련한 추억이 있고, 정겨운 가족사가 서려 있었다. 기둥 하나마다 방구석마다 서려 있는 기억들이 어두운 세월의 두께를 뚫고 솟아나오고 있었다. 주택의 형태나 따지는 나의 모습이 너무도 냉정하게 보였다.

날마다 계속되는 회신지를 뜯어보며 우리는 환호와 감탄을 자아내며 부둥켜안고 즐거워했다. 멀리 함경북도 개마고원으로부터 황해도의 옹진반도에 이르기까지 한 번도 들어 보지 못한 주소의 자료들이 쌓여 갔다. 저 개마고원 위의 집들은 어떤 모습을 하고 있었을까? 마치 타임머신을 타고 과거로 돌아가는 듯한 환상이 현실화되는 순간이었다.

회신된 설문지 중에서 도면을 작도하지 않은 경우 7건, 북한지역 이외에 거주한 경우 1건, 일본인이 건설한 연립주택 1건을 제외하고도 71건의 자료가 수집되었다. 비록 설문지를 발송한 436명 중에서 겨우 71건의 자료를 얻을 수 있었지만, 이 자료만으로도 지금까지 학계에 알려져 있던 자료의 총수보다 2배가 넘는 성과를 얻어 내었다. 무엇보다도 이 자료들은 그 소재지와 건립연대, 사용자의 인문적 사항과 경제계층, 각 공간의 용도와 함께 온전한 배치평면도가 수록된 것이었기에 지금까지의 어떤 자료보다도 충실한 내용을 담고 있었다.

이것은 답보상태에 있는 북한지역 전통주거에 대한 연구를 회생시킬 수 있는 중요한 계기가 되었다. 이제 이 자료를 통하여 과거의 연구결과들을 검증해 보고, 새로운 가설들을 제시할 수 있게 된 것이다. 또한 기억의 재생이라는 새로운 연구방법이 빛을 발하는 순간이었다.

███████████████ **설 문 지** ████████████████

※ 빈칸에는 직접 기록하여 주시고 □ 안에는 ∨표시를 해주
십시오.

### □ 현재의 인적 사항

| 성 명 | 고 재 명 | 성 별 | ☑남 | □여 |
|---|---|---|---|---|
| 생년 월일 | 1931. 01. 07 | | | |
| 전화 번호 | 0361 - 56 - 3346 | | | |
| 월남 연도 | 1947 년 8 월초 | | | |

### □ 북한에서의 생활

| 당시의 주소 | 함경남도 북청군 후창면 2리 967번지 |
|---|---|
| 당시의가족구성 | 가족수 부모, 형 2. 형수 2. 본인, 제, 매, 질 (9명) |
| 당시의가족관계 | □조부 ☑조모 ☑부 ☑모<br>형(2 명). 제( 1 명). 매( 1 명). 기타( 1 ) |
| 당시의 생업 | ☑농업 □수산업 □공업 □상업 |
| 당시의경제규모 | □상 ☑중 □하<br># 농업일 경우 논 1,000평. 밭 2,000 평 |

### □ 건설 경험

| 집짓기에 참여해 본적이 있읍니까? | □있다 ☑없다 |
|---|---|
| 참여하셨다면 어떤일을 해 보셨읍니까? | □풍수 □대목 □외공 □석공 □토역<br>□소목 □기타( ) |

### □ 북한에서의 마을 모습

| 마을의 위치 | □도시 ☑농촌 □어촌 |
|---|---|
| 마을의 지형 | ☑산지 □평아 □바닷가 |
| 마을의 규모 | 25 家戶 의 집단 (대락적인 戶수) |

〈그림 1-1〉 설문지 사례

## ☐ 북한에서의 주택모습

| | |
|---|---|
| 건물 건립 연도 | _______ 년. 또는 지금으로부터 **약 150** 년전 |
| 대　　　문 | ☑있다　　☐없다 |
| 대문의 종류 | ☐소슬대문　☐평대문　☐사립문　☑기타(*지붕 있는대문*) |
| 담　　　장 | ☑있다　　☐없다 |
| 담장의 종류 | ☐돌담　☐흙담　☑흙돌담　☐편담　☐기타( *싸리엮음 및 판자울타리, (=울)* ) |
| 담장의 높이 | 대략 _**2**_ m 정도 |
| 뒷마루 | ☐있다　　☑없다 |

※ 다음장에서는 밑에 있는 보기를 참고하시어서, 첫줄에 있는 예와 같
　이 빈칸에 기록하여 주시면 감사하겠습니다.

## [ 보　기 ]

**1. 형태 (평면의 형태를 말함)**

─자형　　　ㄱ자형　　　ㅁ자형

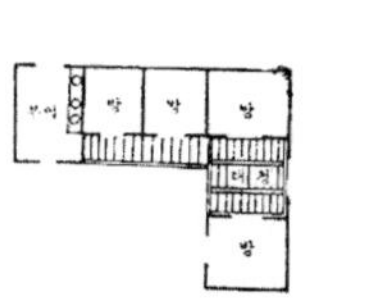
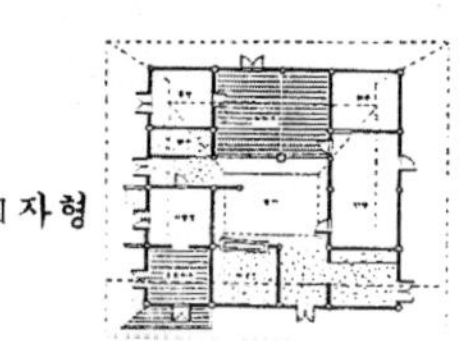

**2. 평면 (방의 배열이 한줄로 되어 있는지, 두줄로 되어있는지를 말함)**

양통형　　　외통형

**3. 지붕의 형태**

우진각　　　팔작　　　맞배

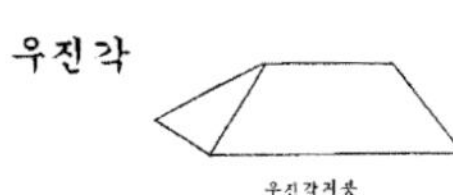

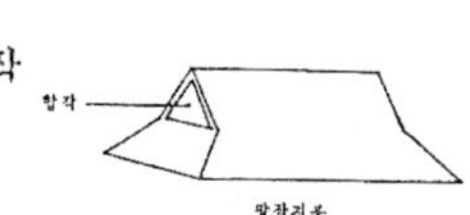

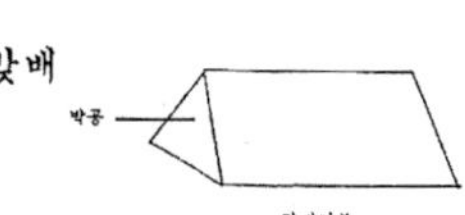

### ⊡ 주택안에서의 건물이름과 형태

| 건물이름 | 규　모 | 형　태 | 평　면 | 지붕 형태 | 지붕 재료 |
|---|---|---|---|---|---|
| 예) 윗채 | 전면 4칸<br>측면 2칸 | 一자형 | 양통집 | 팔작지붕 | 기와 |
| 예) 아랫채 | 전면 4칸<br>측면 2칸 | ㄱ자형 | 외통집 | 우진각지붕 | 초가 |
| 원 채 | 전면 4칸 | ㄱ자형 | 외통집 | 팔작지붕 | 기와 |
| 사랑채 | 전면 2칸 | 一 자형 | 〃 | 〃 | 〃 |
| 방앗간(디딤방아) | 一자형 | 〃 | 草葺지붕 | 우진각 | |
| 헛 간 (변소) | 一 자형 | 〃 | 〃 | 〃 | |

### ⊡ 당시 주택내에 있었던 각방의 명칭과 용도를 기입해 주십시오

| 방의 명칭 | 각　방　의　용　도 |
|---|---|
| 예) 안방 | 안주인 기거 |
| 예) 사랑방 | 남자 (집안에서 제일 웃어른)이 기거 |
| 원채 | 아랫방……부엌이 달려있어 취사일 하는 할머니가 독 차지<br>윗　방……주인용 (할아버지 독서실)<br>중간방……다용도실 (누에(蚕) 기르기도함)<br>끝　방……의롱장을 두었음 |
| 사랑채 | 아랫방……客室로 제공<br>윗　방……학생 공부방 (書堂 역할을 했음) |

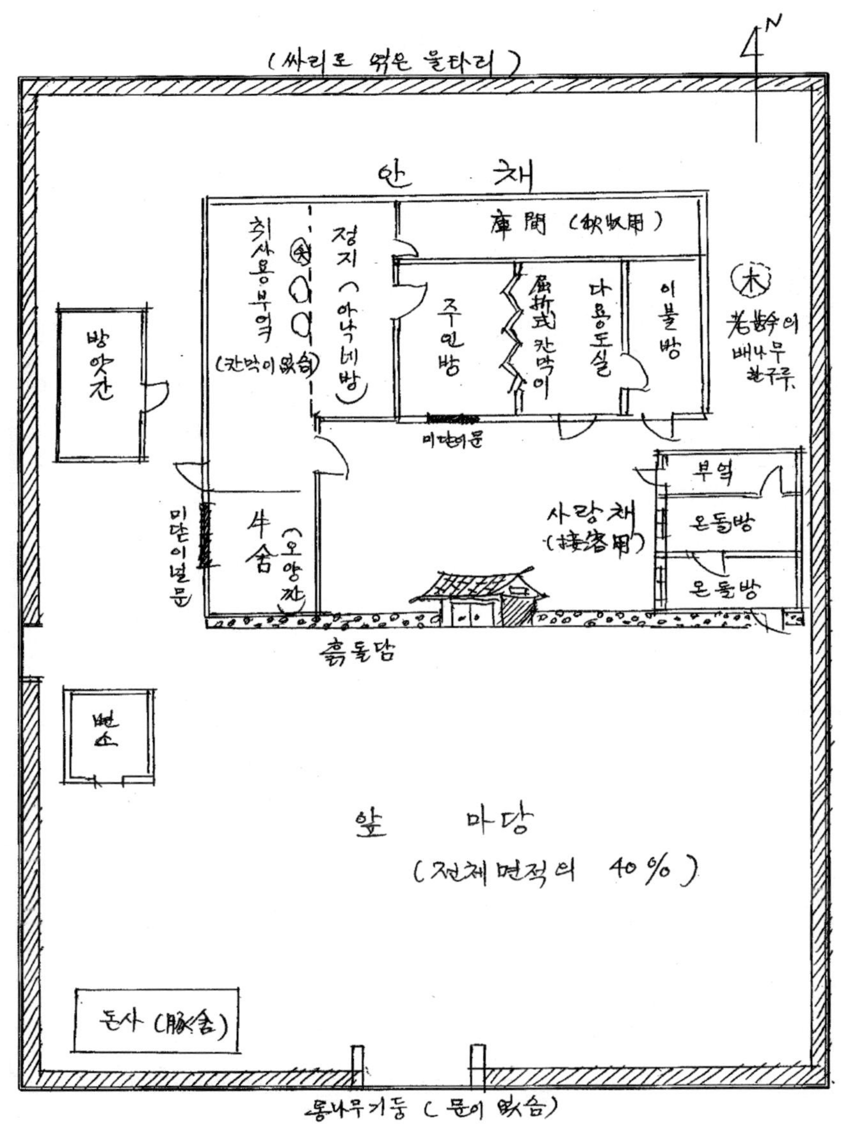
N
( 싸리로 엮은 울타리 )
안    채
庫間 (收取用)
취사용부엌
(칸막이 없음)
정지 (아낙네방)
주인방
屈折式 칸막이
다용도실
이불방
木
老齡의 배나무 고구루
미닫이문
우(牛)숨 (오양깐)
미닫이널문
사랑채 (接客用)
부엌
온돌방
온돌방
흙돌담
변소
앞    마당
(전체 면적의 40%)
돈사 (豚舍)
통나무기둥 ( 문이 없음 )

## 3. 재생의 과정

어두운 기억의 상자에 고이 묻혀 있던 북한의 옛집들이 흑백사진의 인화과정처럼 서서히 짙은 음영을 그리며 뚜렷한 윤곽으로 드러났다. 개중에는 단선 스케치로 윤곽만을 그린 도면도 있고, 누군가에게 부탁한 듯 컴퓨터 캐드로 작도한 정교한 도면도 있었다. 비록 정성스러운 도면이라도 부분적으로는 누락된 내용도 있고, 불명료한 부분도 보였다. 표현방식이 서툴러 재작성할 필요도 있었다. 이에 보완과 수정의 과정이 필요했다.

캐드를 이용하여 재작도한 뒤, 누락된 부분과 불명료한 부분에 대한 질문을 곁들여 2차 설문을 발송하였다. 이 과정에서 몇 분은 더 이상 회신하지 않는 경우도 있었지만 대부분의 대상자들이 꼼꼼하게 수정된 도면과 답변을 보내왔다. 그것은 바닥의 종류(마루 또는 흙바닥)를 새로이 그려 주거나 기둥, 창호의 위치를 변경하거나, 마구간의 여물통 위치를 수정하는 등 놀라울 정도의 기억력을 보여 주었다. 창호도를 별도로 정밀하게 그려 준 분도 있었다.

이를 바탕으로 수정된 도면을 만들었다. 이 도면이 정확한 것인지를 검증하기 위하여 최종 설문지를 발송하였다. 부분적인 수정도 있었지만 대부분의 응답자들이 자신의 옛집과 다름이 없다는 확인을 해 주었다. 이렇게 수정과 보완, 확인의 과정을 거쳐 북한 전 지역에 걸친 옛집의 배치평면도가 쌓여 갔다.

최종적으로 얻은 도면은 비록 기억에 의한 도면이지만 상당히 많은 건축적 정보를 담고 있었다. 담장 안 건물의 종류와 배치, 각 건물별 평면구성, 각 공간의 명칭과 용도, 창호의 종류와 위치, 지붕형태, 바닥의 종류 등이 담겨 있었다. 물론 기둥의 정확한 위치나 공간의 정확한 규모, 벽체재료, 창호의 종류 등 상세한 건축부재나 건축요소는 기대하기 어려웠다. 개중에는 과거에 목수로 활동하는 분도 있었고, 이분들은 기둥의 간격이나 툇마루의 치수 등을 명확히 표현해 주었다. 이를 토대로 그 지역의 다른 주택에도 적용할 수 있었다.

이렇게 얻어진 도면은 내 연구를 진행하는 데 결코 부족함이 없는 것이었다. 비록 현장에서 실측조사 된 도면만큼 정교하지는 않지만 종래의 연구서에서 발표된 도면들과 큰 차이가 없었다. 종래의 연구서에 그려진 도면들도 고작 건물배치도나 평면구성에 지나지 않기 때문이었다. 더구나 이 연구에서 얻어진 도면들은 각 주택별로 소재지가 분명하고, 건립

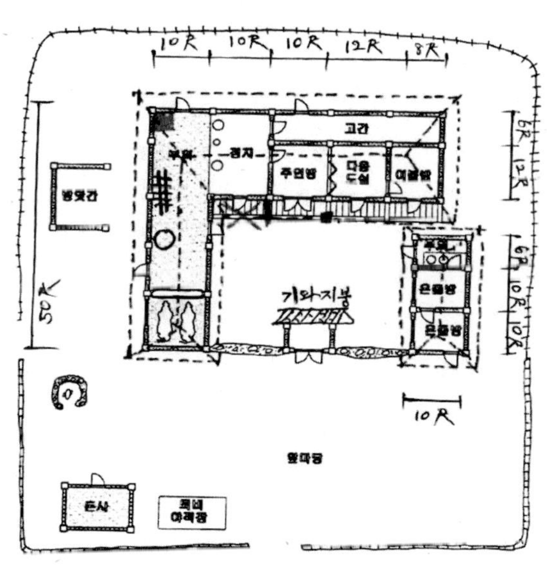


〈그림 1-2〉 1차 보정도면

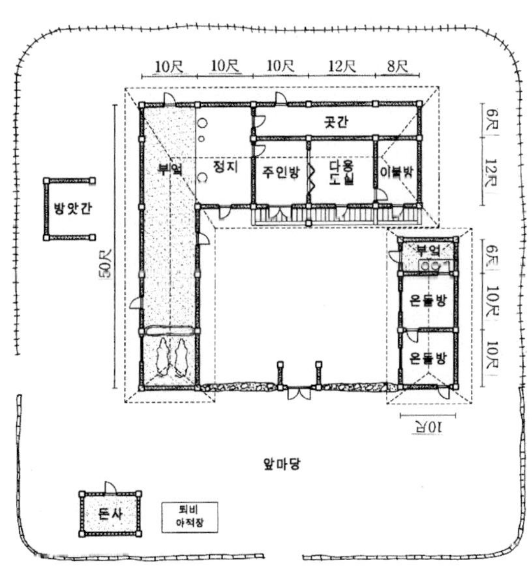


〈그림 1-3〉 최종 도면

연대, 사용자(또는 건축주)의 경제적 형태, 가족구성, 공간이용방법 등을 알 수 있기 때문에 기존의 것과는 비교가 되지 않을 정도로 가치가 높은 것이었다. 이를 통하여 기존의 이론을 검증하거나 새로운 가설을 만드는 데 큰 어려움이 없을 것으로 생각되었다.

부산·경남권을 대상으로 수행한 1차 연구에서 기대 이상의 소득을 올렸던 나는 연구지역을 전국으로 확대할 욕심이 생겼다. 특히 1차 연구에서는 지역별로 편차가 많아 함북이나 황해도의 경우 통계학적 의미를 갖기 어려웠다. 다행스럽게도 학술진흥재단 연구비의 지원을 받게 되어 1996년부터 2차 조사를 시작하게 되었다. 2차 연구에서는 이들 지역의 실향민들이 집중적으로 거주하는 인천, 강원도 지역으로 연구범위를 확대하였다.

1, 2차에 걸친 조사결과 나는 총 141건의 자료를 발굴했다. 이 자료들은 북한 전 지역에서 얻어진 것으로서 함경북도 13건, 함경남도 48건, 평안북도 20건, 평안남도 24건, 황해도 36건 등 비교적 균등하게 분포하고 있었다. 이는 주거유형의 지역적 차이나 지역적 성격을 분석하는 데 모자람이 없는 것이다. 계층적으로는 상류계층이 12건, 중류계층이 40건, 하류계층이 18건으로 정규분포를 이루어 계층적 차이를 분석하는 데에도 문제가 없었다. 주택의 건립시기는 응답자가 모르는 경우가 많아 기재되지 않는 사례가 많았다. 기재된 것만을 대상으로 편의상 일제시기 이전과 이후로 나누어 본 결과 이전의 것이 14건, 이후의 것이 45건으로 나타났다. 이는 일제시기 이후의 변화양상을 분석하는 데 도움을 주었다. 특히 대도시나 읍면 소재지에 입지한 주택들이 있어(16건) 일제시기 도시화의 영향을 어느 정도 파악할 수 있었다.

　이러한 자료들을 소재지별로 지도에 붙여 나가면서 분석을 시작하였다. 여기에서 각 지역마다 일정한 경향이 드러나고, 지역별 차이가 대조되었다. 한편 각 지역마다 계층별로 분류하면서 계층적 차이가 드러나기 시작했다. 도시지역에서 이루어진 일제시기 도시화의 영향도 서서히 파악되었다. 이러한 분석결과를 종래의 연구결과와 비교하면서 나는 새로운 의문과 가설들을 만들 수 있었다. 그 결과는 1996년과 1997년 건축역사학회지에 각각 '북한지역 전통주거에 관한 조사연구 (1), (2)'라는 논문으로 수록되었다.

　그러나 학회지의 논문은 분량의 제한이 있어 모든 도면과 자료를 수록할 수 없었다. 학문의 발전을 위해서는 이 분야의 연구자들이 이 자료들을 이용하고 검증할 수 있도록 공개되어야 할 것이었다. 한편 자료를 보내 주신 실향민들에게 애초에 약속한 바대로 재생된 옛집의 모습을 보여주는 것이 학자적 도리로 생각되었다. 그들의 후손들이 그 도면을 보면서 선조의 옛 모습과 그들의 삶을 회상할 수 있다면 역사는 이미 되살아난 것이다. 이러한 의무감 속에서 나는 감히 이 책을 쓰기로 작정한 것이다. 그러나 자료의 양이 방대하기에 한 권의 책으로 묶기가 어려웠다. 이에 두 편으로 나누이 이번에는 함경도 편을 내고 나중에 평안·황해도 편을 내기로 작정하였다.

　함경도 자료제공자의 인적사항은 다음과 같다.

**〈표 1-2〉 함경도 출신 자료제공자의 인적 사항**

| 성 명 | 출생연도 | 원주소 | 비 고 |
|---|---|---|---|
| 김성봉 | 1933 | 함남 갑산군 동인면 신성리 | 중농층, 자부 |
| 김종운 | 1922 | 함남 갑산군 회린면 송계리 89 | 부농층 |
| 김한천 | 1926 | 함남 단천군 광천면 영평리 693 | 중농층 |
| 한명용 | 1926 | 함남 단천군 단천읍 두언태리 1050 | 중농층, 건설업 |
| 이현일 | 1925 | 함남 단천군 단천읍 증봉리 24 | 부농층 |
| 조형진 | 1921 | 함남 단천군 수하면 고성리 | 빈농층 |
| 안영욱 | 1928 | 함남 단천군 신창읍 토성리 1리 | 중농층 |
| 김기환 | 1932 | 함남 단천군 하다면 송파리 989 | 하류층 |
| 천송춘 | 1923 | 함남 단천군(본적), 함남 함흥시 운흥리(주소) | 중류층, 회사원 |
| 최유경 | 1922 | 함남 단천읍 주남리 | 상류층, 상업 |
| 김용철 | 1924 | 함남 북청군 건산면 상세동3구 302 | 중농층 |
| 주수요 | 1933 | 함남 북청군 속후면 용전리 | 부농층 |
| 전군종 | 1929 | 함남 북청군 신북천면 신북청리 | 하류층, 공업 |
| 고재명 | 1931 | 함남 북청군 후창면 2리 967번지 | 중농층 |
| 문곤수 | 1922 | 함남 북청군 후창면 동평리 419번지 | 중농층, 토역 |
| 이봉호 | 1929 | 함남 신흥군 고천면 풍항리 150번지 | 중농층, 공병장교 |
| 이구연 | 1930 | 함남 신흥군 서고천면 신상리 77 | 중농층 |
| 박근석 | 1928 | 함남 신흥군 신흥면 서흥리 | 빈농층 |
| 이희덕 | 1930 | 함남 안변군 석왕사면 신월리 | 중농층 |
| 이창환 | 1929 | 함남 안변군 배화면 풍화리 | 부농층 |
| 박상근 | 1927 | 함남 안변군 석왕사면 신월리 157 | 중농층 |
| 김생려 | 1932 | 함남 안변군 안변면 문내리 45 | 중농층 |
| 박성곤 | 1924 | 함남 영흥군 억기면 신흥리 265 | 부농층 |
| 강명칠 | 1926 | 함남 영흥군 영흥읍 운평리 151 | 하류층, 상업 |
| 환창을 | 1927 | 함남 이원군 서면 봉련리 | 중농층 |
| 강원하 | 1922 | 함남 이원군 이원면 운령리 153 | 빈농층 |
| 김희한 | 1929 | 함남 이원군 차호읍 포진리 37 | 하류층 |
| 이용인 | 1930 | 함남 장진군 서한면 흥일 | 빈농층 |
| 한상언 | 1916 | 함남 장진군 중남면 고별우리 | 빈농층, 대목 |
| 주재현 | 1928 | 함남 풍산군 능귀면 | 빈농층, 토역, 소목 |
| 최홍국 | 1923 | 함남 함주군 거곡면 장동리 483 | 중농층 |
| 박민균 | 1922 | 함남 함주군 상조양면 상한리230 | 빈농층 |
| 이형철 | 1936 | 함남 함주군 퇴조면 신흥리 92 | 중농층 |

| 성 명 | 출생연도 | 원주소 | 비 고 |
|---|---|---|---|
| 김하묵 | 1929 | 함남 함흥시 광화리 2구 72번지 | 중류층, 상업 |
| 백일호 | 1934 | 함남 함흥시 성청 2-30 | 중류층, 상업 |
| 한칠남 | 1934 | 함남 함흥시 운흥리 2구 26번지 | 하류층, 상업 |
| 강상우 | 1927 | 함남 함흥시 통남리 2구 52번지 | 중류층, 상업 |
| 조성남 | 1922 | 함남 혜산군 혜장리 | 하류층 |
| 이동현 | 1931 | 함남 혜산군 혜산읍 혜신리 636 | 상류층, 상업 |
| 박영호 | 1923 | 함남 홍원군 홍원읍 도정리 15 | 하류층 |
| 김동수 | 1927 | 함남 흥남시 구룡리 20 | 중농층 |
| 정준석 | 1938 | 함남 흥남시 서로리 202 | 상류층, 상업 |
| 김종호 | 1925 | 함남 흥남시 영대리 | 중농층, 건축업 |
| 문재원 | 1928 | 함남 흥남시 운성리 | 부농층 |
| 김기용 | 1928 | 함남 흥남시 천기리 1구 384 | 중류층, 회사원 |
| 이용빈 | 1934 | 함남 흥남시 천기리 4구 | 하류층, 공업 |
| 전영일 | 1932 | 함남 흥원군 용포면 노은리 | 빈농층 |
| 이중호 | 1929 | 함북 경성군 경성면 장평리 89번지 | 빈농층 |
| 지수증 | 1929 | 함북 경성군 어량면 봉강리 114 | 주농층, 소목 |
| 이철규 | 1925 | 함북 경성군 주을면 용천리 | 중농층, 대목 |
| 이덕수 | 1936 | 함북 길주군 길주읍 영기동 | 하류층 |
| 김계월 | 1928 | 함북 길주군 위남동 663번지 | 중농층 |
| 김동주 | 1934 | 함북 명천군 남면 청룡리 318 | 중농층 |
| 김현덕 | 1931 | 함북 성진시 성남리 36번지 | 하류층, 수산업 |
| 성형일 | 1931 | 함북 성진시 한천리 385 | 중류층 |
| 허신싼 | 1929 | 함북 종성군 풍곡면 운봉리 | 중농층 |
| 박종철 | 1923 | 함북 청진시 수남동 597번지 | 중류층, 상업 |
| 박순복 | 1918 | 함북 학성군 학동면 용포리 | 중농층 |
| 유대은 | 1922 | 함북 학성군 학성면 와덕리 260 | 빈농층 |
| 박청암 | 1917 | 함북 학성군 학중면 림명동 | 중농층 |

〈그림 1-4〉 1945년 말 함경도의 행정구역과 자료제공자 분포

# 제2장

# 함경도의 역사와 생태환경

## 1. 함경도의 역사

함경도에 사람이 거주하기 시작한 시기는 멀리 선사시대까지 거슬러 올라간다. 그러나 이 지역이 사회집단으로서 영역화되어 나타나는 것은 삼한시대의 옥저(沃沮)라는 이름이다. 옥저는 예맥(濊貊)계의 우리 선조들이 세운 나라이니 우리 민족의 거주사는 이때로부터 시작된다. 옥저는 개마고원의 동쪽 해안가에 자리 잡았던 국가이다. 그 지형은 동북에서는 좁고 서남으로 길게 놓인 것으로 알려진다. 북쪽으로는 읍루·부여에 접하고, 남쪽으로는 예(濊)에 접하고 있었다. 그 중심은 함흥일대였으며 대체로 함경도의 해안지대가 그 영역이었다. 옥저와 동예는 중국 한나라에 의해 멸망하고, 한의 동방군현의 하나인 임둔군에 편입되었으나 기원 3세기 말 완전히 고구려의 강역에 소속된다.

함경도 일대는 나당 연합군에 의해 668년 고구려가 멸망하기까지 고구려의 강역이었다. 나당 연합군으로 삼국을 통일하였던 신라는 이 땅을 회복하지 못하고 당나라에 내주었다. 당나라는 이 지역을 안동도호부의 관할로 두어 지배했지만 699년 발해의 건국으로 다시 우리 민족사의 일부로 환원하게 된다. 발해는 북청에 남경남해부(南京南海府)를 설치하고, 두만강 하구인 훈춘에 동경용원부(東京龍原府)를 설치하여, 함경도 전체가 발해의 역사에 편입되었다.

발해가 멸망한 이후 발해의 고토는 호족인 거란, 여진의 생활무대로 편입되면서 함경도지방은 여진족의 거처가 된다. 고려는 고구려의 고토를 수복하기 위한 북진정책을 폈으며, 현종 대에는 한반도 동북지방의 여진족에 대항하기 위해 덕원, 안변, 문천, 영흥에 이르는 방어선을 구축하고, 압록강까지 천리장성을 축조하여 함남의 일원이 우리 민족의 강역으로 환원되었다.

동북지방의 국경을 길주·갑산까지 확대한 사람은 이성계였다. 함흥 출신이었던 그는 조선개국 이후 동북지방의 개척에 힘을 기울였다. 세종대에 이르러 함북의 북단인 동북육진(東北六鎭)의 경략이 일단락 지어짐으로써 조선의 동북계가 두만강까지 확장된다. 세종은 새로운 영토의 실질적 지배를 위해 사민(徙民)정책을 실시하였다. 사민정책이란 근접읍민을 강제로 이주시켜 정착을 유도하는 정책이었다. 4차에 걸친 사민정책 끝에 새로이 수복된 동북육진은 군사적으로만이 아니라 실질적으로 우리 민족이 거주하는 영토가 된 것이다. 그 뒤에도 여러 차례에 걸친 여진족의 침입이 있었으나 신숙주와 허종의 여진정벌로 마침내 이 지역이 확보되었다. 이후 이 지역은 다시는 이민족의 손에 넘어가지 않고 오늘날까지 우리 겨레의 생활무대로 확보된 것이다.

조선조 500년간 조선팔도의 하나로 단일한 행정구역이었던 함경도는 구한말 고종 대(1896년)에 이르러 함경남도와 북도로 나뉘었다. 이러한 행정개편은 함경도의 내부를 구획한 것이기에 생활문화권의 역사성이나 지역적 동질성을 상실한 것은 아니었다. 그러나 남북분단 이후 북한정권은 정치상의 목적으로 인위적인 행정개편[1]을 시도했다. 북한은 1946년에 경기도 연천과 함북의 원산, 문천, 안변을 분리하여 강원도로 통합하였다. 1949년에는 평안북도의 강계, 자성, 원창, 혜산, 회천 등 6개 군

---

1) 배기찬, 신 북한지리지, 다나, 1994.

과 함경남도 장진군의 일부를 흡수시켜 자강도를 신설하였다. 1954년에
도 함경남도의 혜산, 갑산, 삼주, 풍산군 등과 함경북도의 백암군, 자강
도의 후창군 등을 분리 흡수시켜 양강도를 신설하였다. 고향의 옛 주소
를 들고 생소한 행정구역과 지명을 찾아야 하는 월남자들의 비극은 오늘
날까지 계속되고 있다.


## 2. 함경도의 지형과 기후


　한국은 전체 면적의 70%가 산지인 산악국이다. 그러나 동쪽과 북쪽으
로 갈수록 더 높고 서쪽과 남쪽이 낮은 지형을 이루기 때문에 지역에 따
라 지형의 차이가 크다. 산의 분포를 위도별로 살펴보면 2,000미터 이상
의 고산은 북위 40도 이북에 주로 분포하고, 그 이남은 저산성(低山性)
산지를 이룬다. 이 중에서도 고산은 주로 동북지방에 분포하여 함경도는
고산성(高山性) 산악지대라고 말할 수 있다. 특히 함경도 지방은 대부분
의 면직을 해발 1,500미터가 넘는 고원과 고산이 차지하고 있다.
　함경도는 남북으로 뻗어 내린 낭림산맥에 의해 평안도와 경계를 이룬
다. 그 안에서 다시 마천령산맥을 경계로 함경남도와 함경북도로 나뉜다.
마천령산맥은 백두산에서 남으로 뻗어 두류산에서 함경산맥과 교차한다.
이 산맥은 백두산을 비롯한 2,000미터 이상의 산이 많아 함경남도와 함
경북도의 경계를 이룬다. 함경북도에서 함경남도에 이르기까지 함경도를
동서로 가로지르는 것이 함경산맥이다. 함경산맥은 함경남북도에 가로누

워 있는 900미터 이상의 산맥으로서 마천령산맥을 기점으로 동쪽은 함경산맥, 서쪽은 부전령산맥이라 부르기도 한다. 산으로는 2,000미터가 넘는 고산이 20여 개가 넘는다.

함경산맥의 북측사면은 완사면을 이루어 한반도의 지붕이라 일컫는 해발 1,500미터의 개마고원이 전개되고, 남측의 동해안쪽으로는 급경사를 이루어 동해연안의 길고 좁은 평야를 이룬다. 이에 함경도는 지형적으로 볼 때 세 지역으로 구분될 수 있다. 함경산맥 이북의 개마고원지대와 함경산맥 이남의 좁고 긴 해안지대 그리고 함경남도 남단의 함주·함흥평야가 그것이다.

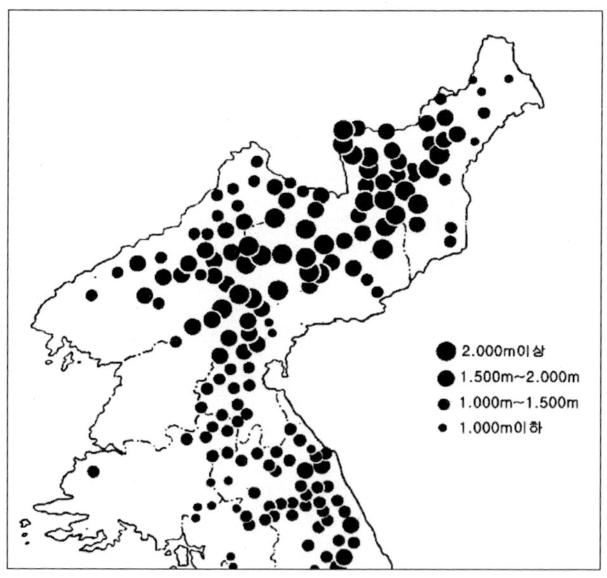


〈그림 2-1〉 북한지방의 산악분포2)

---

2) 지지편찬위원회, 한국지지, 국립지리원, 1980, 167쪽.

함경도는 한반도의 북단으로서 남부지역에 비해 겨울이 길고 추운 지역이다. 전반적으로는 대륙성기후의 특징을 가지고 있으나, 함경도는 특히 냉대 기후구에 속한다. 다만 지형적 요인에 따라 함경도 안에서도 지역적 차이가 나타난다. 함경도를 기후적 특성에 따라 지역별로 나누어 보면, 개마고원지대와 함경북도에서 남도에 이르는 동해안지대 그리고 함경남도의 남단지대로 나뉜다.


## 가. 개마고원형

가장 북쪽에 위치한 개마고원은 한국의 지붕이라 불리는 높은 지역이다. 따라서 내륙의 대륙성 기후지역이며 월평균기온 0도 이하의 달이 5개월 이상이나 된다. 1월 평균기온은 영하 14도에서 영하 20도에 이르고, 7월 평균기온은 20~24도이며 연평균은 2~6도 내외이다. 기온의 연교차는 40도를 넘어 심한 대륙성 기후의 성격을 갖는다. 강수량은 600~800㎜의 소우지(少雨地)로 농업에 불리한 지역이며, 식물분포 상으로 아한대침엽수림이 무성하여 임산자원의 보고를 이룬다.


## 나. 북부동안형

함경산맥의 남사면 지역으로서 영흥부근의 구릉을 경계로 중부동안과 분리된다. 연평균 기온은 6~8도이며 연강수량 600~700㎜로 최소우지

(最少雨地)에 속한다. 해안에는 짙은 안개가 끼는 것이 특색이다.


## 다. 중부동안형


대체로 금강산 이북, 영흥구릉 이남의 영흥만 연안지역이다. 연평균기온이 8~10도이고 1월 평균기온은 영하 2에서 7도가 되어 동위도의 북부내륙형보다 고온인 것이 특색이다. 푄현상으로 고온이 되어 원산은 39도를 올라간 일도 있다. 강수량이 많아 다우지(多雨地)의 하나가 되는 것이 특색이다.

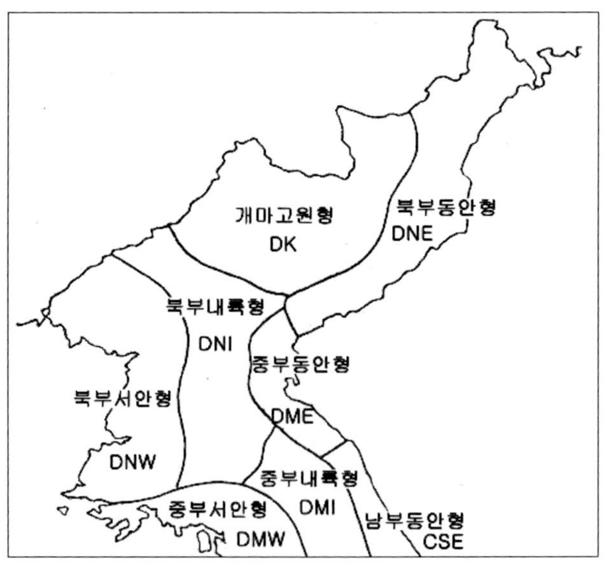


〈그림 2-2〉 북한지방의 기후구3)

---

3) 지지편찬위원회, 한국지지, 국립지리원, 1980, 238쪽.

## 3. 함경도의 마을과 생업

대대로 농업이 주요한 생산수단이었던 우리 민족에게 있어서 경작지가 될 수 있는 넓은 평야와 식수 및 농업용수를 확보할 수 있는 강변, 따뜻한 기후와 적절한 강수량은 마을이 형성될 수 있는 기본조건이었다. 함경도는 험준한 고산이 많고, 토양이 척박하며, 강이나 평야가 발달하지 못하였기 때문에 우리 민족의 생활무대가 되기에 적합하지 않았다. 이에 고려시대까지도 이 땅의 개척이 이루어지지 못하고, 오히려 오랫동안 여진족의 생활무대로 지속되어 왔다.

조선 후기 실학자인 이중환은 그의 「택리지(擇里志)」에서 함경도의 생태환경을 다음과 같이 기술하였다. "함흥 이북은 산천이 험악하고 풍속이 사나우며, 날씨가 춥고 땅이 메마르다. 곡식은 조와 보리뿐이며, 벼는 적고 면화는 없다. 지방 사람들은 개가죽을 입고 추위를 막으며 굶주림을 견디는데, 여진족과 똑같다."[4]

이 땅에 대한 고려와 조선의 북진정책으로 방어와 군사적 기능을 지닌 요새직 성격의 진취락(鎭聚落)이 형성된다. 진취락은 보루와 참호를 갖춘 방어시설로서 군대가 주둔하는 성곽마을이다. 그 성곽 안에는 군사업무를 담당하는 관청과 창고, 군졸들이 기거하는 병영이 집중되었다. 마을의 구성원은 영리(營吏)와 군사들이 주축을 이루었음이 당연하다.

세종 대에 육진개척으로 함경도 일대가 수복되자 이 땅의 실질적 지배를 굳히기 위해 사민(徙民)정책을 펴게 된다. 사민정책이란 근접지역의

---

4) 이중환(1690~1756), 택리지 팔도총론.

주민을 이주시켜 땅을 개간하고 영주시키려는 정책이었다. 그러나 척박한 땅을 개척하기란 그리 쉬운 일이 아니었다. 이주대상 가호가 잠적하거나 이주했던 가호가 무단 탈출하여 도망하는 예가 많아 애로를 겪었다. 그나마 이주촌은 두만강 연안, 동해연안의 남대천, 성천강 유역, 용흥강 유역 등 하천 유역에 형성되었고, 개마고원의 산악지대는 조선 중기까지 주민의 공백지대로 남아 있었다.

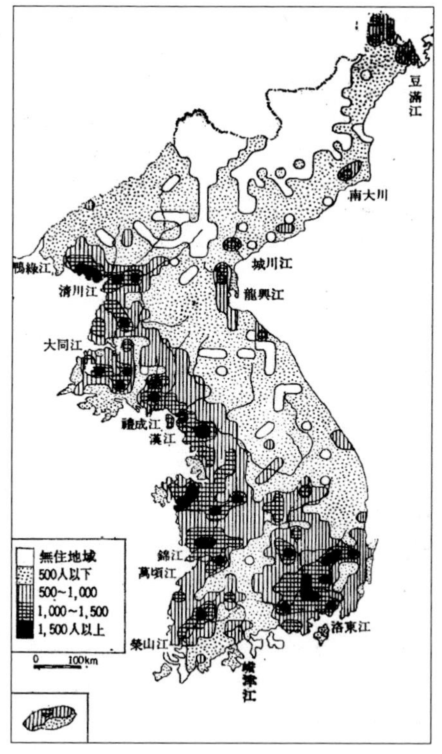



<그림 2-3> 조선 초기의 인구등밀도선도[5]

5) 오홍석, 취락지리학, 교학사, 1980, 132쪽.

　　조선 중기 이후 함경도는 전쟁을 피하기 위한 피난처로서, 정쟁에서 밀려난 사람들의 유배지나 도피처로서, 가산을 탕진한 유민들의 새로운 개척지로서 인구가 유입되고 산지까지 개척이 이루어졌다. 함경도의 고산지대는 변방으로서 안전하게 은거할 수 있고, 토지가 사유화되어 있지 않아 개간할 수 있는 여유가 많았기 때문이었다. 더욱이 산지는 폐쇄적 공간 속에서 식량, 연료, 음료수 등이 갖추어져 저차원의 자급경제가 실현될 수 있을 뿐 아니라, 감자, 옥수수, 약초의 재배에 적합한 땅임을 알게 되면서 평지의 영세농민에게 인기가 높아 갔던 것이다.

　　고산지대나 고원지대에 정착한 사람들은 주로 화전을 일구어 생활의 수단으로 삼았다. 1928년의 화전민을 지역분포로 볼 때 북부지방이 80.1만 명, 중부지방 37.5만 명, 남부지방이 6.3만 명이며, 그 가운데서도 북부지방은 전체의 70% 이상을 점유하여 화전경작의 집중지역으로 알려지고 있는 것이다. 화전이라는 생산양식은 마을의 형성에도 큰 영향을 미치게 된다. 논농사를 짓는 평야지대와는 달리 가옥밀도가 낮은 이른바 산촌형(散村型) 마을이 만들어지는 것이다.

　　논농사를 짓는 지역에서는 수리관개, 못자리, 모내기, 김매기, 수확에 이르기까지 같은 시기에 해아 힐 공동작업과정이 많다. 또한 평야지대는 논이 연속하여 펼쳐 있어서 집거를 하는 형태가 유리하다. 이에 반하여 밭농사를 짓는 지역에서는 농경지 자체가 구릉과 산지 완사면에 분산되어 있을 뿐만 아니라 농작물이 다양하고 작업내용과 과정도 다양하여 공동작업보다 개별 작업이 가능하다. 이에 많은 가구가 모여 사는 집거(集居)의 필요성이 적은 것이다.

　　그러나 산골짜기에 흩어져 화전을 일구었던 함경도 사람들의 삶은 맹수와 도적으로부터 가족과 식량을 보호하기가 더욱 어려웠을 것이다. 더구나 길고 추운 겨울기후에 대응하는 일도 쉬운 일이 아니었다. 집을 짓는 일차적인 목적이 생명과 재산을 보존하는 데 있다고 볼 때 그들의 주거형식은 우선 이러한 위협적 생태환경 속에서 독특한 모습이 될 수밖에 없었을 것이다. 함경도의 옛집을 이해하기 위해서는 그들의 척박한 생태환경을 이해하는 것이 무엇보다 중요한 일이다.

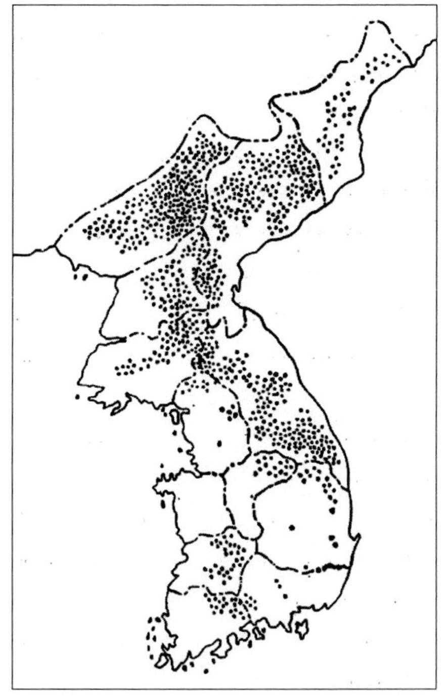

<그림 2-4> 1920년대 화전민의 분포도[6]

6) 오홍석, 취락지리학, 교학사, 1980, 153쪽.

# 제3장

# 함경도 옛집의 일반적 성격

## 1. 옛집을 분류하는 방법의 문제

우리나라 옛집의 지역적 차이를 처음 배웠던 시기는 아마 중학교 때 정도였을 것이다. 지리 선생님은 우리나라의 지도를 칠판에 그리면서 함경도형, 평안도형, 중부형, 남부형 등으로 구분하여 각 집의 평면도를 작도해 주었다. 그런데 그때 보았던 함경도 집은 다른 지방의 집에 비해 유난히 규모가 컸다. 살림채 안에 방의 수도 타 지역보다 훨씬 많았다. 긴 직사각형을 가로로 이등분하고 같은 간격의 세로줄을 서너 개 그어 정사각형을 만들면 그것이 함경도 옛집의 모습이었다.

선생님은 이러한 집을 '겹집' 또는 '양통집'이라고 가르쳤다. 그것은 분명 중부지방의 'ㅁ자집' 혹은 'ㄱ자집' 그리고 남부지방의 'ㅡ자형 홑집'과 구별되는 것이었다. 홑집과 겹집의 구분은 방이 한 줄로 배열되는가 또는 두 줄로 배열되는가의 차이었다. 즉 방이 외줄로 배열되면 '홑집', 두 줄 이상으로 배열되면 '겹집'이 되는 것이다. 이러한 구분법은 대학원에서 이 분야의 연구를 시작할 때까지만 해도 아무런 의심 없이 수용되었다. 지리학이나 건축학 분야의 선배 연구자들도 이러한 방식으로 구분해 왔기 때문이다.

왜 북쪽지방의 집이 더 크고, 방의 수도 많은지에 대해 의심을 갖게 된 것은 한참 후의 일이었다. 1980년대 초 울산에서 농촌민가를 연구하기 시작할 때였다. 당시 울산근교에서 약 200여 채의 초가집을 조사하고 도면을 작성했었다. 무엇인가 색다른 평면이 나올 것으로 기대했건만 천편일률적으로 3~4칸짜리 홑집에 불과했다. 살림채의 평면형태를 가지고 시대, 계층, 지역적으로 분류하려 했던 나의 기대는 산산이 깨어지고 말았다. 북쪽지방의 주택은 최소한 8칸 이상인 데 비해, 남부지방의 주택은 고작 3~4칸에 불과한 사실을 설명할 방법이 없었기 때문이었다.

허탈한 심정으로 마을을 내려오던 나는 우연히 옛집을 지었던 목수 한 분을 만나게 된다. 그는 그가 지었던 집의 형상이나 집 짓는 과정을 자세히 얘기해 주었다. 이야기 중에 그는 이 지역에서 중농 이상의 계층은 살림채의 규모를 키우기보다는 부속채의 규모를 증가시킨다는 사실을 알려 주었다. 순간 아찔한 현기증이 뇌리를 스쳤다. 지금까지 200여 채의 주택을 조사하면서 내가 그린 도면은 오로지 살림채의 평면이었기 때문이었다.

이 지역에서는 살림채보다는 부속채에 계층적 차이가 있었던 것이다. 이 사건은 지금까지 정설로 알려져 왔던 학계의 성과를 재검토하는 계기가 되었다. 당시까지 학계에서는 주택의 유형을 거의 살림채의 평면형식만으로 구분해 왔기 때문이다. 담장이나 마당, 부속채 등 주거 내의 모든 요소들을 가지고 유형을 구분하는 사례는 극히 적었다. 그것은 한국 전통주택연구를 시작한 일제시대 일본인 학자들의 유습이었다.[7]

그들은 철도연변을 따라 초가집들을 답사하고, 살림채의 평면도를 스케치하고, 그러한 자료를 지역별로 분류하였다. 이로써 관북형이니, 관서형이니, 경성형이니 하는 분류체계가 만들어졌다. 그들에게 부속채는 큰 의미가 없었을 것이다. 주로 일본민가를 연구했던 그들은 자신들의 분류체계를 그대로 조선민가에 적용하려 했던 것이다. 일본민가는 대부분 부속채가 없는 단동형 주거이며, 설사 있다고 해도 지역적 유형으로 분류

---

7) 대표적인 학자로는 今和次郎, 岩槻善之, 野村孝文 등이 있다.

될 만큼 큰 의미가 없기 때문이다. 따라서 지금까지도 일본민가의 분류는 살림채의 평면구성을 기준으로 이루어지고 있다.

　이러한 분류방법은 해방 이후 한국인 지리학자들에게 그대로 전수되었고, 지리교과서에서도 그대로 기술되었다. 물론 현장자료들이 폭넓게 수집되는 과정에서 일정한 주거유형의 지역적 분포가 새로이 그려지기도 했다. 그러나 분류방법은 더 이상 수정되지 않았다. '홑집'을 '외통집'이나 '단열형'으로 이름을 바꾸는 경우도 있었지만 결국 살림채의 평면형식에 지나지 않았다. 그것은 일정한 지역에서 보편적인 주택의 지역적 성격을 모두 설명해 줄 수 없었다.

| 명칭 | 분포지역 | 주요 평면형 | 基本問型 |
|---|---|---|---|
| 홑<br>問<br>型 | 남부지방<br>및<br>관서지방 | 홑집형(외통형,單列型)<br>겹집형 일부 | |
| 曲<br>問<br>型 | 중부지방 | 곱은 자 집형<br>(曲家型) | |
| 겹<br>問<br>型 | 관북<br>및<br>관동지방 | 양통형(復列型)<br>겹집형 일부 | |

〈그림 3-1〉 평면형식의 분류[8]

8) 강영환, "韓國 傳統民家의 '間'특성에 관한 연구", 건축 제2권 2호, 1986.

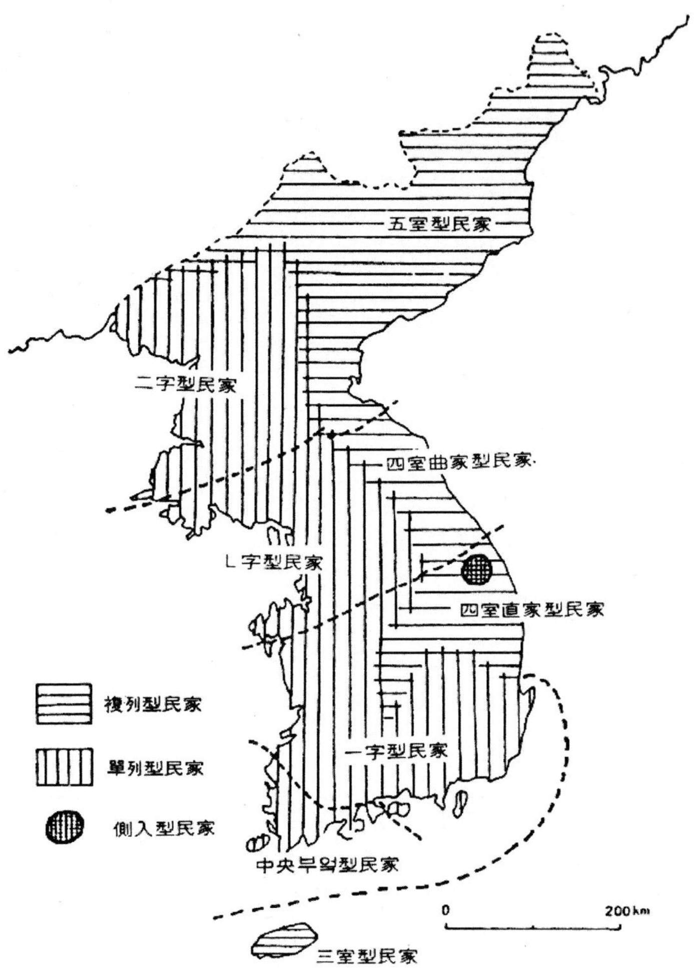


〈그림 3-2〉 주거유형분류와 지리적 구분9)

9) 장보웅, 한국의 민가연구, 보진제, 1981, 59쪽.

## 2. 집중형 주거, 그 생태학적 적응

함경도의 옛집이 왜 남부지방의 그것보다 큰 규모를 갖는지, 왜 방 개수가 더 많은지에 대한 의문은 주택 전체를 보지 않고는 이해하기 어려운 것이었다. 어떤 학자는 남쪽지방에 비해 북쪽지방이 더 잘살았다는 이상한 설명을 붙이기도 한다. 그러나 자세히 살펴보면 함경도의 집들은 거의 살림채 1채로 이루어지고, 남쪽지방의 주택들은 살림채뿐만 아니라 여러 채의 부속채를 갖는다는 사실을 알 수 있다. 남쪽지방의 주택에서는 살림채보다 부속채가 훨씬 더 큰 경우를 자주 볼 수 있다. 그 부속채에는 외양간이나 방앗간, 고방, 헛간뿐만 아니라 사랑방, 아랫방과 같은 침실도 수용되어 있다.

그러나 함경도 집은 이런 모든 공간들이 살림채 안에 들어가 있다. 외양간이나 방앗간도 살림채 안에 있고, 침실도 4개 이상으로 구획되어 있다. 심지어 살림채의 한 모퉁이에 화장실을 둔 경우도 있다. 가축들의 사육공간도, 작업공간도, 수장공간도, 침실과 함께한 건물 안에 넣는 주거형식, 이것이 남쪽 지방주거와 근본적으로 다른 점이다. 이로써 나는 '집중형 공간구성'이라는 명칭을 만들게 되었다. 그것은 주거공간을 여러 채의 건물에 분산시키는 '분산형 공간구성'과 구별하기 위함이었다.[10]

함경도 출신의 실향민들이 보내온 그림들도 이와 같은 논리를 뒷받침해 준다. 1차 회신에서는 대부분 부속채도 없고, 담장도 없이 살림채의

---

10) 필자는 이러한 유형분류를 박사논문에서 다루었다.
  강영환, 三陟以南 東海岸지역 傳統民家에 관한 연구, 서울대 박사논문, 1989.

평면만 그려진 도면들이 회신되었다. 이에 담장과 부속채를 모두 그려 달라는 주문에도 이것은 보충되는 경우가 드물었고, 원래 부속채가 없다거나 담장이 없었다는 증언이 첨가되어 돌아왔다. 물론 부잣집의 경우 튼튼한 담장과 여러 채의 부속채가 그려진 사례도 있었다. 그러나 일반적으로 함경도 집에는 부속채가 없으며, 있다고 하더라도 가설건물과 같은 임시적인 건물의 성격을 가지고 있다.

함경도 집에서 간혹 나타나는 살림채 이외의 건물로 화장실이 가장 많으며, 축사, 창고, 방앗간 따위의 것들도 있다. 이러한 부속건물은 사용자가 손수 짓는 건물로서 규모도 작거니와 기술적으로 저급한 건물이다. 그 건축적 질은 남부지방의 부속채와 확연히 구별된다. 남부지방 주택에서 부속채는 살림채의 규모보다 큰 경우도 많고, 그 건축수준도 살림채와 거의 구별되지 않는다. 이에 남부지방에서는 부속채도 전문기술자인 '대목'이 지어 준다.

이와 같이 함경도 옛집은 본래 모든 주거공간을 한 건물, 즉 살림채에

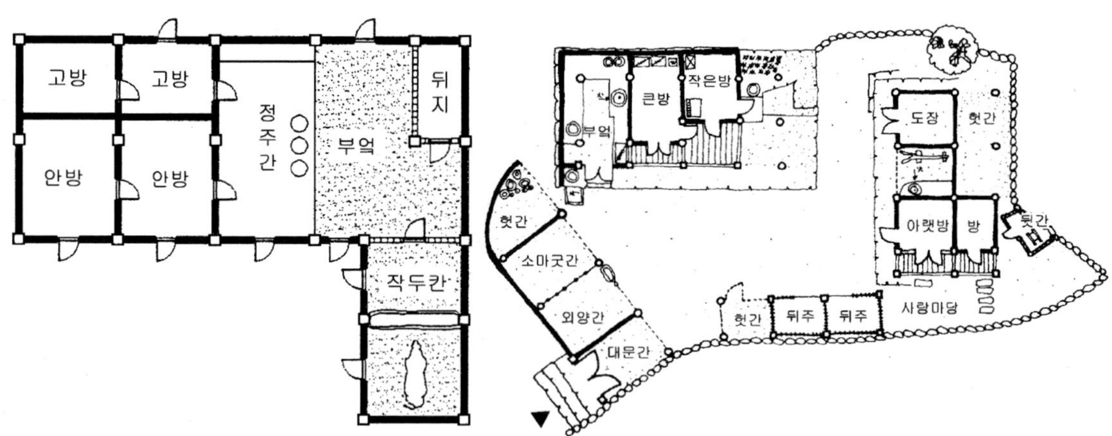


〈그림 3-3〉 함경도 중농주거의 배치평면사례    〈그림 3-4〉 남부지방 중농주거의 배치평면사례

수용하는 '집중형 공간구성'이 그 특징이라고 할 수 있다. 이 때문에 같은 중농계층이라고 하더라도 살림채의 규모가 남부지방의 그것과 비교할 때 더 큰 규모로 나타나는 것이다. 따라서 살림채만을 비교하는 방법은 부분과 전체를 비교하는 우를 범하는 것이다. 그렇다면 유독 북쪽지방에서 '집중형 주거'가 만들어진 까닭은 무엇일까?

학자들은 주거유형의 지역적 차이를 설명할 때 여러 가지 원인을 찾곤 했다. 기후나 지형, 생활관습, 사회제도, 종교, 심지어 우주관에 이르기까지 주거형태의 생성에 관한 다양한 이론을 제시하곤 했다. 그러나 대부분의 학자들이 동의하듯 어느 한 가지의 원인이 아니라 이러한 요소들이 복합적으로 작용하여 주거형태를 만들게 된다. 그중에서도 가장 핵심적인 원인은 역시 생태학적 배경이라고 할 수 있다.

함경도의 생태환경을 고려해 보면 한반도의 어느 지역보다 험준한 산악지대이며, 겨울기후도 상당히 추운 지역이다. 이러한 생태환경에 적응하기 위해서는 무엇보다도 길고 추운 겨울을 견딜 수 있는 주거가 필요했을 것이다. 또한 함경도의 험준한 산악지대에서 그들은 사냥이나 화전에 의존하여 생계를 유지했다. 사냥이나 화전을 생계수단으로 삼는 한 인구가 조밀한 집촌형 취락을 이루기 어렵다. 강원도의 산간마을들에서 볼 수 있듯이 산골마다 겨우 서너 채의 가옥이 드문드문 만들어진다. 이 경우 산짐승이나 도적의 피해를 마을공동으로 대응하기 힘들다. 방어의 효율성, 이것이 함경도인들에게는 필수적인 생태학적 요구가 아니었나 생각된다.

난방과 방어의 효율성을 높이기 위해서는 주거공간을 하나의 건물 안에 모으는 일이 중요했을 것이다. 만일 주거공간들을 여러 채의 건물로 나누어 분산시킨다면 추운 기후 속에서 건물 사이를 드나들기 어렵고, 여러 채의 건물을 감시, 감독하기도 어렵기 때문이다. 한 건물 안에 주거공간들이 모여 있다면, 모든 주생활이 건물 안에서 이루어질 수 있고, 난방을 한 군데에서 할 수 있어 연료가 절약되며, 외벽면적도 줄어 난방의 효율성을 높일 수 있는 방편이 된다. 또한 살림채의 문만 잠그면 인명이나 가축, 식량 따위를 도적이나 맹수로부터 지켜 내기가 훨씬 수월하게 된다.

이러한 설명은 함경도 출신 설문응답자의 기술에서 자주 나타난다. 함북 경성군 출신의 지수종 씨는 "함경북도 지방은 1년 중 7~8개월이 한랭한 곳이며, 겨울에는 영하 15~20도 정도이므로 사람과 가축이 공존하다시피 살고 있다."고 기술하였다. 또한 함북 학성군 출신의 유대은 씨와 함남 북청군 출신의 문곤수 씨도 "함북지역은 추운 지방이라서 정주에서 소를 키우고 소를 가족처럼 생각하는 가옥제도가 되어 있다."고 기술하였다.

모든 주거공간을 살림채 안에 둘 경우 실내가 어두워지고, 가축의 냄새, 해충 등으로 비위생적인 공간이 될 수밖에 없다. 그러나 그러한 불편에도 불구하고 공간을 집중시키는 것은 혹독한 기후에 대응하는 일이 더 시급했기 때문이었을 것이다. 앞서 언급한 바와 같이 주거학자인 아모스 라포포트(Amos Rapoport)는 이러한 물리적 결정론을 부정하기도 한다. 그의 말을 빌리면 "주거형태는 여러 가능성 속에서 선택의 결과이며, 가능성이 많을수록 선택의 여지 또한 많지만, 인간은 여러 종류의 구조물 속에서 살 수 있기 때문에 결코 어떤 형태에 대한 불가피성은 없다."[11] 그러나 그가 제시한 '임계성(criticality)'의 개념에서 보면 함경도의 생태학적 조건은 '선택의 자유도(degree of freedom)'가 대단히 낮은 편이다.

---

11) Amos Rapoport, House Form and Culture, Prentice Hall Inc., 1969, p.59.

　언제부터인가는 정확히 알 수 없지만 함경도 사람들은 이러한 생태학적 조건에 적응하면서 그들만의 독특한 주거형식을 만들게 되었을 것이다. 가축과 사람이 한 지붕 아래 공존하는 주거형식, 난방과 방어의 효율성을 높이기 위해서 주거공간을 살림채 안에 집중 배치하는 주거형식, 이것이 함경도 옛집이 가지고 있는 첫 번째 특징이라고 할 수 있다.


## 3. 허술한 담장과 대문, 개방적인 마당


　모든 주거공간이 살림채 안에 들어 있다면 마당의 영역성도 허술해질 수밖에 없다. 대부분의 주생활이 살림채 안에서 이루어지기 때문이다. 이에 따라 주거외곽을 두르는 담장도 아예 없거나 대단히 허술한 경우가 많다. 회신된 도면을 보면 담장이 그려진 경우도 그 재료는 대부분 싸리나무, 수수깡, 판자 등이 주로 사용되는데, 이는 평안도나 황해도 또는 남부지방에서 토담이나 흙돌담을 일반적으로 사용하는 모습과 비교된다.

　이러한 사실은 회신자들의 서술에서도 나타난다. 함북 학성군 출신의 유대은 씨는 "담장은 싸리나무 혹은 수수깡으로 울타리를 만들고, 대문은 부잣집 이외에는 보기 드물다."고 기술하였다. 또한 함남 이원군 출신의 김희환 씨도 "담장은 돌담은 극소수이며 수수깡이나 싸리나무 널판자가 대부분이다. 도시지역은 판자 울타리를 주로 사용하고, 어촌에서는 바람이 심하여 흙과 돌을 사용한다."고 기술하였다. 물론 함경도에서도 경제력이 높은 계층은 남부지방의 주택처럼 기와를 얹은 흙돌담장과 널대문을 사용했다. 그러나 중농 이하의 계층에서는 일반적으로 대문이 없거나 허술한 재료로 만들어진 담장이 사용된다는 점이다.

함북 장진군 개마고원에서 살았던 한상언 씨는 더욱 놀라운 증언을 해 주었다. "이 지역의 주택은 담이 없었다. 울타리는 방풍용으로 겨울에만 설치한다. 여름에는 이 울타리를 뜯어서 땔감으로 사용한다. 그나마 울타리도 없는 집이 많았다." 이들의 울타리는 방풍용에 지나지 않으며, 마당을 가리기 위한 주거경계나 방도의 목적과는 관련이 없다는 사실을 증언한 사실이다.

이러한 사실은 연변지역에서도 확인할 수 있었다. 연변지역의 함경도형 주거에서는 담장을 판자로 만드는 경우가 많았고, 나무대문이 밖에서 잠기도록 되어 있었다. 주민들은 가축들이 바깥이나 텃밭에 들어가지 못하도록 울타리를 쳐 놓았다고 설명하였다. 그것은 프라이버시를 보호하거나 도적을 방비하는 따위의 기능과는 거리가 먼 것이었다.

<그림 3-5> 연변 장재촌[12] 조선족 주거의 담장

---

12) 중국 길림성 연변조선족자치주 용정시 지신향 장재촌.

　함경도의 집과 같이 '집중형 공간구성'을 가지고 있는 강원도나 경북산악지방의 주택들에서도 이와 같은 경향이 나타난다. 이 지역의 대목들과 면담해 보면 해방 이전까지만 해도 흙이나 돌을 사용한 담장이 거의 없었다고 한다. 담장이 허술하니 대문 또한 튼실할 리 없다. 더욱 놀라운 사실은 이 지역주민들은 부엌문을 '대문'이라고 부르고 있다는 사실이었다.

　실상 연변지역의 함경도형 집이나 태백산맥 주가대의 집들을 살펴보면 부엌문이 대문의 역할을 하고 있다. 대부분의 출입은 부엌문을 통하여 이루어진다. 부엌문을 열고 들어서면 '봉당'이라는 작은 공간이 나타나는데 이곳을 통하여 부엌이나 방으로 연결된다. 현대주택의 현관과 같은 기능의 공간인 셈이다. 따라서 부엌문만 잠그면 살림채 안으로 진입할 수 없으니, 부엌문은 실질적인 대문의 기능을 가진 것이다.

　부엌문이 대문이라면 마당은 주택의 외부가 된다. 남부지방의 경우 담장과 대문을 경계로 '안마당'과 '바깥마당'의 구분이 이루어진다. 그러나 함경도의 사례에서는 마당의 구분이 명확하지 않는 것을 볼 수 있다. 살림채를 경계로 '앞마당'과 '뒷마당'의 구분이 있을 뿐이다. 이것은 주거의 경계가 살림채로 한정되어 있음을 반증하고 있는 것이다. '울도 담도 없이 뻥 터져 있는 집', 이것이 함경도 집의 또 다른 특징이라고 할 수 있다.

## 4. 방이 겹으로 배열된 양통집

　함경도 집의 또 다른 특징 중의 하나는 양통집이라는 점이다. 이러한 구분은 一자집이니 ㄱ자집, ㄷ자집, ㅁ자집 등 건물 전체의 평면형상을 구분하는 것과는 그 방법이 다르다. 건물의 전체적인 형상으로 보면 함경도 집은 一자집에 속한다. 양통집이라는 용어는 공간의 배열에 따라 외통집과 구분 짓는 말이다. 즉 공간이 외줄로 배열되면 외통집이고, 공간이 겹으로 배열되면 양통집이라고 부른다. 학자에 따라서는 홑집과 겹집 또는 단열형과 복열형이라는 명칭을 사용하기도 한다. 일제시대의 학자들은 방이 '田'字형으로 배열되어 있다고 '田字형' 집이라는 명칭도 사용했었다. 여하튼 함경도 집의 대부분은 양통집의 평면유형으로 분류되어 왔다.

　공간을 겹으로 배열하는 방식은 이미 조선시대부터 이 지역의 특징으로 알려졌다. 조선 후기에 함경도 경흥부사로 갔던 홍량호가 쓴 풍토기[13)]에는 "한 집에 여러 기둥을 세우는데 중간에 벽을 설치한다(中設複壁)."라고 표현돼 있다. 방 사이를 횡으로 가로지는 벽, 즉 겹으로 공간이 배열된 양통집을 묘사한 것임에 분명하다.

　이러한 양통집은 함경도뿐만 아니라 태백산맥 주가대에서도 흔히 나타난다. 필자가 연구한 강원도 및 경북 동해안 지역의 목수들은 이러한 집들을 '두줄백이' 또는 '석줄백이' 등으로 부르고 있었다. 같은 양통집이라고 해도 공간이 두 줄로 배열된 집도 있고, 석 줄로 배열된 집도 있기 때

---

13) 홍량호(1724~1802), 이계집 12권, 북새기략, 공주풍토기.

문이다. 드물기는 하지만 이 지역에서 석줄백이 양통집의 실제 사례가 발견되기도 했다. 그러나 함경도 출신의 응답자에게서는 석 줄로 배열된 양통집은 없었고, 대부분 두 줄로 배열된 양통집을 작도해 주었다.

양통집을 생태학적 측면에서 살펴보면, 역시 난방이나 방어의 효율성에서 만들어진 것을 알 수 있다. 살림채 안에 모든 주거공간을 수용하는 집중형 주거에 있어서, 공간을 한 줄로 늘어놓으면 긴 살림채가 만들어진다. 방이 길어지면 온돌고래가 길어지고 한 아궁이에서 먼 거리까지 난방하기가 어렵다. 따라서 방마다 별도의 아궁이를 만들어 난방을 해야 하기 때문에 그만큼 연료가 많이 들고 불 때기 위한 부엌도 필요해진다. 공간을 겹으로 배열하면 이 같은 문제가 해결되기 때문에 연료가 절약되고 부엌도 하나로 족하게 된다.

외벽면적을 줄이는 것도 난방의 효율성을 높이기 위한 방법이다. 공간을 한 줄로 늘어놓으면 외기에 면하는 벽체가 많아져 난방의 손실이 커지게 된다. 공간을 겹으로 배열하면 외벽면적이 줄어들기 때문에 보온에 유리하게 된다. 또한 양통집은 각 방 사이의 거리가 가까워져 동선이 짧아진다. 추운 겨울에 바깥을 드나들지 않아도 각 방을 연결할 수 있는 방법은 이 지역 주택계획에서 대단히 중요한 요소였을 것이다. 물론 한 건물 안에 주거공간들이 똘똘 뭉쳐 있다는 것은 그만큼 방어에도 유리했을 것이다.

양통집은 난방이나 방어에는 유리하지만 채광이나 환기에는 대단히 불리하다. 공간이 여러 겹으로 배열될수록 빛이 들지 않기 때문이다. 외양 긴을 내부에 둘 경우 그 악취를 내보내기도 어렵다. 특히 석줄박이 집에서 중간 부분은 지붕이 개방되지 않는 한 빛이 들지 않으며 환기도 어렵다. 함경도 집에서 두줄박이 이상의 양통집이 나타나지 않는 이유도 채광이나 환기 때문이 아닌가 생각된다.

양통집은 구조적으로도 외통집과 다르다. 외통집의 경우 측면은 한 칸 규모이기 때문에 대들보 위에 양변방향으로 서까래 하나씩을 두면 지붕틀을 만들 수 있다. 그러나 양통집의 경우 측면이 두 칸 이상의 규모이기 때문에 서까래의 길이가 두 배 이상 길어져야 한다. 서까래가 길면 휨모멘트가 커지고 그것을 견디기 위해 굵은 서까래를 사용해야 한다. 그러나 굵은 서까래를 사용하면 지붕틀의 무게가 무거워지기 때문에 기둥이나 보, 도리 등 구조부재 전체가 굵어져야 한다.

이 같은 문제를 해결하기 위해 중도리를 두어 두 개의 서까래를 걸치게 된다. 즉 지붕마루의 종도리에서 중도리까지 짧은 서까래를 걸치고, 중도리에서 처마도리까지 긴 서까래를 걸치면 도리나 보, 기둥이 굵지 않아도 안전한 구조를 만들 수 있는 것이다. 이것을 다섯 개의 도리로 만든 구조라 하여 '오량가구법'이라고 부른다. 물론 외통집에서도 권위를

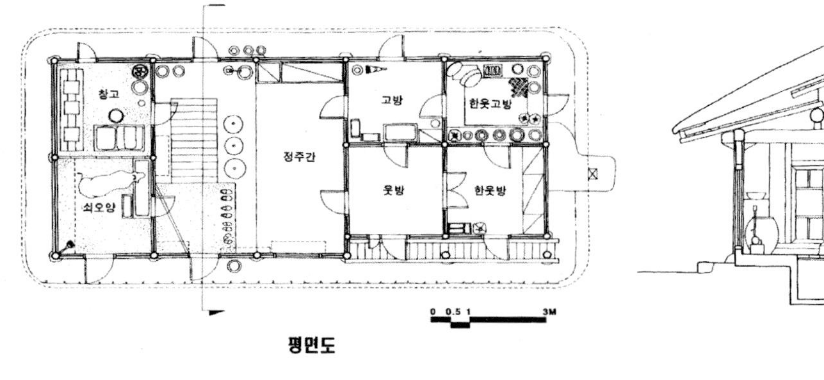


<그림 3-6> 연변 조선족 양통집 평면도[14]

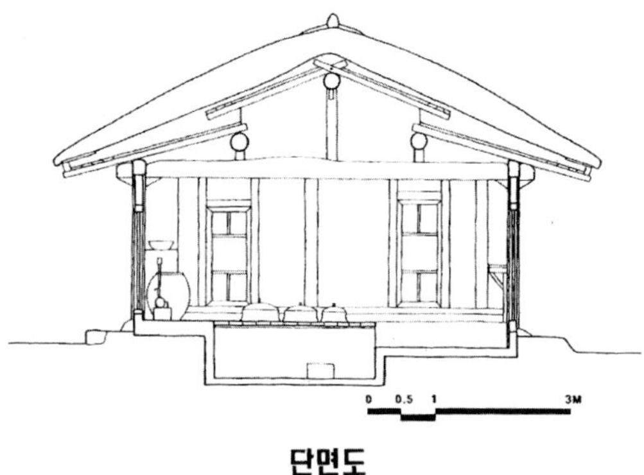


<그림 3-7> 연변 조선족 양통집의 단면도

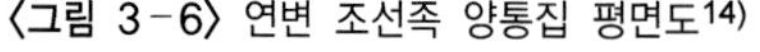

14) 울산대 건축학부, 장재촌, 울산대출판부, 1994.

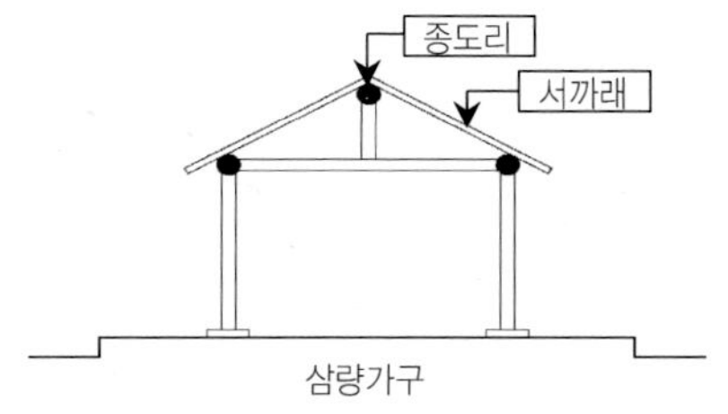


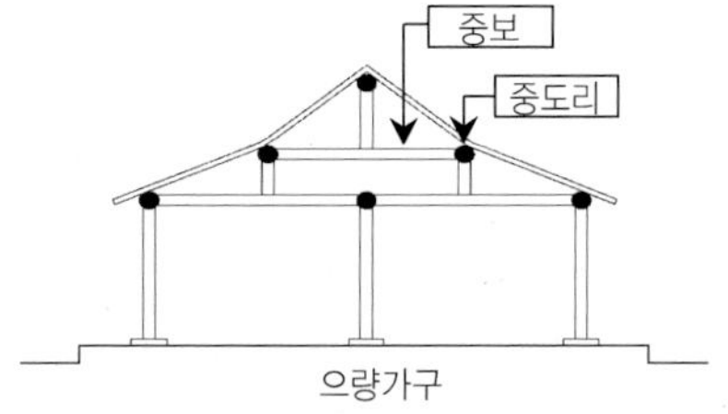


〈그림 3-8〉 삼량가구와 오량가구

나타내기 위해 오량가구를 사용하는 경우도 있지만, 양통집은 오로지 구조적인 이유만으로도 '오량가구'가 필요한 것이다.

양통집에서 환기의 문제는 또한 대단히 중요한 일이다. 특히 부엌에서 나오는 매연이나 외양간에서 나는 악취가 배출되기 어렵다. 공간이 겹으로 배열되어 있기 때문에 창호만을 통해서 환기를 하기에는 부족하다. 이 때문에 양통집의 지붕마구리에는 작은 구멍을 두기도 한다. 경북지방에서는 이를 '까치구멍'이라고 부른다. 지붕 용마루 양 끝에서 부엌연기가 모락모락 피어오르는 모습은 이 지역 주택의 문화적 경관이기도 하다. 이 때문에 '까치구멍집'이라는 명칭이 사용되기도 했지만,[15] 실상 '까치구멍집'은 특수한 평면형을 의미하는 것이 아니라 배연 환기시설에 불과하다.

부엌의 매연이나 악취가 온돌방으로 들어오는 것을 막기 위하여 양통집에서는 천정반자를 설치하는 것이 일반적이다. 물론 두터운 천정반자를 만드는 이유는 보온을 위한 목적도 있다. 김희환 씨는 다음과 같이 기술하였다. "북방지방은 추운 지방이라 천정이 이중으로 되어 있다. 천정은 나무

---

15) 김일진, "까치구멍집에 관한 고찰", 건축21권 78호, 1977.

〈그림 3-9〉 경북 까치구멍집의 외관

〈그림 3-10〉 집 안에서 본 까치구멍

로 엮어 흙을 깔고 그 밑에 종이를 바르거나 흙으로 마감한 집도 있다." 여하
튼 보온과 환기를 겸한 천정반자의 사용은 함경도 양통집의 또 다른 성격
임에 분명하다.

## 5. 함경도 양통집의 공간 구성

### 1) 집 안에 있는 외양간과 방앗간

하나의 주택은 용도가 다른 여러 공간으로 구성된다. 사람의 거주공간을 비롯하여 생산작업공간, 취사공간, 수장공간 등 성격과 기능이 다른 공간들이 서로 분리와 인접의 관계를 가지고 배열된다. 예를 들면 생산작업공간은 소음이나 먼지, 악취 때문에 거주공간과 분리되어야 하고, 부엌은 매연 때문에 구획이 필요하지만 취사 및 식사의 동선상 인접되어야 한다. 침실도 남녀구분과 세대별 가족관계에 따라 구획과 분리가 필요하다.

모든 주거공간이 살림채 안에 집중되어 있는 함경도 양통집에서는 이러한 문제를 어떻게 해결했을까? 부엌문을 통해 집 안에 들어서면 우선 '바당'이라고 하는 현관기능의 공간이 나타난다. '바당'은 구획된 공간이 아니라 부엌과 연결되어 있는 공간이다. 이 '바당'을 중심으로 좌우에 생산영역과 거주영역이 분리된다. 신을 벗고 '정주간'으로 올라서면 거주영역이며, 신을 신은 채 '바당'에서 소먹이 작업이나 방앗간으로 향할 수 있다. '바당'은 흙바닥으로서 현관인 동시에 실내마당인 셈이다. 추운 겨울철에 마당으로 나가지 않고도 간단한 작업을 할 수 있는 공간이기 때문이다.

생산영역은 대부분 두 칸으로 이루어진다. 입구 쪽 한 칸은 보통 외양간으로 사용되고, 그 뒤쪽은 방앗간이나 창고로 사용된다. 응답자들의 대부분은 농촌 출신들이며, 그들의 도면에는 거의 외양간이 그려져 있었다. 농촌사회에서 소는 가장 귀중한 자산이다. 식량자원이라기보다는 농작업용 일소로서 필

수적이기 때문에 계층에 관계없이 소를 키운다. 함북 장진군의 한상언 씨는
다음과 같이 증언하고 있다. "집집마다 소를 키운다. 자기 소가 없으면 얻어
다 먹인다. 농사일에 반드시 필요하기 때문이다." 집 안에 외양간이나 마구간
을 두는 가옥제도는 고구려 고분벽화에서도 볼 수 있듯이 오래된 관습이다.

　다른 지역에서도 마찬가지이겠지만 특히 함경도인들에게 소는 가족이나
다름이 없다. 앞서 응답자들의 기술처럼 '함경도는 소를 가족처럼 생각하
는하는 가옥제도'가 발달해 왔다. 남한지방에서는 외양간이 악취나 해충이
들끓기 때문에 살림채와는 별도로 외양간을 짓는다. 그러나 함경도에서는
이러한 비위생성에도 불구하고 '바당' 옆에 외양간을 둔다. 부엌의 난방으
로 추위를 방비하고 맹수나 도적에게 빼앗길 것을 방비하기 위함이다. 한
겨울에 바깥에 나가지 않고도 소를 먹일 수 있는 편리함도 있기 때문이다.

〈그림 3-11〉 고구려 고분벽화의 외양간

〈그림 3-12〉 연변 장재촌 주거의 외양간 모습

〈그림 3-13〉 연변 장재촌 주거의 방앗간 모습

외양간 뒤쪽으로는 대부분 방앗간이 그려져 있다. 응답자들은 정확히 디딜방아의 모습을 그린 사람이 많았다. 방앗간 또한 먼지나 소음이 심하기 때문에 남한에서는 살림채에서 멀리 떨어진 부속채에 두는 것이 일반적이다. 그러나 함경도 집에서는 이마저 살림채의 한 모퉁이를 차지한다. 추운 겨울에도 실내에서 작업할 수 있도록 안에다 둔 것이다.

이러한 모습은 홍량호의 북새기략에서도 나타난다. 그는 "(내부공간들은) 실(室)이라고도 하고, 당(堂)이라고도 하는데, 마구간과 곳간도 모두 갖추고 있다(或室或堂。廐庫皆具)"라고 표현했다. 농가라면 집 안에 마구간과 곳간을 두는 것이 당연했을 터이니, 이렇게 특별히 기술할 필요가 없다. 즉 살림채 안에 이러한 공간들을 두었다는 사실을 표현한 것이 분명하다.

## 2) 함경도 집의 거실, 정주간

생산영역에서 '바당'을 건너 넓은 '정주간'이 대향하게 된다. '정지' 혹은 '정주간'이라고 부르는 이 공간은 함경도 주택에서 가장 특징적인 공간이다. 정주간은 '바당'과 칸 구획이 없다. 단지 30센티 높이의 바닥 차가 있을 뿐이다. 정주간의 뒤쪽 바닥에는 가마솥이 걸려 있어 부엌이 된다. 정주간은 부엌의 연장인 셈이며, 따라서 넓은 부뚜막의 형태를 갖는다. 두 칸짜리 정주간은 온돌이 깔려 있어 부엌인 동시에 침실의 기능을 갖는다. 정주간은 부엌이나 '바당'과 구획이 없기 때문에 네 칸 규모의 넓고 시원한 개방적 공간이다. 넓고 시원한 개방감으로 결코 실내라는 느낌이 들지 않는다. 건물 내부에서 생활하는 시간이 많았던 함경도인들에게 반드시 필요했을 공간이다. 정주간은 그 개방성에 걸맞도록 오늘날의 거실과 부엌이 혼합된 쓰임새를 갖는다. 정주간의 기능에 대하여 응답자들은 거실이라는 표현을 가장

〈그림 3-14〉 연변 장재촌 주거의 정주간

〈그림 3-15〉 정주간에서 윗방으로 출입하는 문

많이 사용하였다. 취사, 식사, 취침, 접객, 단란, 휴식 등 대부분의 주생활이 정주간에서 이루어지는 것으로 기록했다. 필자는 이러한 쓰임새를 연변지역 함경도형 주거에서 경험한 바가 있다. 그곳에서 접대를 받고, 식사도 하고, 주인부부와 함께 잠도 잤다. 교실과 같이 넓고 휑한 정주간에서 맞음 편 외양간의 소를 바라보며 자는 기분은 결코 남한지역의 주택에서는 경험할 수 없었던 것이었다.

그러나 정주간은 기본적으로 여성들의 생활공간이다. 응답자들은 이곳을 부녀자들이 기거하는 곳으로 표현하였고, 북한학자들도 이곳을 부녀자들의 생활공간으로 설명하였다. 이 때문인지 '정주간' 대신 '안방'으로 기재한 사례도 제법 나타난다. 여러 세대가 동거하는 대가족제도하에서, 내외나 세대 간의 구별과 격리는 필수적이었을 것이다. 정주간 옆으로 '전자형(田字形)' 침실의 구획은 이러한 구별과 격리를 위해 만들어졌음 직하다.


## 3) 앞 열과 뒤 열로 나뉘는 남녀 침실의 구분

田字형 침실 군에서 침실은 앞 열과 뒤 열로 나뉜다. 이때 앞 열은 남자 어른들이 사용하고, 뒤 열은 여자들의 침실이 된다. 남부지방의 주거라면 안채와 사랑채에 해당하는 것이다. 침실이 한 건물에 집중되어 있는 집중형 주거에서는 여러 건물로 분리할 수 없기에 앞 열과 뒤 열의 구분으로 남녀의 사생활이 구분되는 셈이다.

앞마당 쪽의 두 칸은 남자어른들에게 할당된다. 정주간에서는 작은 판장문을 통해 출입하도록 되어 있다. 보통 '윗방' 또는 '한웃방'이라고 불리는 이 침실은 앞마당과 직접 면하여 독립적인 출입이 가능하고, 채광과 환기가 좋은 조건이 된다. 남자 손님이 찾아오면 여성들의 영역까지 들어올 수 없도록 배려한 것이다. 남부지방의 주택이라면 사랑채나 사랑방에 해당한다. 삼세대 이상이 거주했던 예전에는 세대에 따라 큰 사랑과 작은 사랑처럼 침실을 구분했지만 근래에는 칸막이를 없애고 통간으로 사용하는 사례를 연변지역의 함경도집에서 흔히 볼 수 있다.

뒷마당 쪽의 두 칸은 여성들에게 할당된다. 미혼의 딸이나 며느리가 기거하는 곳으로 기술되고 있다. 따라서 앞 열과 뒤 열 사이에는 출입문이 없이 벽체로 구획되는 것이 보통이다. 문이 작아 어둡고 환기가 불량하지만 내밀하고 방어적인 공간이다. 뒤 열은 또한 고방으로도 사용된다. 알곡이나 가재도구를 수장하기 때문이다. 특히 가장 깊숙한 곳은 대부분 고방이 된다. 고방으로의 출입은 오로지 뒷방을 통해서만 가능하다. 건물 밖으로 통하는 문은 거의 만들지 않는다. 뒷방 문마저도 평소에는 자물쇠로 잠가 놓는다고 기술한 사람도 있다(함남 이원군 김희환). 여자와 식량은 은밀한 곳에 보호되어야 하는 존재이기 때문에 가장 폐쇄적인 위치에 할당된 것이다.

<그림 3-16> 앞 열과 뒤 열의 침실 문

<그림 3-17> 통간으로 사용하는 윗방

# 제4장
# 함경도 옛집의 지역적 차이

자료제공자들이 보내 준 도면을 지역별로 분류해 보면 함경도 안에서도 지역별로 다양한 주거형태가 나타난다. 도시와 농촌지역의 차이뿐만 아니라, 같은 농촌지역이라도 북부와 남부, 해안과 내륙지대의 차이가 분명하게 보인다. 도시지역의 집들은 일제시기 도시화 과정에서 만들어진 것이기 때문에 오히려 시대적 차이로 볼 수 있다. 그러나 같은 농촌지역에서의 지역적 차이는 그들의 생태적, 사회적 환경의 차이에 근거한 것으로 볼 수 있기 때문에 상당히 오래전부터 차별화되었을 가능성이 높다.

수집된 도면들을 평면적 성격에 따라 분류해 보면 대략 세 지역으로 구분된다. 개마고원 산악지대와 함경북도에서 남도에 이르는 동해안지대 그리고 함경남도의 남단지대로 나뉜다. 이러한 지역구분은 함경북도와 남도의 행정구역과는 결코 큰 관계가 없다. 오히려 기후적 성격에 따른 지역구분과 유사하다. 물론 기후조건이 특정한 주거형태를 결정짓지는 않았을 것이다. 그러나 기후나 지형은 삶의 방식에 영향을 미치는 가장 중요한 생태환경요소이기 때문에 주택형태 또한 그 영향에서 벗어나기 어렵다고 생각된다.


## 1. 개마고원 산악지대: 함경도 집의 원초형


언제부터 함경도 집의 지역적 성격이 나타나기 시작했는지는 정확히 알 수가 없다. 그러나 역사서에 남은 기록을 통하여 추정해 볼 수는 있다. 가장 오랜 기록으로서 학계에서 폭넓게 인용되는 기록은 구당서(舊唐書)와 신당서(新唐書)의 고구려에 대한 기록이다. "고구려의 가난한 사람들이 한겨울에는 장갱(長坑)을 만들고 여기에 불을 때서 그 열로 겨울을 따뜻하게 지낸다."라고 하였다. 여기에서 장갱이란 물론 온돌을 의미하는 것이라는 데 학자들은 이견이 없다.

중국 사람들은 '캉(坑)'이라는 온돌과 유사한 구조를 가지고 있다. 그렇다면 왜 장갱(長坑)이라는 표현을 사용했을까? 원로 민속학자인 손진태는 우리나라의 온돌과 중국의 캉에 대하여 그 차이점을 다음과 같이 설명하였다. "중국 및 만주의 것은 실내의 세 면이 좀 높게 캉으로 구조되고 한 면은 낮게 하여 그곳에 아궁이를 만드는 것이 보통인 것 같다. 이것은 우리나라의 정주간과도 틀리니, 정주간은 그 반분이 좀 높은 하나의 방으로 되어 전부가 온돌장치로 되었고, 남은 반쪽은 흙바닥이고 부엌으로 된 것이다.16)"

'장갱'이라는 용어가 '캉'에서 파생되었다면 그 의미는 '큰 구들' 또는 '긴 구들'로 이해되어야 할 것이다. 현재 중국 동북지방에서도 조선족 주택의 정주와 한족 주택의 캉은 차이가 있다. 우선 길이와 폭이 다르다. 정주간이 길이 6미터, 폭 3미터 정도라면, 캉은 길이 3미터 폭은 2미터를 넘지 않는다. 높이도 캉은 60센티미터, 정주간은 50센티미터 이하가 된다. 즉 중국 주택의 캉은 '침상'의 개념이며, 조선족 주택의 정주간은 '침실'의 개념이다. 장재촌에서 면담한 천봉진 목수에 따르면 한족(漢族)들은 한번 신을 신으면 잠잘 때까지 벗지 않는다고 설명한다. 따라서 캉은 침대처럼 취침의 기능만으로 사용되어 넓은 규모가 필요하지 않고, 걸터앉기 편하도록 높게 만드는 것이다. 현대식 중국 주택에서는 캉이 서양식 침대로 대체되어 가고 있는 것도 이를 반증한다.

_______________

16) 손진태, 한국민족문화의 연구, 을유문화사, 1948.

〈그림 4-1〉 중국 동북지방 조선족 주택의 정주

〈그림 4-2〉 중국 동북지방 한족 주택의 캉

이와 같은 온돌의 역사로 볼 때 함경도의 정주간은 고구려시대의 장갱을 닮지 않았을까 추정된다. 고구려시대 이래로 이렇게 정주간만을 갖춘 단실형(單室型) 주택은 오랫동안 지속되었을 것이다. 조선 초의 기록들은 이러한 추정을 뒷받침한다. 성종실록에 의하면 "정언 박한주가 말하기를 제가 일찍이 영안남도(함경남도) 평사가 되어 그 민속을 보았는데 아직도 야인의 풍습이 있습니다. 〈중략〉 함경도 사람들은 남녀의 구분이 없어 집에 긴 온돌(長突)을 만들고 지나가는 사람을 재우는 데 분별함이 없습니다.[17]"고 하였다. 또한 중종실록에는 "평안도와 함경도에서는 부자(父子)나 손님이 한방에서 혼숙을 하는데 오랑캐풍속과 다르지 않다."는 기록도 보인다. 이러한 기록에서 사용된 '장돌(長突)'이라는 표현이 '장갱'이라는 용어와 유사하다는 점과 혼숙이라는 표현으로부터 정주간만을 갖춘 단실형 주택을 상상할 수 있을 것이다.

오늘날까지도 함경도 주택의 정주간은 다기능을 수용하는 통합적 공간

---

17) 성종 22년(1491), 3월 13일.

이다. 그곳에서는 취사와 식사, 접객, 취침 등 거의 모든 주생활(住生活) 행위가 이루어진다. 심지어 '바당'이라는 실내마당까지 갖추고 있고, 외양간이나 방앗간까지 개방되어 있다. 회신자들의 표현처럼 정주와 '바당', 외양간과 방앗간이 하나의 공간에 들어 있다. 또한 정주간은 온 식구가 모여 잘 만큼 큼직한 공간이다. '남녀의 구분'나 '어른, 아이의 구분' 등 유교적인 가족관계를 엄격히 지킬 필요가 없고, 경제력이 미약한 서민계층에서는 정주간 이외의 침실구분이 절실하게 필요하지 않았을 것이다. 정주간은 우리 민족이 온돌을 개발한 이후에 만들었던 우리나라 옛집의 원초적 모습을 보여 준다.

유감스럽게도 실향민들이 제공한 자료에서는 정주간만으로 형성된 원초형 주택의 사례를 찾아볼 수 없었다. 그러나 개마고원지대에 소재했던 주택들을 보면 아직 침실이 세분화되지 않은 사례가 나타난다. 함남 장진군 출신의 한상언 씨가 그려 준 주택은 정주간 옆으로 하나의 침실이 구획되어 있다. 이는 정주간 옆으로 침실을 증축했다고도 볼 수 있고, 정주간을 구획하여 두 개의 침실을 만들었다고도 볼 수 있다. 여하튼 이러한 주택은 아직 전자형 구획으로 침실이 분화하기 이전 단계의 주택으로 보인다.

여기에서 방의 중간을 구획하면 또 하나의 침실을 얻게 된다. 함남 풍산군의 주재현 씨 댁과 혜산군의 이동현 씨 댁은 이러한 사례를 보여 준다. 모두 개마고원 산악지대에 소재한 집들이다. 산악지대는 교통이 불편하여 정보의 교류가 어렵고, 경제력이 낮으며, 기술자의 도움 없이 자력으로 건설해야 하기 때문에 주택형식의 원초적 모습이 오랫동안 지속되었을 것으로 보인다.

한상언 씨는 개마고원 산악지대의 주택에 대하여 다음과 같이 설명한다.

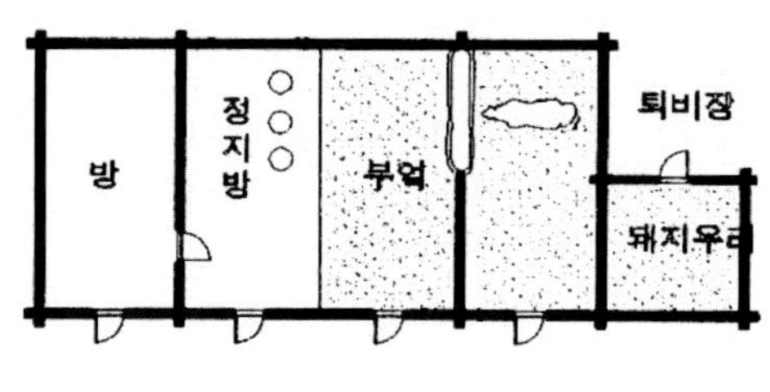


〈그림 4-3〉 함남 장진군 한상언 씨 댁

"주택에는 담장이 없었다. 울타리는 겨울에만 설치하는데, 이는 방풍용으로서 여름에는 땔감으로 사용한다. 그나마 울타리도 두르지 않는 집들이 많다. 담을 만들지 않는 이유는 재산이 없어서 도둑맞을 염려가 없기 때문이다. 주택은 통나무를 횡으로 쌓아서 벽체를 만든 귀틀집이다. 통나무 사이에 흙을 바른다. 지붕재료는 너와를 사용하는데, 삼송을 쪼개어 만든다. 창호는 아주 작았다. 높이는 4~5척, 폭은 2.5척 정도로서, 추워서 문을 작게 낸다. 널문은 어두워서 쓰지 않는다. 평면은 홑집형으로 마구간, 부엌, 정주간, 아랫방, 윗방의 순서대로 둔다(실제로는 측면 폭이 15척 이상인 양통집의 규모이지만 칸막이 없이 통간으로 사용한다). 영양보충을 위해서 돼지나 닭을 사육하는데 돼지우리는 냄새가 지독하여 바깥에 짓는다. 이 때문에 개승냥이(늑대?)가 내려와서 돼지를 물어 가는

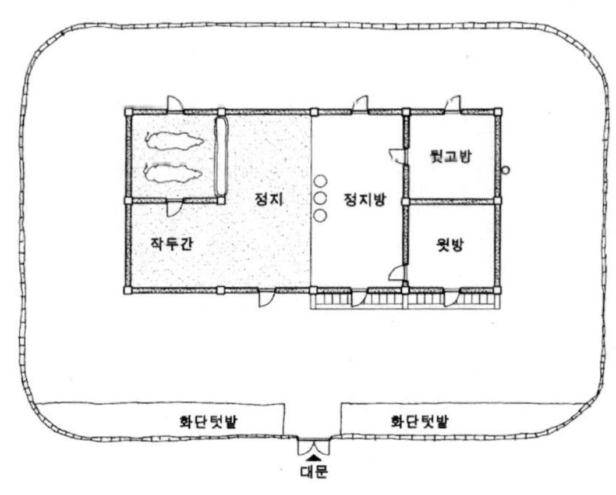


〈그림 4-4〉 함남 풍산군 주재현 씨 댁

경우가 많았다. 이 지역의 집들은 특별한 기술이 필요하지 않아 동네사람들이 짓는다. 화전민들은 큰 부자가 없기 때문에 주택의 계층적 차이가 별로 없다."

한상언 씨의 옛집은 귀틀집이며, 너와를 사용하였다. 귀틀집이란 기둥이 없이 통나무를 횡으로 쌓아 벽체를 만든 집이다. 귀틀집은 벽체가 튼튼하여 방어에 유리하고, 지붕에 쌓인 많은 눈의 무게를 견딜 수 있다. 이에 태백산맥의 산악지대나 강설량이 많은 울릉도 나리분지에서 많이 사용되었다. 너와지붕의 귀틀집은 산악지대의 특성을 반영하는 건축요소로서 개마고원지대에는 이러한 주택형식이 보편화되어 있었음을 알 수 있다.

조선 후기에 들어서면 오늘날 양통집의 모습을 묘사한 기록이 나타난다. 18세기 중엽에 홍량호가 지은 북새기략(北塞記略)에 의하면 "모두 한 채의 집에 겹으로 기둥을 세우고 벽도 겹으로 설치하여 실(室)과 당(堂)을 만들고 고방과 외양간도 다 설치한다. 구부러진 데와 연결하는 복도가 없다.[18]"고 하였다. 이러한 기록은 생산공간이 포함된 외채 ―자형

〈그림 4-5〉 장백산지구 무송현의 귀틀집

18) 홍량호(1724~1802), 이계집 12권, 북색기, 공주풍토기.

양통집의 모습을 묘사한 것으로 보인다.

부엌으로부터 연기나 냄새가 들어오지 않는 위생적인 침실의 마련, 거주공간의 남녀구별, 장유구별, 은밀한 수장공간의 마련 등 여러 가지 기능적 요구에 따라 침실의 구획이 발생하였고, 오늘날과 같은 전자형 침실구성이 보편화되었다고 볼 수 있다. 다만 정주간은 아직 구획되지 않고 남아 함경도 주택의 원초적인 모습을 보존하고 있다.

## 2. 함남의 동해안 지대: 외양간이 돌출된 양통집

지금까지 살펴본 바와 같이 부엌과 칸막이 없이 개방된 정주간이 있고, 살림채 안에 생산공간을 두고 있으며, 침실이 田字형으로 구성된 양통집은 함경북도나 남도를 가릴 것이 없는 함경도 옛집의 공통된 성격이다. 그러나 이러한 기본적인 성격에도 불구하고 지역에 따라서는 약간의 차이가 보인다. 이러한 차이 중에서 가장 두드러지게 알려신 것은 외양산이 마당 쪽으로 돌출한 양통집이다. 외양간이 돌출한 주택형식은 주로 함경남도 지역에 분포하기 때문에 이를 지역적인 성격으로 이해해 왔다.

북한 민속학자인 리종묵[19]은 함경남도의 외양간 돌출형 양통집에 대해 다음과 같이 설명하였다. "함경남도의 집들은 고방의 규모가 훨씬 작아지고 그 명칭도 달라진다. 고방의 폭은 앞 열의 침실 폭에 절반가량이다. 이 고방들은 말 그대로 경리시설로 이용된다. 또 외양간이 몸채의 용마

---

19) 리종묵, 우리나라 농촌주택에 관한 연구, 과학원 출판사, 1961.

루 밑에서 벗어나 소규모의 독립적인 용마루를 가지고 앞뜰 쪽으로 돌출하여 위치한다. 또 이 지방 주택에서 방앗간은 보통 몸채 안에 두지 않는다. 몸채 안의 방앗간과 외양간 자리는 바당과 부엌 또는 고방으로 변한다. 때문에 이곳 주택에서의 부엌과 바당의 규모가 함경북도 주택의 부엌과 바당 규모보다 훨씬 크다.”

남한학자들은 외양간이 돌출함으로써 살림채의 평면이 꺾어지는 것을 보고 ‘꺾음형 양통집’ 또는 ‘ㄱ자형 양통집’이라고 분류하기도 했다. 그러나 이러한 분류법은 자칫 평안도 지방이나 남부지방의 꺾음집과 동일시할 우려가 있기 때문에 적절하지 못하다. 리종묵도 이미 이를 지적한 바가 있다. 그는 다음과 같이 그 차이를 설명했다. “형태상 유사한 ㄱ자형 꺾음집이라 해도 그 본질은 서로 다르다. 동해안 지방의 ㄱ자형으로 된 꺾음집에서는 외양간이 지붕용마루 없이 단일한 면을 가지고 있는 것이 보통이며, 용마루가 있다고 하더라도 몸채의 용마루와는 관계가 없이 낮게 설치된다. 엄밀한 의미에서 꺾음집이 아니다.”(리종묵, 46쪽)

이번 연구를 통해서 사례들을 분석해 보면 외양간 돌출형이 함경남도에 집중적으로 나타나는 것이 사실이다. 그러나 함경남도의 전 지역에서 나타나는 것은 아니다. 돌출형 양통집이 주로 분포하는 지역은 함남의 동해안 평야지대이며, 함남의 내륙 산악지대에서는 함북지역과 같이 ―자형 양통집이 우세하게 나타난다. 따라서 이러한 차이는 산악지대와 평야지대의 환경적 차이에서 발생하지 않았나 생각된다.

그러나 같은 지역에서도 여전히 외양간이 돌출하지 않은 ―자형 양통집이 나타나고 있으며, 해방 이후에 외양간 돌출형으로 개조한 사례도 있다. 함남 북청군의 문곤수 씨 댁은 이러한 사례에 속한다. 이 집은 본래 해방 이듬해인 1946년도에 새로 지었으나, 1947년에 개축이 이루어졌다. 문곤수 씨는 토역일을 한 경험이 있기 때문에 개축 당시의 상황과 건축방법에 대하여 상술해 주었다.

"추운 지방이었기 때문에 옛날에는 소를 보온하기 위해서 부엌 옆에 외양간을 두었다. 안방과 부엌, 외양간이 모두 트여 있어 소와 사람이 마주 보고 살았다. 1947년 개조 시에 외양간을 돌출시켰으며, 부엌과 안방 사이도 미닫이로 막았다. 또한 이때 주위 울타리를 흙돌담으로 쌓았으며, 살림채의 지붕도 초가지붕에서 기와집으로 바뀌었다."

이러한 사례는 본래 一자형 양통집이 함경남북도의 보편적인 형식이었으며 어느 시기엔가 돌출형으로 변화했다는 시대적 변화의 가능성을 남기고 있다. 즉 돌출형 양통집이 지역적 유형인가 또는 시대적 변화인가를 아직은 판단하기 어렵다.

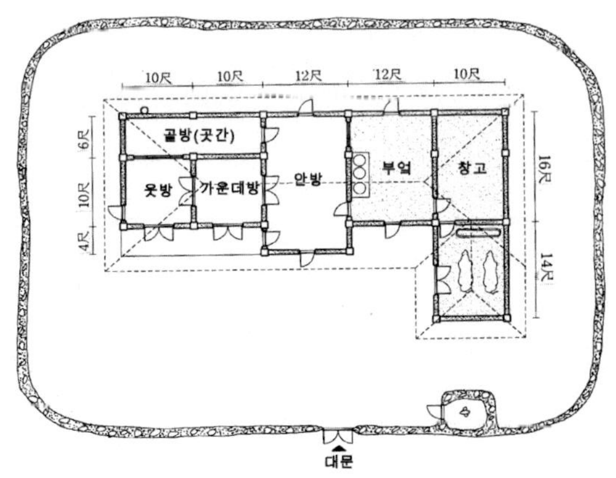


〈그림 4-6〉 함남 북청군 문곤수 씨 댁

　　외양간 돌출형은 비단 외양간이 돌출한 것만이 아니라 리종묵의 설명처럼 공간구성에도 약간씩 차이가 있다. 외양간 돌출형 주택에서는 방앗간을 살림채 안에 두는 예가 거의 없다. 방앗간은 별도의 부속채로 빠져나가 있다. 이에 따라 부속채의 수가 늘거나 그 면적이 넓어지는 경우가 많다. 또한 살림채의 부엌이 넓어지거나 그 자리에 고방을 두기도 한다. 외양간의 여물통도 정주간과 대향하지 않고 직각으로 꺾여 있다.

　　또 하나의 특징은 뒤 열에 있는 실의 세로 폭이 앞 열보다 작다는 점이다. 이에 대하여 함남 장진군의 한상언 씨는 "살림채의 한 칸은 보통 9자 정도인데 뒷방은 좀 작게 만들어 7자 정도로 한다."고 설명하였다. 또한 대부분의 응답자들은 뒤 열을 작게 그려 주거나 치수를 명확히 기입한 경우도 있었다. 치수를 기입한 사례를 보면 보통 앞 열 폭의 3/4에서 2/3 정도가 된다. 따라서 건물의 세로 폭도 一자형 양통집보다 작다.

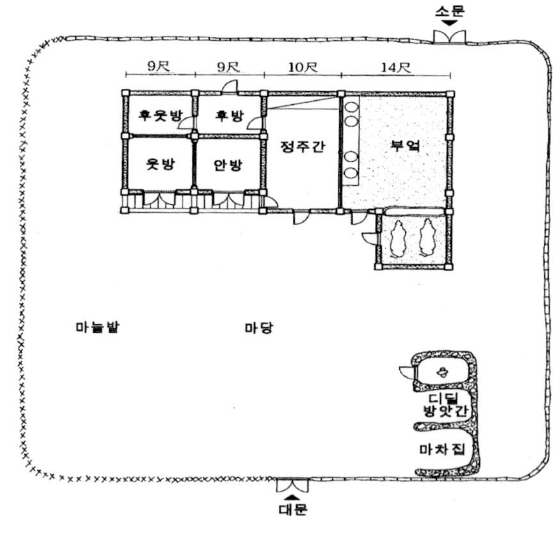


〈그림 4-7〉 함남 단천군 안형욱 씨 댁

건물의 폭이 좁기 때문에 외양간이 돌출하게 되었는지 또는 외양간이 돌출함으로써 뒤 열의 폭이 감소하게 되었는지 판단하기 어렵다.

외양간 돌출형은 一자형 양통집에 비해 외양간의 난방이나 도난피해에 불리한 평면이다. 대신 외양간이 격리됨으로써 부엌과 정주간이 청결해지는 장점이 있다. 외양간에서 나는 냄새와 해충의 피해를 저감시킬 수 있기 때문이다. 방앗간이 별채로 분리되는 것도 방앗간의 소음이나 먼지를 피할 수 있는 방법이다. 다만 겨울철에는 바깥을 드나들어야 하는 불편함이 발생한다.

이러한 장단점을 비교해 보면 돌출형은 위도가 높은 함경도 북부나 산악지대보다도 기후가 온난한 남부 평야지대에서 발달했을 가능성이 높다. 함경도의 지형적 조건을 살펴보면 서북쪽으로는 험준한 산악지대이며 동남쪽으로 동해안 근처에 약간의 평야가 펼쳐진다. 겨울기후 또한 서북쪽과 동남쪽이 차이가 있다. 비록 큰 차이가 있는 것은 아니지만 이렇게 기후조건이 완화되면 외양간의 난방보다는 거주공간의 청결성을 더 고려할 수 있는 입지를 제공해 준다.

두 번째는 산악지대와 평야지대의 환경적, 경제적 차이라고 볼 수 있다. 응답자들의 설명에서 보이듯이 산악지대에서는 주로 화전을 일구며 생활한다. 화전은 단위면적당 생산량이 적기 때문에 주호가 밀집된 마을을 형성하기 어렵다. 산악지대 출신의 응답자들이 기재한 마을규모는 대부분 10호 안팎이다. 함남 장진군 출신인 한상언 씨는 마을규모를 100호라고 기재했는데, "마을규모는 100호 정도이나 집들이 모여 있는 것이 아니라 집 사이가 0.5~1㎞ 정도로 드문드문 흩어져 있어 마을길이가 20여 리 정도가 된다."고 설명하였다.

이렇게 집들이 드문드문 서 있는 산촌형(散村型) 마을에서는 도적이나 맹수의 피해를 집단적으로 대응하기 어렵다. 따라서 방어의 효율성은 이 지역 주택의 필수적 요건이었을 것이다. 그러나 평야지대에는 주호가 많고 밀집된 집촌형(集村型) 마을을 이룬다. 평야지대에서는 맹수의 피해도 적고, 도적의 피해도 공동으로 대응할 수 있다. 따라서 한 주택에서 방어의 필요성이 산악지대보다는 적게 된다. 외양간을 돌출시키거나 방앗간, 창고 등을 분리시킬 수 있는 여지도 이러한 환경조건의 완화에서 발생되었을 가능성이 높은 것이다.

주택이 밀집되어 있는 마을에서는 명확한 주택의 경계가 필요하다. 특히 부속채가 많은 주택에서는 마당에서의 생활행위가 많아지기 때문에 마당은 사적인 공간이 된다. 사적인 공간의 기밀성을 지키기 위해서는 폐쇄적인 담장과 대문이 필요하다. 그러나 튼튼한 담장과 대문은 경제력과도 관련되어 있기 때문에 지역적으로 명확히 구분되지는 않는다. 함남 이원군 출신의 김희환 씨는 대문과 담장의 지역성에 대하여 다음과 같은 설명을 보내왔다. "바람이 심한 어촌에서는 돌과 흙으로 흙돌 담장을 쌓고, 기타 지방에서는 수수깡이나 싸리나무 울타리를 만든다. 싸리나무 울타리는 주로 산간지방에 많다. 대문도 도회지에서는 나무 널로 널대문을 만드나 농촌에서는 수수깡이나 싸리나무로 대문을 만든다."

## 3. 강원도 접경지대: 정주간이 없는 양통집

함경남도 원산 밑의 안변군에 이르면 함경도형 양통집과는 성격이 다른 형식의 주택이 나타난다. 안변군은 함경남도의 최남단으로서 강원도와 접경한 지역이다. 이 지역 출신이 보내온 자료에 의하면 4건의 사례 모두가 정주간이 없는 집이다. 물론 이 중에는 일제시기 도시지역에 건립된 집도 1건이 있지만 나머지도 모두 정주간이 없다.

정주간이 칸막이로 구획된 사례는 함경도에서 흔히 보이지만 그 칸막이는 미서기문으로서 개폐와 분리가 가능한 것이다. 그러나 안변군의 사례들은 부엌과 인접한 방이 모두 고정된 벽체로 구획되어 있고 방의 명칭도 정주나 정주간이 아니다. 또한 방의 규모도 정주간처럼 2칸이 아니라 단칸으로 이루어져 있다. 따라서 이러한 주택은 정주간이 없는 유형이라고 말할 수 있다.

이미 리종묵은 "정주간이 없는 양통집이 동해안 지대에서 강원도 지방을 중심으로 황해도 일부 산악지대에 분포한다."고 설명한 바가 있다(리종묵, 64쪽). 함남 안변군 출신의 박상근 씨도 "원산·함흥 이북지방에서나 부엌과 방이 칸막이 벽 없이 연결되어 있고, 함흥 이남에서는 부엌과 방 사이에 칸막이가 있다."고 기술해 주었다. 이러한 설명은 정주간 없는 양통집이 지역적 형식이며 함남 안변군까지 분포한다는 사실을 의미하고 있다. 또한 '개방된 정주간'이 함경도 옛집의 중요한 성격이라면 그 분포범위는 원산 이북이라고 할 수 있다.

그러나 안변에서 보이는 집의 형식은 황해도 양통집과도 약간의 차이가 있다. 먼저 황해도의 양통집은 一자형이지만 안변군의 양통집은 ㄱ자형이라는 점이다. 또한 안변군의 양통집에는 '안청'이라고 부르는 마루가 있지만, 황해도의 양통집에서는 그 부분이 흙바닥으로서 '봉당'이라고 부른다. 이 봉당은 대문간의 기능을 가지고 있다.

안변군의 이창환 씨 댁은 그 봉당 부분에 마루가 깔려 있다. 또한 침실도 전자(田字)형 구성으로서 여전히 함경도 주택의 성격을 가지고 있다. 부엌에서 외양간도 돌출되어 있다. 따라서 전형적인 돌출형 양통집에서 정주간을 벽체로 구획하고 앞 칸에 마루를 만들면 이와 같은 형식이 만들어진다고 볼 수 있다.

이러한 평면구성은 강원도나 경상북도 동해안지역에 분포하는 양통집과 그 형식이 아주 흡사하다. 이 지역에서는 마루 부분을 '안청'이라고 부르기 때문에 나는 이를 '안청형 양통집'이라고 명명한 바가 있다. '안청'은 각 침실을 엮어 주는 통로인 동시에 취침, 식사, 접객 등 여러 가지 복합적인 용도로 사용된다는 점에서 함경도 주택의 '정주간'과 유사한 기능을 갖는다. 그러나 이 공간은 여름철에 주로 사용된다는 점에서 차

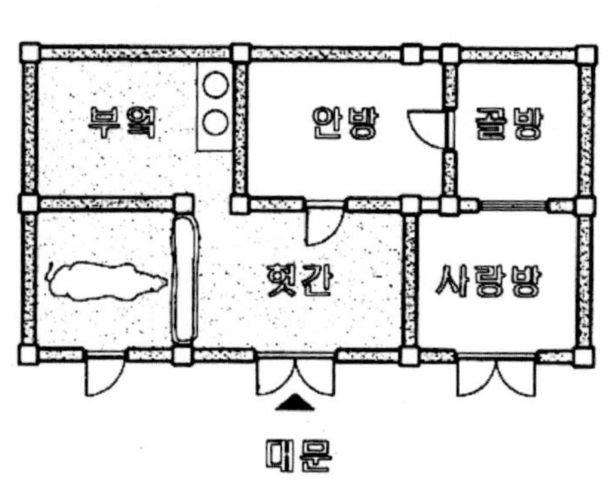


〈그림 4-8〉 황해도 옹진군 민태식 씨 댁

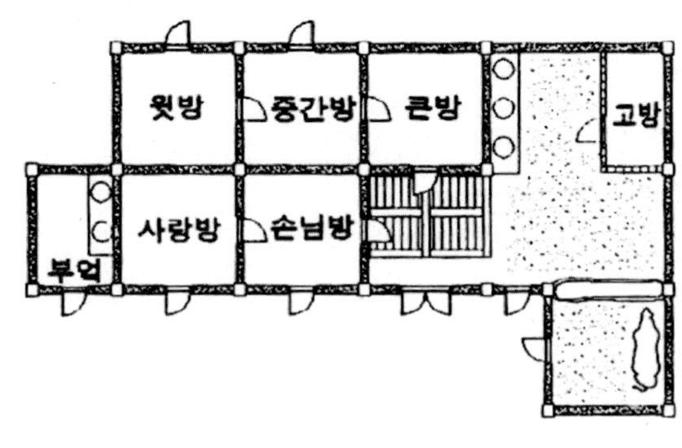


〈그림 4-9〉 함남 안변군 이창환 씨 댁

이가 있다. 정주간 대신 더운 여름을 시원하게 보낼 수 있는 공간을 마련했다는 점에서 기후적 차이에 대한 주거형식의 차이를 볼 수 있다.

　안변군의 또 다른 사례인 이희덕 씨 댁은 두 칸의 안청을 가지고 있다. 이렇게 안청이 넓혀진 사례는 경북 영덕군 이남에서 간혹 볼 수 있다. 경남까지 남하하면 마루의 전면이 개방되어 툇마루로 변하게 된다. 그러나 이 집은 마루가 폐쇄되어 있으며, 더구나 마루 앞에 사랑방이 돌출되어 독특한 평면구성을 이루고 있다. 이 경우 사랑방은 별도의 난방이 필요하고, 삼면이 외기에 면하고 있다는 점에서 난방의 효율성을 중시하는 함경도 집중형 주거의 성격을 잃어 가고 있다.

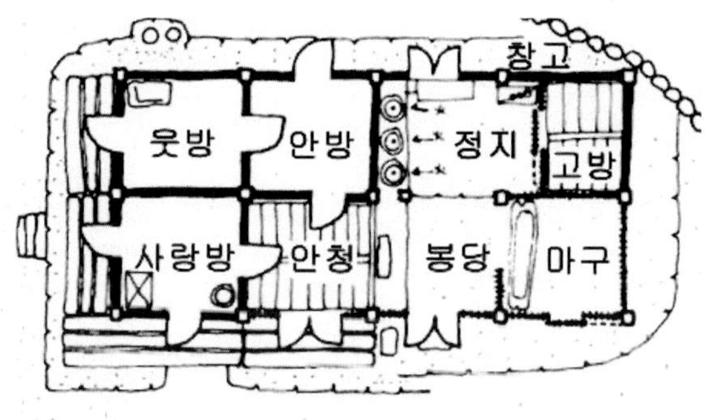


〈그림 4-10〉 경북 울진군의 안청형 양통집

　안변군에서는 외통집의 사례도 나타난다. 박상근 씨 댁은 외양간이 돌출된 외통집의 사례이다. 물론 정주간이 없이 부엌과 안방이 벽체로 구획되어 있다. 또한 소농계층의 주거임에도 불구하고 침실을 갖춘 부속채를 별도로 두었다. 외통형 평면으로서 침실이 개방적이며, 부속채가 있다는 점에서 분

산형 주거에 가깝다. 그러나 아직도 외양간이나 고방 등 생산공간을 살림채
안에 두고 있는 것은 함경도 주거의 지역적 성격으로 볼 수 있다.

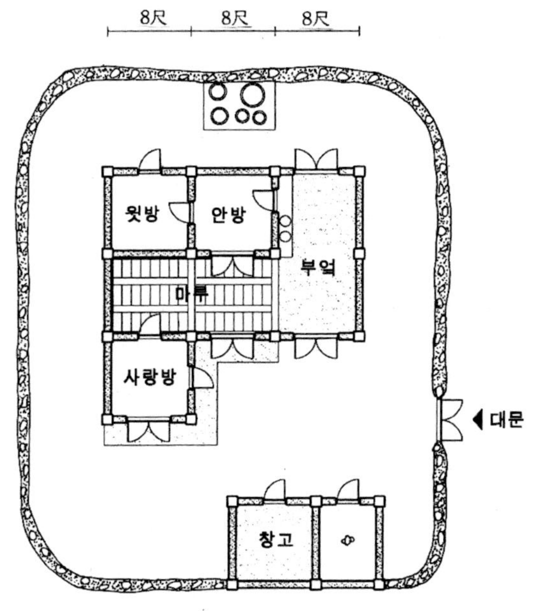


〈그림 4-11〉 함남 안변군 이희덕 씨 댁

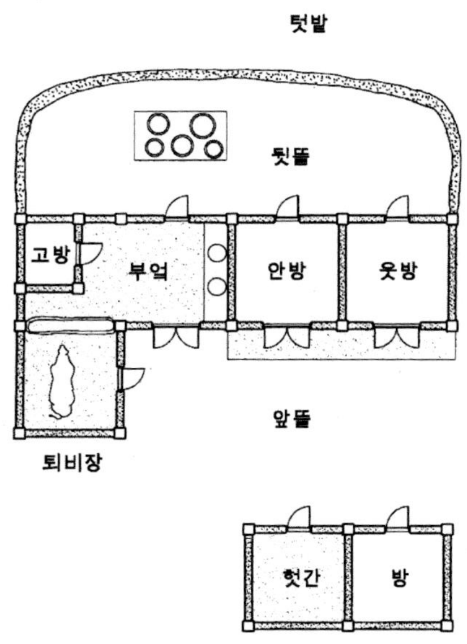


〈그림 4-12〉 함남 안변군 박상근 씨 댁

제5장

# 함경도 옛집의 계층적 차이

# 1. 대문과 담장의 계층적 차이

건축주의 경제력은 주택의 형식과 재료, 형태 등을 결정하는 데 중요한 역할을 한다. 물론 이러한 계층적 차이는 일반적으로 지역적 형식의 틀을 벗어나지는 않지만 같은 형식이라도 건축 재료나 부재의 질이 다르게 된다. 이러한 차이는 주택의 경계 장치인 담장과 대문에서부터 볼 수 있다. 이미 살펴본 바와 같이 함경도의 옛집은 담장과 대문이 없거나 허약한 것이 그 특징이다. 그러나 경제력이 높을수록 견고한 건축 재료와 방식이 사용된다.

소농계층의 주택에서는 담장과 대문이 없는 경우도 보인다. 함남 장진군 출신의 한상언 씨가 증언한 바에 따르면 "이 지역의 주택은 담이 없었다. 울타리는 방풍용으로 겨울에만 설치한다. 여름에는 이 울타리를 뜯어서 땔감으로 사용한다. 그나마 울타리도 없는 집이 많았다." 그가 살던 주택도 담장이나 대문이 없이 살림채만 덩그러니 있는 도면을 그려 주었다. 이러한 주택은 함경도 주택의 원초형이라고 생각된다.

그러나 어느 시기 이후에는 방풍용이라도 담장과 대문을 만드는 것이 일반화되었을 것이다. 이 담장과 대문의 재료는 경제력에 따라 차이가 있다. 함북 길주군 출신인 이덕수 씨는 담장의 차이와 시공방식을 상세히 서술해 주었다.

"담의 재료는 경제적 여유가 있는 가정에서는 5~6분 정도의 송판을 사용하고, 가난한 집에서는 2~3미터 간격으로 통나무로 지주를 세운 다음 그 사이를 대부분 수숫대로 직경 15센티 정도 둥글게 묶어서 높이는 약 2미터 정도로 세운다. 횡으

로는 아래, 위 부분에 직경 3~4센티 정도의 나무를 앞뒤로 대고 철사로 조여 맨
다. 지면에 약 20센티 정도의 땅을 파고 그 속에 수숫대를 세우는데, 이렇게 하면
충격이나 바람에도 3~4년은 걱정 없이 지낼 수 있다. 가을에 추수하면 새 수숫대
로 노후한 부분을 교체한다.”

소농계층이라도 울타리를 그려 준 경우는 많으나 대문을 그려 준 경우
는 그보다 적다. 대문이 있을 경우 싸리 울타리나 수숫대 울타리에는 대
문도 싸리나무나 수숫대로 엮어 만든 사립문이 일반적이다. 판자 울타리
인 경우는 대문도 역시 판자로 만든 널문이다. 그러나 이러한 판자문은
상류계층의 널문의 형태와 달랐을 것이다. 이 널문의 형태를 자세히 알
수는 없지만 연변 조선족 주택의 사례를 참고해 볼 때 지붕이 없는 대문
으로서 판자 울타리의 구조와 비슷했을 것으로 추측된다.90

흥미로운 것은 집 앞부분에 담장이나 대문이 없어도 집 뒤에는 담을
쌓는 경우가 발견된다는 점이다. 안변군의 박상근 씨 댁을 그 예로 들 수
있는데, 작은 규모의 외통집임에도 불구하고 집 뒤에 토담을 그리고 폐

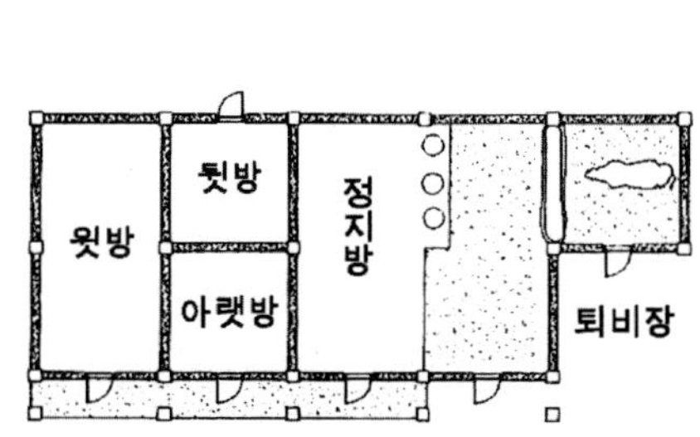

〈그림 5-1〉 함남 장진군 한상언 씨 댁

〈그림 5-2〉 장백산지구 무송현의 싸리울

쇄적인 뒤뜰을 표시하였다. 이렇게 폐쇄적인 뒷마당을 갖는 예는 강원도와 경상북도 민가에서 흔히 발견된다. 이 지역에서 뒤뜰은 가사생활과 관련한 수장공간으로서 외부인의 출입이 엄격하게 통제된다.

한편 부농계층의 사례를 살펴보면 흙돌담을 갖춘 경우가 많이 나타난다. 흙돌담은 울타리보다 견고한 구조체로서 상류주택의 폐쇄성을 의미한다. 물론 흙돌담이 반드시 경제력을 반영하는 것은 아니다. 함남 이원군 출신의 김희환 씨는 바람이 심한 어촌에서는 흙돌담을 쌓는다고 설명한 바가 있다. 그러나 흙돌담장을 쌓기 위해서는 울타리보다 많은 노동력이 소요된다는 점에서 경제력을 반영한다. 특히 흙돌 담장 위에 기와지붕까지 덮는다면 그것은 어느 정도의 경제력을 갖추지 않으면 선택할 수 없는 요소일 것이다.

김희환 씨 댁은 대문도 남한지역의 상류주거에서 볼 수 있는 널대문을 사용했다. 물론 대문 위에 지붕까지 갖추고 있다. 이러한 널대문은 담장 일부에 달려 있기보다는 대문간을 갖춘 건물에 설치된다. 이에 따라 별도의 대문채가 만들어진다. 대문채는 대문간 단칸으로 이루어지기보다는 대문간을 비롯하여 각종 창고를 수용하여 몇 칸 규모로 만들어진다. 따라서 대문간의 칸 수는 그 집의 경제력을 살피는 데 중요한 단서가 된다.

함남 북청군의 고재명 씨 댁은 단칸짜리 대문채를 만든 사례이다. 여기에서 눈여겨볼 만한 것은 바깥 담장 안에 살림채를 둘러싸는 안 담장을 만들었다는 점이다. 물론 바깥 담장은 판자와 일부 싸리나무로 만든 울타리이고, 안쪽 담장은 흙돌담이다. 이렇게 안 담장을 두어 영역을 분리시키는 것은 안마당의 기밀성을 높이는 방법으로서 남한지역의 상류주거에서는 흔히 볼 수 있지만 함경도 주택에서는 보기 드문 사례이다.

고재명 씨는 경제력란에 중류계층이라고 기재했으나, 그의 집안은 조부(祖父) 때 경상북도 관찰부 주사로 재직할 정도로 상류계층이었으며, 이 가옥을 건립할 당시만 해도 소작인 20명, 소 3마리를 둔 대지주였다. 마을에서도 가장 많은 전답을 소유한 부자로 알려져 왔다고 한다. 따라서 이 주택에서의 안 담장은 내외(內外)를 지키기 위한 것이라기보다는 머슴과 주인의 영역을 분리하려는 의도로 보인다.

함남 북청군의 주수요 씨는 머슴(농군)을 두고 논 6,000평, 밭 9,000평, 과수원 3만 평을 경영하는 부농계층 출신이었다. 그는 10칸이 넘는 대문채를 그려 주었다. 대문간은 1칸에 불과하지만 생산수장공간이 9칸에 이르는 거대한 대문채이다. 그러나 집 전체를 두르는 담장이 없는데, 이에 대해 주수요 씨는 '함남지역에는 돌담이나 토담이 없고, 수숫대나 싸리 울타리(배재울) 정도가 고작'이라고 설명했다. 그러나 대문채가 담장의 역할을 겸하고 있다는 점에서 그 방어적 폐쇄성은 상류주택의 성격을 잘 반영하고 있는 것이다.

넓은 마당 또한 농가의 경제력을 반영한다. 농가에서 마당은 농사를 준비하고, 농산물을 갈무리하는 곳이며, 가족들의 보건활동장이며, 가축들의 사육장소이기도 했다. 주수요 씨는 마당의 규모와 경제력의 관계에 대해 다음과 같이 설명하였다. "잘사는 집은 부속채가 크고, 안마당이 넓다. 안마당은 생산물의 건조, 갈무리, 수장이 이루어지기 때문에 생산물의 양과 비례한다. 본인의 집 마당도 가을이면 낟가리로 가득했다."

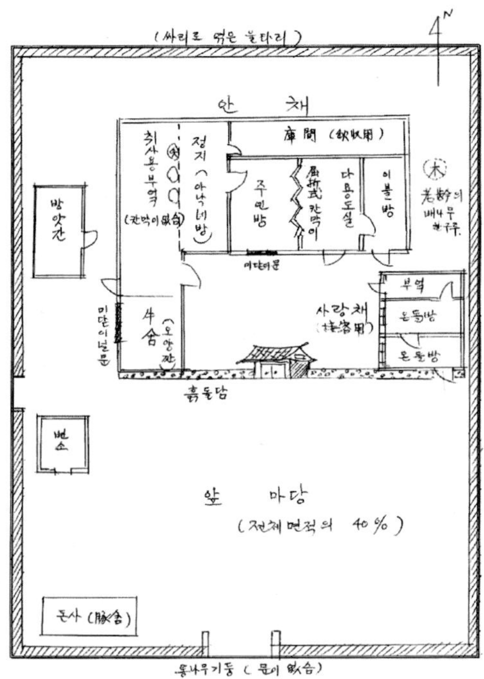


〈그림 5-3〉 함남 북청군 고재명 씨 댁

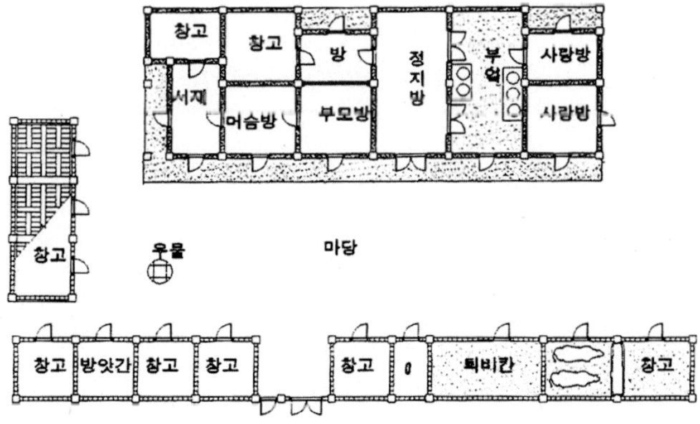


〈그림 5-4〉 함남 북청군의 주수요 씨 댁

## 2. 건물과 공간의 계층적 차이

농업생산을 주업으로 하는 농가에서 경제력은 경영규모에 비례하기 마련이다. 경영형 부농이든, 지주형 부농이든 경영규모가 증대하면 주택에서 생산공간이나 수장공간의 면적이 더 많이 필요하게 된다. 가축의 수가 많아지면 사육공간의 규모도 커지고, 많은 농기구를 수장하기 위한 공간이나 많은 농작물을 수장하기 위한 공간이 필요하기 때문이다. 이러한 공간들을 모두 살림채에 수용하면 살림채가 너무 커지고, 마당과의 작업동선도 불리하고, 살림채 안의 취침공간도 청결을 유지하기 어렵다. 이에 부농주택에서는 생산, 수장공간을 갖춘 다양한 부속채가 만들어진다.

함남 신흥군의 이봉호 씨 댁은 다양한 부속채를 갖춘 부농주거의 사례이다. 그는 자신의 가정을 중류계층이라고 기재했지만 논 5,000평, 밭 6,000평, 과수원 4,000평을 경영하는 부농계층에 속한다. 변소와 잿간은 기본적인 부속채라고 차치하더라도, 4칸 규모의 대문채를 비롯하여 2칸짜리 창고 등 비교적 큰 규모의 부속채를 갖추고 있다. 또한 창고와 잿간 사이에는 사과를 저장하는 움이 있었다고 한다.

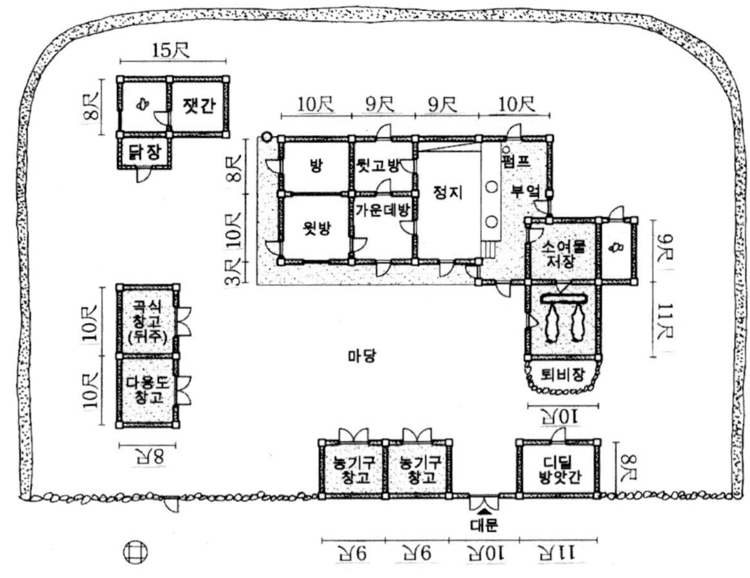



〈그림 5-5〉 함남 신흥군 이봉호 씨 댁

농업의 경작규모가 커지면 가족원들만으로 경영하기 어렵다. 경영형 부농의 경우 머슴을 고용하여 경영하는 경우가 많다. 노비제가 시행되었던 조선시대에는 외거노비나, 솔거노비가 이를 담당했었다. 1894년 갑오개혁 이후 반상을 구별하는 신분제가 완전히 폐지되면서 노비제가 없어지고 임금고용의 머슴들이 이를 대신하게 된다. 다른 응답자들도 이를 머슴이라고 부르기보다는 '농군'으로 부른 경우가 많았다.

이들은 가족원 이외의 사람들이기 때문에 남한에서는 이들의 거주공간을 살림채 안에 두는 경우가 거의 없다. 주로 행랑채나 대문채 안에 1~2칸을 그들이 차지하게 된다. 그러나 함경도 주택에서는 이들의 침실도 살림채 안에 두는 사례가 발견된다. 함남 북청군의 주수요 씨 댁은 이러한 사례에 속한다. 머슴(농사일꾼)이 사랑방을 차지하였고, 부엌 옆으로 별도의 사랑방 2칸을 만들었다. 주수요 씨의 설명에 따르면 "이렇게 머슴 방을 살림채에 두는 이유는 살림채에만 구들이 있었기 때문"이라고 한다(주수 요 씨 댁 도면 참조).

상류계층의 주택에서 나타나는 또 다른 특징의 하나는 사랑채의 독립성 이다. 내외의 분리를 중요시하는 상류계층의 생활문화에서 남자들이 거처 하는 별도의 사랑채는 조선시대 주택의 필수적인 요소였다. 그러나 단동 의 살림채만으로 이루어진 함경도 주택에서 생활영역의 남녀 분리는 그리 쉬운 일이 아니었을 것이다. 앞에서 살펴본 바와 같이 전자형 침실구성을 갖는 중농계층의 주택에서는 앞 열과 뒤 열을 구획하여 남녀의 침실을 구 분하였다. 또한 여자들은 주로 부엌문을 통해 집 안으로 드나들지만 남자 들은 마당에서 직접 출입함으로써 출입동선의 프라이버시를 확보했다.

살림채 안에서 보다 적극적으로 사랑방을 구별한 사례는 북청군의 주 수요 씨 댁이나 단천군 이현일 씨 댁에서 볼 수 있다. 이러한 사례는 본 래 외양간이나 방앗간이 있던 자리에 사랑방을 둔 예이다. 별도의 아궁 이를 두어야 한다는 단점은 있지만 살림채 안에서 부엌을 경계로 내·외를 구별한 사례이다.

사랑방이 별채로 독립된 사례도 간혹 보인다. 단천군의 천송춘 씨 댁 이 그러한 사례에 속한다. 천송춘 씨는 논 3,000평, 밭 1만 평, 과수원 4,000평을 경영하는 부농계층 출신이다. 그의 옛집은 살림채의 침실이 증가되었음에도 불구하고 별도의 사랑채가 있다. 그러나 이 사랑채는 남 한지역 상류계층의 사랑채와 근본적인 차이가 있다. 남한에서 사랑채는 온돌과 마루 등 거주공간만으로 구성됨으로써 접객이나 서재기능으로 사용된다. 이 주택의 사랑채는 광이나 부엌을 갖춘 복합기능의 건물로서 남부지방 중농계층의 사랑채와 유사한 것이다. 천송춘 씨 댁은 남자와 여자용 화장실을 구별하리만큼 내외를 엄격히 했던 집이다. 그러한 집에서조차 사랑채만큼은 크게 발달하지 않는 것을 볼 수 있다.

함남 갑산군의 김성봉 씨 댁도 별채의 사랑채를 가지고 있다. 이 주택에서 사랑채는 두 칸으로 이루어졌는데 한 칸은 사랑방(손님) 그리고 다른 한 칸은 사랑방(머슴)이라고 기재하였다. 대신 안채의 윗방에는 웃어른방이라고 기재되어 있다. 기능으로 보면 안채의 윗방이 사랑방에 해당된다. 이는 이 지역의 사랑채가 가장의 생활영역이 아니라 오히려 행랑채에 더 가까운 건물임을 보여 주는 것이다.

지역에 관계없이 상류주택으로서의 또 다른 특징은 사당을 짓는 것이다. 함경도의 상류주택에서는 사당을 어떻게 처리했을까? 함경도 주택에

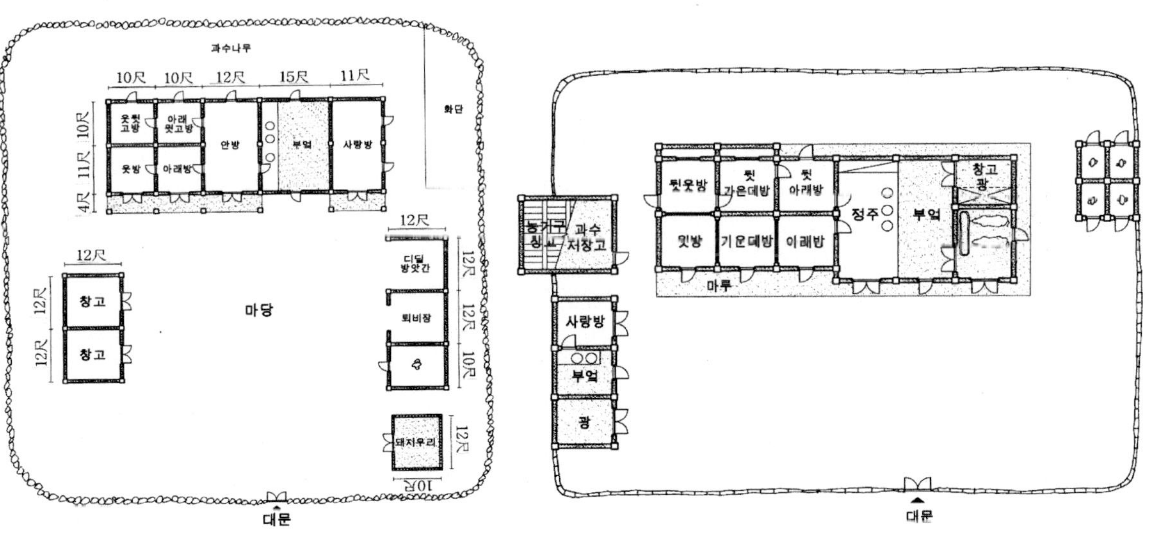

〈그림 5-6〉 함남 단천군 이현일 씨 댁    〈그림 5-7〉 함남 단천군 천송춘 씨 댁

서 사당을 갖춘 사례는 그리 많지 않다. 함남 이원군의 강원하 씨 댁은 살림채 안에 사당을 갖춘 예이다. 살림채는 중농(中農)주택과 같은 田字형 양통집으로서 전자형 침실 중에서 한 칸을 사당으로 사용한다. 남한에서도 별도의 사당이 없는 경우는 사랑대청에 작은 감실(龕室)을 만들어 신주를 보관하는 예를 볼 수 있다. 윗방이 사랑방의 기능을 가지고 있다는 점에서 사랑방과 사당의 관계가 밀접함을 보여 준다.

함남 갑산군의 김종운 씨 댁은 사당을 별채로 갖춘 사례이다. 그의 집안은 갑산의 대농 출신이었다고 기록했다. 갑산은 겨울에 영하 38~40도까지 내려가는 추운 곳이라 옛날에는 귀양지였는데, 그의 선조 또한 이곳으로 귀양살이를 오게 되었으나 자식들을 잘 가르쳐 대대로 벼슬길에 올랐다고 한다. 그의 4대 조부는 울진 원님, 3대 조부는 온성 원님, 2대 조부는 심파 원님, 조부는 일제시기에 갑산군 주사를 지냈다고 한다. 대대로 이어지는 벼슬아치의 집안이며 경제력도 막강하여 만석꾼으로 불렸다.

사대부가의 종가(宗家)로서 가묘(家廟)가 필요했을 것은 당연하다. 그러나 이 주택의 가묘는 규모도 크거니와 각 실별로 구획되어 있다는 점에서 그 유례를 찾아보기 어렵다. 또한 대문채에 연접하여 행랑처럼 주택의 외곽을 두르고 있다는 점에서 남한에서는 찾아보기 어려운 사례이다. 남한에서는 별도의 영역에 별채로서 사당을 만드는 것이 일반적이기 때문이다. 이러한 사례가 원초형에 가까운 것인지, 또는 서울에서 멀리 떨어진 지역이라 격식에 따르지 않았는지 아직은 알 수 없는 일이다.

지금까지의 사례들은 살림채의 모습이 함경도의 전형적인 중농주택과

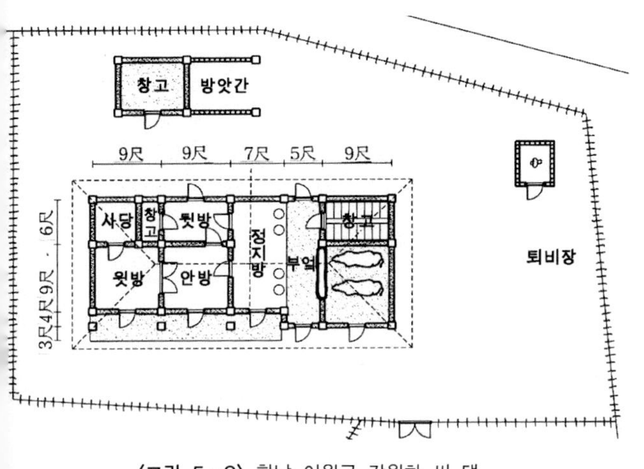



<그림 5-8> 함남 이원군 강원하 씨 댁



<그림 5-9> 함남 갑산군 김종운 씨 댁

크게 다르지 않은 사례들이다. 그러나 주택의 형식이 지역의 전형과는 전혀 다른 상류주거의 사례도 나타난다. 함남 영흥군의 박성곤 씨 댁이 그러한 사례이다. 이 주택은 一자형 양통집이 아니라 ㅁ자형 외통집으로서 함경도 주택의 일반적인 성격을 벗어났다.

박성곤 씨는 함경도에서 보기 드문 대지주 가문 출신으로 당시 논 14만 평, 밭 1만 평의 농도를 소유하는 상류계층이었다. 이 집의 건립연대가 1929년으로 기록되어 있고, 건립 당시의 모습을 정확히 기록하는 것으로 보아 일제시기 초기에 지어진 것이 분명하다. 주택의 모습도 전형적인 함경도 농가와는 달리 ㅁ자 형태의 평면을 가지고 있다. 함경도에서도 상류계층은 一자형 양통집이 아닌 내정을 갖는 ㅁ자형도 건립되었다는 것을 알려 주는 중요한 사례에 속한다.

이 주택은 20여 칸에 이르는 대규모 기와집이다. 그러나 담장만은 본래 수숫대로 엮은 울타리로 둘렀다고 한다. 담장이 허술하고, 건물의 평면 형태는 다르지만 건물 1동에 모든 주거공간을 수용하는 집중형 주거의 개념을 가지고 있다. 이러한 모습은 강원도나 경북지방에서 상류계층의 주택인 '뜰집'의 모습과 유사하다. 다만 대청위치를 흙바닥으로 처리했다는 점이 독특하다.

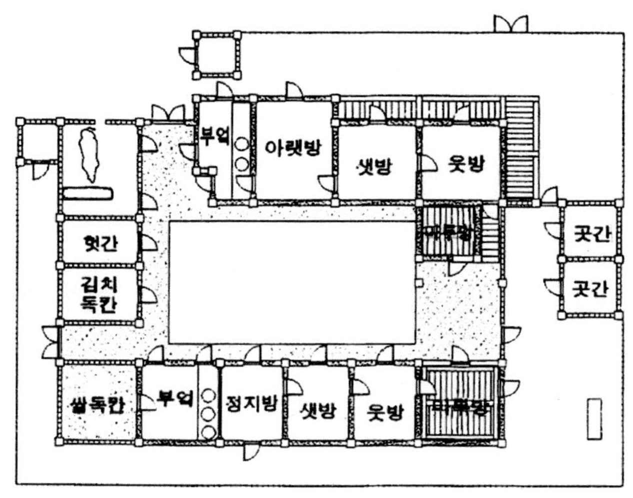


〈그림 5-10〉 함남 영흥군 박성곤 씨 댁

이 주택은 18칸에 이르는 많은 주거공간을 수용하고 있다. 공간이 양통집이 아닌 외통집으로 배열되었기 때문에 난방에는 불리하다. 그러나 외통집은 채광이나 환기에는 유리하며, 많은 공간을 一자 외통집으로 배열하면 건물이 길어지고 동선이 길어지는 단점이 생긴다. 또한 각 공간의 프라이버시를 유지하기도 어렵다. 내정을 둘러 ㅁ자형으로 배열한 이유는 이러한 문제를 해결하기 위한 방법이었을 것이다.

건물은 ㅁ자형의 평면으로 연결되어 있지만 공간은 세부분의 영역으로 나뉘어 있다. 남쪽에 배열된 전열은 사랑채에 해당하며, 동·서측은 생산·수장과 관련한 부속채 그리고 북쪽에 배열된 공간들이 안채에 해당한다. 남쪽의 사랑채 부분은 뜰집의 모습이 그러하듯이 대문과 함께 출입을 통제하는 방향으로 자리 잡았다. 여기에서 부엌과 아랫방은 머슴들이 거주하는 공간으로서 계층적 성격을 보여 준다. 샛방은 이불을 넣는 곳으로 기재되었고, 윗방이 사랑방이며, 그 후면의 작은 마루방은 아버님이 여름철에 기거하는 곳으로 설명하였다. 이러한 구성은 남한의 상류주거에서도 흔히 보이는 모습이다.

동쪽에 배열된 날개부분은 외양간과 헛간, 김칫독 간 등 대부분 수장공간으로 사용되었고, 작은 대문간도 만들었는데, 이는 안채로 통하는 중문의 기능으로 보인다. 안채 또한 사랑채와 평행하게 배열되었다. 부엌 옆에는 4짝 미닫이문으로 구획된 정주간을 두었는데, 이는 함경도 주택으로서의 지역성을 보여 준다. 윗방 옆에 있는 마루방은 베틀을 두고 명주실을 짜는 방이며, 큰 제사 때에는 제상을 차리는 방이라고 설명하였다.

특히 이 집에서 눈여겨볼 것은 단면구성이다. 박성곤 씨는 간간히 2층의 다락방이 있다고 기재하였는데, 전체적인 단면이나 형태는 파악되지 않는다. 또한 그는 대문과 샛방, 김칫독 간에 2층 다락방이 있었다고 기재하였다. 아마도 대지를 조성할 때 안채 부분을 사랑채 부분보다 높게 조성하고 건물의 지붕선을 맞추었다면 자연 사랑채의 건물높이가 더 높아져 2층 구성이 가능했을 것이다. 이러한 방법은 '뜰집'에서 흔히 나타나는 방법이다.

## 3. 건축 재료와 부재의 계층적 차이

건축 재료나 부재를 사용하는 데 있어서 남한지역과 다른 특이한 요소는 발견할 수 없었다. 남한지역에서도 상류계층으로 갈수록 간의 규모가 커진다든가, 굵은 목재를 사용하는 일, 장식적인 창호를 다는 일 등이 흔히 나타나고 있다. 또한 주택에 있어서 가장 계층성을 잘 표현하는 요소가 지붕재료라는 점도 동일하게 적용되고 있다.

기와는 생산비도 비싸거니와 거리가 먼 생산지에서부터 운반해 오는 비용도 추가되었다. 단천군 출신의 천송춘 씨 댁도 살림채만은 기와를 덮었다고 한다. "기와는 전통한식 기와를 사용했는데 부족한 양은 산 너머 10킬로나 되는 곳에서 매입하고, 소마차로 실어 운반했다. 기타 부속채는 볏짚을 엮어 초가지붕을 만들었는데, 초가 위에 새끼로 그물처럼 엮어 매었다."고 한다. 이런 까닭에 기와를 사서 쓸 수 있는 계층은 한정될 수밖에 없었을 것이다.

기와가 비싼 탓에 지붕의 일부만을 기와로 덮는 집도 있었던 것으로 보인다. 함남 신흥군 출신 이봉호 씨의 설명에 따르면 '반기와집'이라는 독특한 형식의 집이 나타난다. "풍향리에서 약 50호 정도는 초가집이었고, 10호 정도가 반기와집, 완전기와집은 2~3호에 불과했다. 반기와집이란 지붕의 중간 3~4미터 정도가 짚으로 덮인 집이다. 따라서 완전기와집은 동네에서 부유한 편에 속하는 집이라고 할 수 있다."

설명에는 나타나지 않지만 상류계층일수록 기둥간격이 커지는 현상도 발견할 수 있다. 도면에 기입된 기둥간격을 보면 함경도에서는 9척을 보편적으로 사용했다는 사실을 알 수 있다. 하류계층의 집은 이보다 좁은 8척이 많이 사용되고, 상류계층의 집은 10척 이상의 사례가 흔히 보인다. 기둥간격은 방의 크기를 결정하기 때문에 기둥간격이 넓을수록 큰 방이 만들어지지만, 기둥간격이 넓으면 도리나 보, 서까래 등 구조부재의 굵기도 더 굵어져야 하기 때문에 경제력이 미약한 계층은 제한될 수밖에 없는 것이다.

기둥의 굵기도 당연히 계층성을 반영한다. 보통 4치 이상의 사각기둥을 사용하는데, 하류계층이나 산간지역에서는 껍질만 벗긴 통기둥을 사용했다고 한다. 대들보의 굵기도 구조부재 이상의 계층성을 표현한다. 일반적으로는 1척 반 내외(약 45센티) 정도의 굵기면 족하지만 대들보는 정주간 위에 노출되는 부재이기 때문에 과장시키는 경향이 나타난다. 함남 신흥군 출신의 박근석 씨는 특별히 "가마솥 위쪽에 길이 약 18척, 직경 2척 반 정도의 둥근 대들보가 가로놓였다."는 기술을 첨가해 주었다. 이러한 구조부재의 크기는 목재의 수령이나 재질과 관계가 있다. 단천군의 천송춘 씨 댁은 "적송으로 100여 년 된 나무를 1년 정도 건조시켜 썼다."고 기술했다.

벽체를 만드는 방법에는 계층적으로 큰 차이가 없는 것으로 나타난다. 함남 북청군 출신 김용철 씨는 토역으로 집 짓기에 참여한 경험이 있기 때문에 자세한 설명을 보내 주었다.

"벽체는 아래위에 방목을 대고 그 사이에 가는 나뭇가지로 오발대를 세운 후 여기에 수숫대를 새끼로 엮어 틀을 만든다. 이 틀에 볏짚을 섞어 갠 진흙을 바르면 갈라지지 않고 오래간다. 진흙을 두껍게 발라 만든다. 봄, 가을에 진흙을 채로 쳐서 부드러운 모래를 섞어 물로 이긴 것으로 구멍이나 틈을 메우고 칠하면, 벽은 항시 깨끗하고 보온도 된다."

　　다만 미장재료는 차이가 있다. 하류계층에서는 초벽과 맞벽으로 벽체가 완성되지만 조금 더 여유가 있으면 사벽으로 미장을 하거나 회칠로 마감하는 회벽도 사용된다. 회벽마감은 가장 고급스러운 외장 재료가 된다. 그러나 일제시기 시멘트가 도입된 이후로 시멘트 몰탈 마감이 새롭게 등장한다. 천송춘 씨 댁은 "완성 벽은 벽면을 상하로 나누어 윗부분에는 백회를 바르고 아랫부분은 시멘트를 발랐다."고 한다.

　　이렇게 미장된 벽으로 아름다움을 표현했다고 기술한 것으로 보아 당시 시멘트는 새로운 고급 외장 재료로 인식되었던 것 같다. 창호 또한 계층성을 나타내는 중요한 요소이다. 문이나 창을 이중으로 만드는 것은 남한지역에서도 고급주택에서나 볼 수 있는 일이다. 이때 바깥쪽은 대부분 여닫이 세살창이 주류를 이루지만 안쪽은 여러 가지 의장적인 무늬의 살문이 사용된다. 북청군의 주수요 씨도 "부잣집은 창호를 겹문으로 하여 밖여닫이, 안 미닫이를 둔다."고 설명하였다.

　　응답자 중에는 각 방의 창호도를 상세히 작도해 준 분도 있었다. 함남

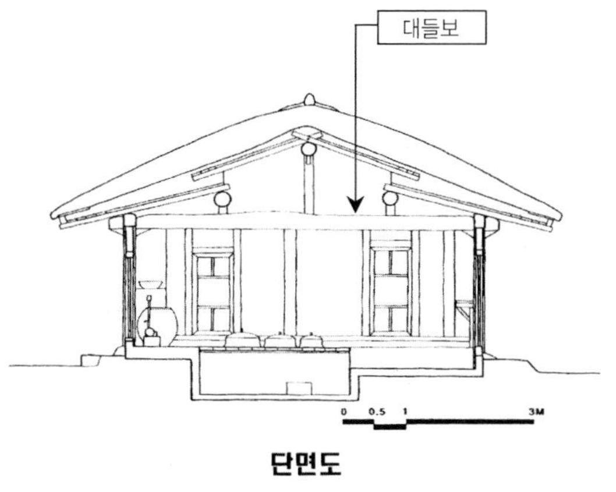



〈그림 5-11〉 연변 장재촌 주택의 단면도

〈그림 5-12〉 연변 장재촌 주택에서 대들보

이원군의 김희환 씨는 바깥쪽은 두 짝 여닫이 세살문을, 안쪽은 두 짝 미닫이 아자살문을 작도해 주었다. 함남 북청군의 고재명 씨는 안방과 마루 사이의 문을 겹창으로 작도했는데, 바깥쪽은 두 짝 여닫이 세살문, 안쪽은 두 짝 미닫이 격자살로 작도하였다. 기타의 방문은 홑창으로 외짝 세살문을 그려 주었다. 안방과 가운데 방 사이에 사분합문을 설치한 것이 특이한 사례이다.

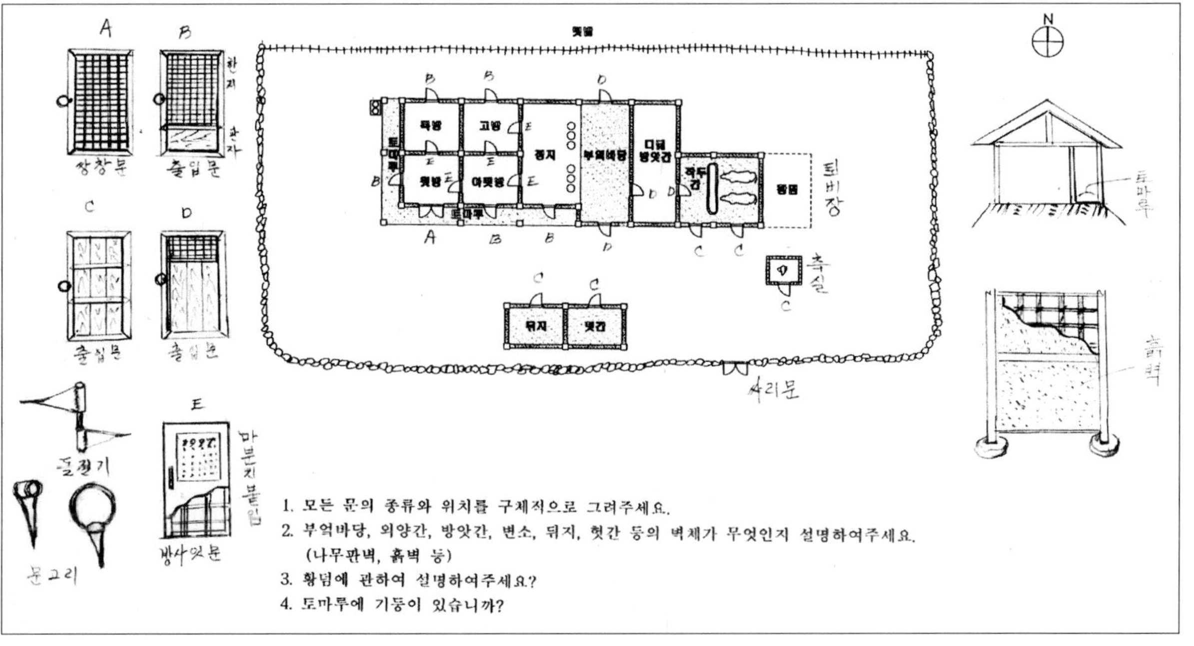

<그림 5-13> 함남 신흥군 박근석 씨 댁의 창호와 벽체

# 제6장
# 함경도 주택의 시대적 변화

## 1. 농촌주택의 변화

주거 내의 모든 공간을 한 건물 안에 집중 배치하는 집중형 공간구성, 개방된 정주간, 전자형 침실구성 등을 그 특성으로 하던 함경도 지방의 전통식 주택은 일제시기에 들어 획기적인 변화를 보이게 된다. 이러한 변화에는 생활의 편의성을 증진시키기 위한 자발적 변화도 있지만, 일제시기에 밀어닥친 도시화(상업화), 근대화(공업화), 식민화 등 외부적 요인이 더욱 강력하게 작용한 것으로 보인다. 따라서 농촌지역보다는 도시지역으로부터 주택의 양식적 변화가 이루어지고 있으며, 그 여파가 농촌지역으로 파급되는 현상이 나타난다.

우선 농촌지역부터 살펴보면 정주간이 부엌과 구획되는 현상이 나타난다. 이러한 현상은 새로운 주택양식의 출현이라기보다는 기존의 주택에 칸막이를 설치하는 정도의 변화이다. 함남 홍남시의 문재원 씨는 "본래 부엌과 정주간 사이에 칸막이가 없었으나 추위관계로 칸막이를 했다."고 기재하였다. 또한 함남 북정군 출신의 문곤수 씨도 "1947년 개조 시에 칸막이를 달았다."고 설명한다. 함남 단천군 출신의 한명용 씨도 1941년에 부엌연기를 막기 위해서 칸막이를 두었다고 설명할 정도로 그 연대를 정확히 기억하고 있었다. 북청군의 주수요 씨 설명에 의하면 "정주간은 레일을 달은 미서기문으로 부엌과 구획하였는데, 도둑이 들면 소리가 나기 때문"이라고 설명한다. 그러나 "정주간을 막은 집보다는 안 막은 집이 더 많았으며, 레일과 미서기문도 일제시기에 만들어졌다."고 기억한다.

응답자들은 그 이유에 대하여 '추위 때문에' 또는 '부엌연기를 막기 위해서' 등으로 설명하였다. 실상 개방된 정주간은 함경도 전통주택의 핵심적인 성격이었다. 가축(특히 소)의 보온이나 방도를 위해 부엌 옆에 이러한 시설을 두었고, 거실인 정주간으로부터 쉽게 감시하거나 추운 겨울에도 실내에서 작업이 이루어질 수 있도록 배려된 것이었다. 물론 부엌에서 나는 매연이나 외양간의 악취, 방앗간의 소음 등 거주공간의 청결성을 저해하는 요소를 참아야만 했다. 정주의 칸막이는 이러한 불편한 점을 개선할 수 있는 새로운 방법이었을 것이다.

그러나 정주간의 칸막이가 왜 일제시기부터 유행하게 되었는지에 대한 정확한 이유는 아직 발견하지 못하였다. 다만 이 칸막이가 벽체인 경우는 대단히 드물고 미닫이 장지문이라는 점에서 추측해 볼 뿐이다. 응답자들은 칸막이의 재료가 '후스마(일본식 장지문)'이나, 유리 미서기문이라고 기재하였다. 이러한 문은 구획이 가능할 정도의 큰 문짝이기 때문에 조선시대의 서민들이 사용하기는 어려웠을 것이다. 일제시기에 도시지역으로부터 칸막이용 문짝이 보급되면서 유행하게 된 것이 아닌가 추측된다.

한편 함북 청진시의 박종철 씨 댁과 같이 부엌 아궁이 부분에 마룻널을 설치하는 사례도 나타난다. 앞서 설명한 바와 같이 이러한 사례는 연변지역 조선족의 함경도식 주택에서 보편적으로 나타나는 사례이다. 이 집에서도 아궁이가 있는 부분에 마룻바닥을 깔아 놓았다. 아궁이에 불을 땔 때만 열고 들어가게 만들었다고 한다. 이는 취사 시에 정주간(거실)에서 신발을 벗지 않고도 활동할 수 있는 편리성과, 아궁이의 덮개로서 연기가 나오지 않도록 하는 장점이 있다. 연변 조선족 주택과 마찬가지로 이 집도 부엌 마루 부분에 수도펌프가 설치되어 있는데, 마룻널의 설치가 수도펌프의 설치와 관계가 있을 것으로 보인다.

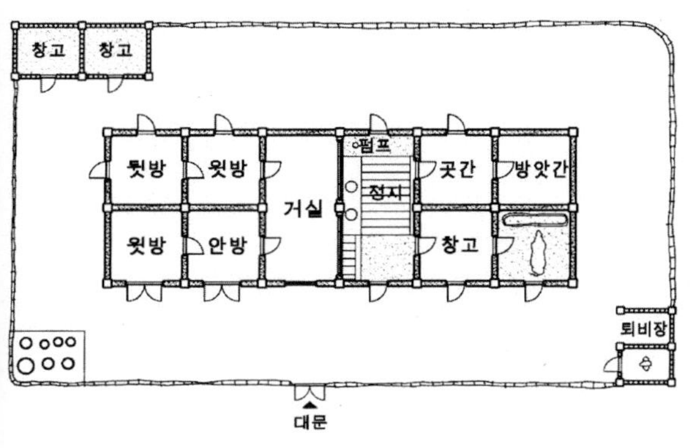



〈그림 6-1〉 함북 청진시 박종철 씨 댁

〈그림 6-2〉 연변 장재촌의 부엌

　정주간의 칸막이와 더불어 외양간의 돌출도 일견 시대적 변화로 보인다. 물론 외양간이 마당 쪽으로 돌출하는 형식은 함경남도의 남부지역에서 보다 보편적으로 나타나기 때문에 지역적 성격이라고 볼 수 있다. 그러나 문곤수 씨의 사례에서 보이듯이 본래 ―자형 양통집을 개축하면서 외양간을 돌출시키는 사례들이 많이 나타난다.

　외양간을 돌출시키는 명확한 이유를 찾을 수는 없었다. 다만 외양간이 돌출되면 부엌공간이 더 넓어지고 깨끗해신다는 섬에서 ―ㅗ 이유를 추정해 볼 뿐이다. 정주간을 칸막이로 구획하여 침실의 거주성을 높이는 경향으로 볼 때 외양간의 돌출도 이와 같은 맥락에서 이해된다. 한편 외양간이나 방앗간 등 살림채 안에 두었던 생산공간을 별채로 독립시키는 사례도 발견된다. 함북 경성군의 이중호 씨 댁이 이러한 사례에 속한다.

　이 집은 살림채의 평면형식은 전형적인 형태로서 ―자형 양통집이다. 다만 본래 생산공간 자리에 건넌방이나 창고 등 온돌을 둔 것이 이채롭다. 이곳에 있어야 할 외양간과 방앗간이 부속채로 나가면서 이곳에 침실이 만들어졌다. 살림채 앞에 3칸짜리 별채를 만들어 이곳에 외양간과 방앗간, 뒤주간 등의 생산공간을 두었다. 살림채의 생산공간들이 별채로 분리되고 있는 사례인 것이다.

그러나 이러한 변화에도 불구하고 농촌지역에서는 전통적 격식이 해체되었다고 볼 만한 큰 변화는 보이지 않는다. 목조가구와 토벽이라는 구조방식, 온돌난방법, 정주간과 전자형 침실구성 등 조선시대로부터 이어지는 건축방식들이 그대로 지속되고 있다. 문곤수 씨 댁의 경우처럼 해방 이후(1947년)에 신축이 이루어졌음에도 불구하고 전통적 건축방법이 그대로 사용되었다. 응답자들의 설명처럼 일제시기까지도 농촌지역에서는 전통주택의 모습이 큰 변화 없이 유지되었음을 알 수 있는 것이다.

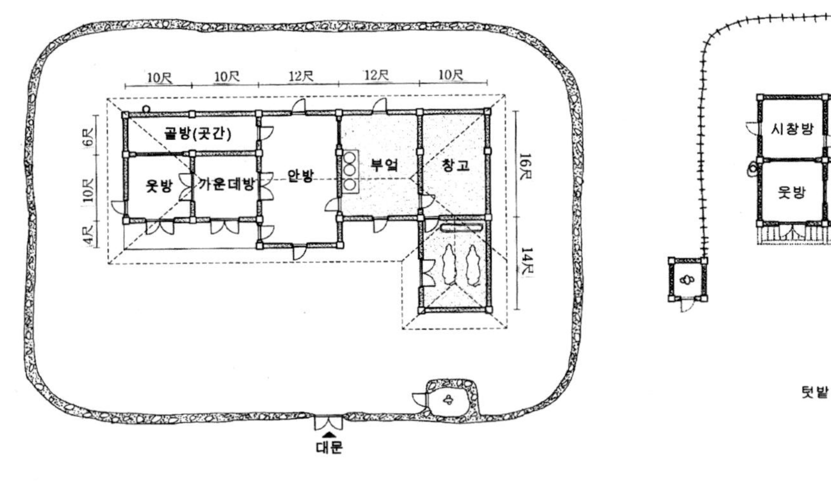


〈그림 6-3〉 함남 북청군 문곤수 씨 댁 평면도

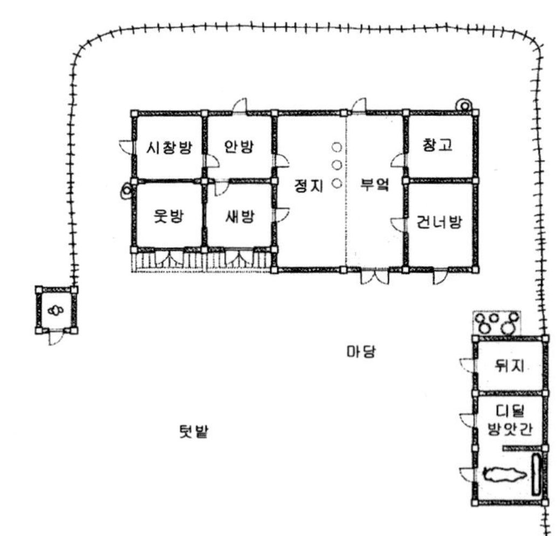


〈그림 6-4〉 함북 경성군 이중호 씨 댁

## 2. 도시화에 따른 변화

개항기(開港期)의 거센 바람은 함경도지역에서도 예외 없이 도시화의 과정을 겪게 했다. 강화도 조약 이후 일본제국은 조선반도의 중요한 항구지역에 대해 강압적인 개항을 요구하였고, 동해안에 접하고 있는 함경도 지역도 예외가 될 수 없었다. 한반도의 식민지 경영에 대해 러시아와 주도권 다툼을 벌이고 있었던 일본제국으로서는 군사적 이유만으로도 러시아의 진출을 견제할 수 있는 항구의 점용이 필요했던 것이다. 그뿐만 아니라 함경도 지역에 풍부한 삼림자원과, 광물자원, 어족자원 등을 개발하고 일본으로 수송할 항구로서 경제적 이해도 대단히 중요한 것이었다.

1880년 원산개항을 시작으로, 1899년 성진항 개항, 1908년 청진항 개항에 이르기까지 함경도 동해안의 어촌들이 근대항구도시로 탈바꿈하기 시작했다. 개항은 비단 항구도시의 개발이나 외국인 거류지의 설립만을 의미하는 것이 아니라 식민지경영을 위한 상업자본의 유입, 자원개발을 위한 공업화 등 전통적인 농어촌 사회의 변화를 의미하는 것이있다. 이로써 농촌인구가 도시로 유입되면서 도시인구가 급증하고, 도시지역에서는 2차, 3차 산업에 종사하는 인구가 주류를 이루게 된다. 이러한 도시화는 결과적으로 도시의 주택난이나 도시형 주택의 발생 등 전통양식의 변화를 가져오게 하는 주요한 요인이 되었다.

응답자들의 자료에서도 도시 인근에 소재한 주택에서는 이러한 변화가 읽히고 있다. 가장 보편적인 변화는 생업형태의 변화에 기인된 것이다. 전래의 주택이 농업이라는 생산양식에 근거하여 만들어진 것이라면, 도회지의 생활은 더 이상 농업에 종사하지 않기 때문에 농업생산과 관련한 공간이나 시설의 필요성이 없어지는 것이다. 함남 흥남시에 소재했던 김동수 씨 댁은 이러한 변화를 보여 준다.

김동수 씨 댁은 흥남시 도시 외곽에 소재했던 집이다. 마을 앞 간선도로는 4차선이며 신구룡리 화학공장과 흥남비료공장 방향이 표시되어 있는 것으로 보아 일제시기에는 신흥공업지역이었던 같다.[20] 마을 주변에

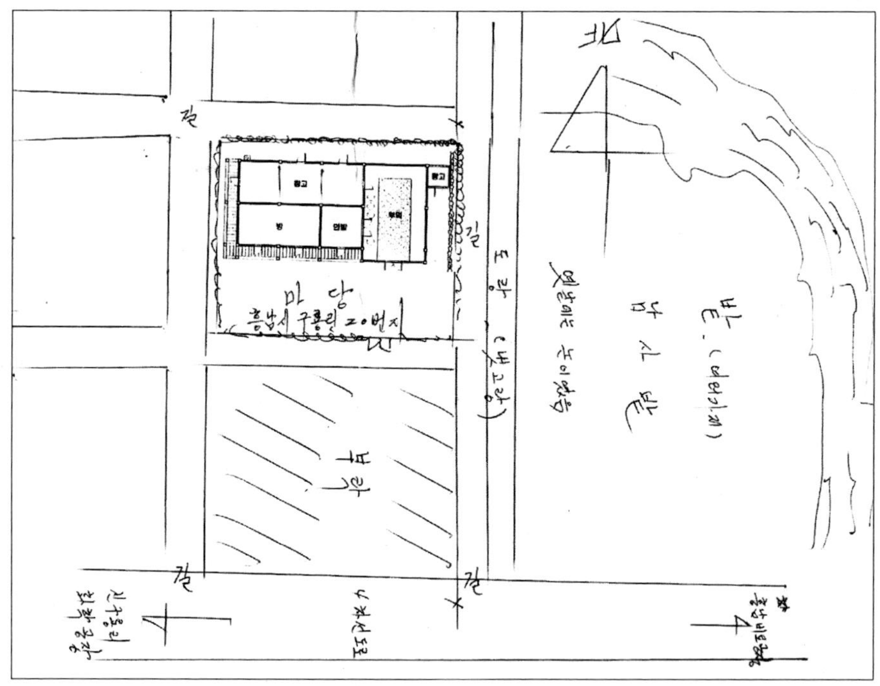


〈그림 6-5〉 함남 흥남시 김동수 씨 댁 입지도

---

20) 흥남비료공장은 1927년 일제의 산미증식계획에 따라 건설되었다.

는 아직도 남새밭이 남아 있으며, 그가 어린 시절에 사탕수수를 베어 먹던 기억을 기록해 주었다. 주택의 건립연대는 약 100년 전 정도로 기억하고 있으나, 건물형식으로 볼 때 대략 일제시기에 건립되었거나 개축된 듯하다. 연탄창고가 있는 것으로 보아 연탄난방을 사용한 것으로 보인다.

주택의 형식은 전통식과 큰 차이가 있다. 지붕을 덮은 흙돌담을 둘렀고 대문도 달았다. 부속채가 전혀 없는 단동형이며, 기와지붕의 살림채만 지었다. 주택 안에는 농업과 관련한 공간이 없고, 부엌에서 개방된 정주간도 없다. 살림채는 양통집으로서 침실과 창고만으로 구성되었다. 마당에 면한 쪽은 모두 침실이며, 그 뒷줄은 모두 창고로 사용된다. 침실의 앞부분에서부터 측면에 이르기까지 툇마루를 두른 것도 도시형 주택의 편의성이다.

개중에는 주택 일부에 점포를 두어 상업용으로 개조한 사례도 보인다. 함남 흥남시에 소재했던 박충길 씨 댁이 그러한 사례에 속한다. 그의 가족은 공무원으로 일하며, 집에서는 상점을 경영하는 가정이다. 따라서 이 집은 도시 안에 소재한 주상복합의 주택이라고 볼 수 있다. 주택의 건립연대는 기재되어 있지 않으나 주택의 형태나 유리창호의 사용, 왜식기와의 사용, 별채가 양절지붕이있다는 점으로 미루어 일제시기에 건립된 것으로 보인다.

주택의 구성은 본래 일자형 양통집의 살림채에다가 상점용도의 영업장을 증축하고, 상업확대에 따라 별채를 다시 지은 것으로 보인다. 박충길 씨 댁은 요정과 같은 술집을 경영한 것으로 기재되어 있다. 따라서 상점부분의 손님방 이외에도 많은 손님방이 필요했을 것이다. 살림채의 정주간과 뒷방만을 제외하고는 모든 공간을 손님방으로 사용했다. 이 주택은 일제시기 일본건축의 영향을 잘 보여 주는 사례이다. 본래에는 전통적인 일자형 양통집이었으나 상업용도로 개조하면서 당시의 재료나 건축방식을 도입한 것으로 보인다. 왜식기와를 사용하거나, 다다미방, 양철지붕, 유리창호의 모습이 이를 반증하고 있다.

　도시로의 인구집중에 따른 주택난도 주택형식의 변화를 촉진한 중요한 요인이다. 주호 밀도가 높아짐에 따라 이웃 간의 경계가 강화되고 단위 주택당 대지 면적이 감소하며, 외부 공간(마당)의 비율이 감소하게 되기 때문이다. 농촌에서 이주한 사람들은 당장 집을 구하기 어렵기 때문에 셋집을 찾게 되고, 도시에 소재한 주택들은 임대소득을 올리기 위해 셋집을 짓게 된다. 함남 함흥시의 김하묵 씨 댁은 셋집의 발생을 보여 주는 사례에 속한다.

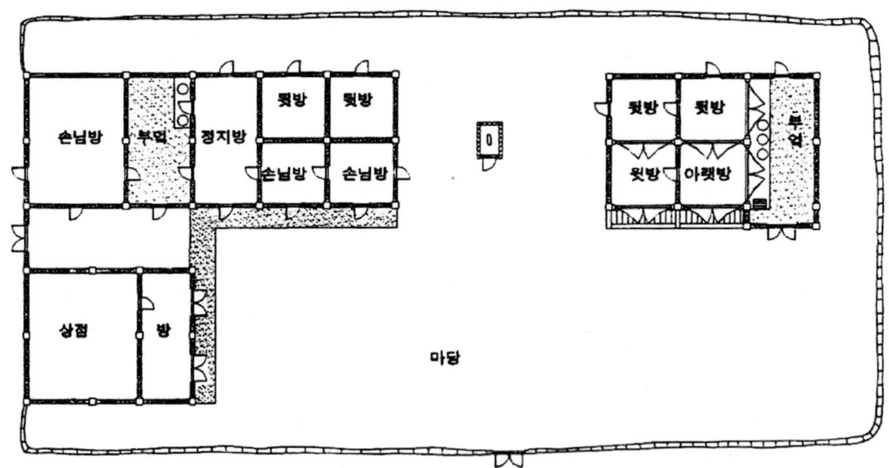


〈그림 6-6〉 함남 흥남시 박충길 씨 댁

　이 집은 함흥시에 소재하는 상업용 주택이었다. 집 부근에는 큰 장터가 있었고 이 집은 화목을 판매하는 집이었기 때문에 소마차를 가지고 오는 손님들의 숙식장소로도 이용되었다고 한다. 이 때문에 살림채 이외에도 큰 외양간을 별채로 두었다. 이 주택 안에 침실이 많은 이유도 이러한 숙박 때문이었을 것으로 보인다. 특이한 것은 별채로 지어진 사랑채뿐만 아니라 살림채 안에도 별도의 부엌을 갖춘 침실이 있다는 점이다. 이러한 방들은 월세를 놓았다고 기록되어 있다. 일제시기에 대도시의 주택난과 임대현상을 볼 수 있는 사례이다.

　담장은 높이 2미터 정도의 판자 울타리로 둘렀고, 대문도 있다. 살림채는 남향으로 배치되었고, 평면형식은 전통적인 양통집이다. 다만 살림채안에 생산공간이 없고 그 공간을 침실로 대치하였다. 뒷방 또한 증축

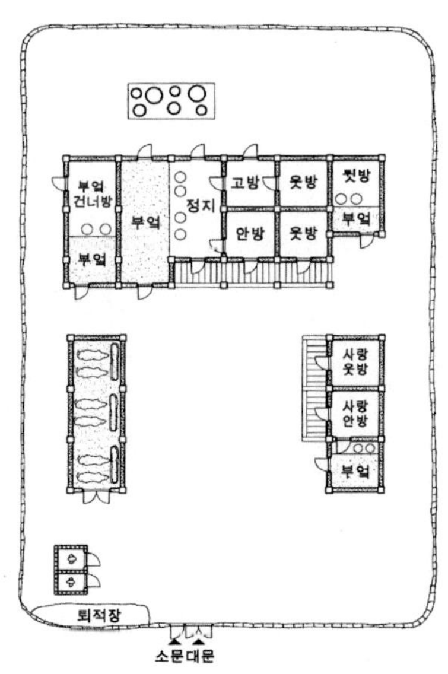


〈그림 6-7〉 함남 함흥시 김하묵 씨 댁

것으로 보인다. 따라서 임대수익을 올리기 위해 본래 전통가옥을 개조하거나 증축한 것으로 생각된다.

이와 같은 사례들은 그나마 전래되어 오는 건축의 형식을 고수하면서 주택의 일부를 개조한 사례들이다. 그러나 도시지역에 새로이 건립되는 주택들은 전통적 건축방법을 과감히 탈피하고 도시주택으로서의 새로운 형식을 시도하게 된다. 이때 도시주택으로서 가장 흔하게 나타나는 형식은 ㄱ자 홑집의 사례들이다. 부엌을 절점으로 꺾어지는 형식은 건물로서 마당을 위요할 수 있다는 점에서 마당의 기밀성이 높은 집이다. 주택이 밀집한 도시에서 이웃집과 도로와의 경계를 강화하기 위해서는 이러한 방법이 필요했을 것이다. 또한 방과 방 사이의 동선도 격리되어 셋집을 주기도 편리했을 것이다.

함북 성진시의 김현덕 씨 댁은 ㄱ자 외통집으로서 함경도의 전형적인 농가와는 전혀 다르다. 정주간도 없고 양통집도 아니다. 살림채의 공간을 보면 생산공간이 전혀 없이 침실만으로 구성되었다. 마당에 있는 양계장이나 채소밭을 제외하고는 농가로서의 성격을 찾아보기 어렵다. 이 집은 목구조가 아니라 흙벽돌로 쌓은 조적조이며, 흙벽돌 그 위에 시멘트로 미장을 발라 마감하였다. 지붕은 함석지붕으로 덮었다. 일제말기에 도시지역에서 하류계층들이 선택할 수 있었던 건축방법이라고 생각된다. 도시화로 인한 주택문제의 심화와 공업화로 인한 산업재료의 사용을 보여주는 사례이다.

함남 안변군의 김생려 씨 댁은 도로와 상업공간을 고려한 ㄱ자 외통집의 또 다른 대안이다. 이 집은 읍내에 소재하는 도시형 주택이다. 이 집 앞으로는 장마당이 있고 경찰서와 군청, 면사무소 등 관공서가 자리하여 도시의 중심부에 소재함을 알 수 있다. 회신자 가정은 농사를 겸하고, 구두수선 가게를 운영하는 반농·반상(半農·半商)의 가정이었다. 주택의 모습도 도로와 관련성을 갖는 ㄱ자형의 건물로 농촌주택과는 차이가 있다. 다만 지붕은 초가로 엮어 올렸다. 주택의 건립연대는 약 70년 전이라고 기록하였는데, 대략 일제시기 후반부에 건립된 것으로 보인다.

건물의 배치나 평면으로 보면 대단히 독특하다. 살림채에서 가장 내밀해야 할 안방과 부엌이 도로에 면하고 있기 때문이다. 안방 옆의 비어 있는 칸이 구두를 수선하는 가게였다고 기록한 점으로 보아 이 부분이 상점용도로 사용되었기 때문에 도로에 접할 필요가 있었다고 보인다. 또한 이 때문에 안방의 앞뒤로 툇마루를 설치하는 필요가 발생했을 것이다. 일제시기부터 도시지역에서 벌어지고 있는 도시화 과정과 주택의 변화를 보여 주는 사례이다.

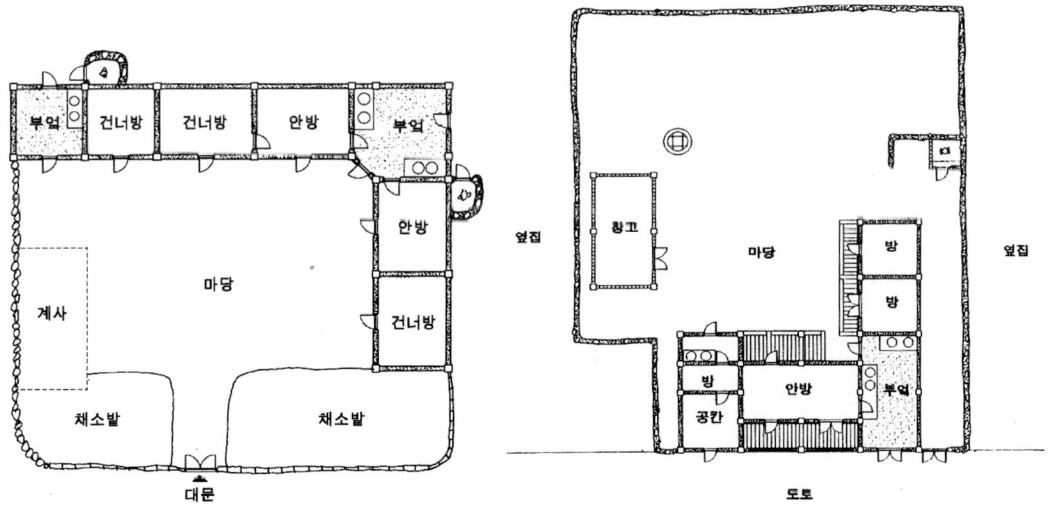


〈그림 6-8〉 함북 성진시 김현덕 씨 댁      〈그림 6-9〉 함남 안변군 김생려 씨 댁

## 3. 공업화와 식민화에 따른 변화

개항 이후 이 땅에 외국주택이 건설되면서 새로운 건축부재와 재료가 유입된다. 1900년 부산에 1,000호의 왜식주택이 건설되는 것을 시작으로 일제 강점기에는 수많은 일식주택들이 전국에 걸쳐 건설되었다. 이 중에는 일본의 전통식 주택도 있지만 일본이 공업화 과정에서 서구로부터 도입한 건축 재료들이 사용되기도 한다. 이러한 재료는 산업설비를 통하여 생산된 공업재료, 즉 시멘트, 유리, 벽돌, 양철, 슬레이트 등 새로운 공업재료였다. 이러한 재료들이 아직 전반적인 구조나 형태를 바꾸지는 못했지만 부분적으로 채용됨으로써 주택의 모습을 서서히 변화시켰다.

회신자들의 사례에서도 부분적으로 공업재료의 사용이 나타나고 있다. 가장 보편적으로 나타나는 것은 유리창호의 사용이다. 유리창호는 시각적으로 투명하면서 방음이나 보온의 성능을 가지고 있다는 점에서 창호지를 대체시킬 수 있는 새로운 재료로 인식되었을 것이다. 그러나 프라이버시가 필요한 방에 사용되는 경우는 거의 볼 수 없고, 정주간을 구획하거나 툇마루 부분에 주로 사용된다. 이곳은 본래 칸막이 구획이 없었던 곳으로서 악취나 매연을 막기 위해 또는 보온이나 방풍을 위해 사용된 것이다. 함남 함흥시의 강상우 씨 댁도 본래 개방된 툇마루 앞에 유리창호를 달아 툇마루 공간을 내부화시킨 사례에 속한다.

시멘트도 극히 제한된 부분에만 사용되었다. 함남 신흥군의 이봉호 씨 댁은 툇마루 부분에만 시멘트를 발랐고, 벽체 일부에 마감 재료로서 시멘트 모르타르를 사용한 사례가 간혹 보인다. 양철이나 슬레이트는 초가지붕을 대체하는 지붕재료로서 서민계층에서 일부 사용된 것을 볼 수 있다. 그러나 이러한 재료들이 본격적인 건축 재료의 공업생산을 의미하는 것은 아니었다. 일본인들이 들여온 재료를 부분적으로 사용하는 정도에 지나지 않았다. 일제말기까지도 주택의 상품생산은 보편화되지 못한 상태였고, 목수들을 통한 전통식 주문생산이 주류를 이루었기 때문이다.

일제시기의 식민통치와 일식주택의 유입은 주거문화의 왜식화를 초래하는 경향도 있었다. 대부분 정주간의 칸막이 부재로서 '후스마'라고 하는 일본식 장지문을 사용하는 데 그치고 있지만, 일부에서는 보다 적극적으로 일본식 주택을 모방하려는 시도도 있었다. 함남 단천군의 최유경 씨 댁이 그러한 사례에 속한다.

이 주택은 단천읍 시내 중심지에 소재한 도시주택이다. 주택의 건립연대는 1931년도로 기재되어 있으나 주택의 형태로 볼 때 전통식 양통집을 개조한 듯하다. 별채는 상업과 관련하여 건립되었을 것으로 보이나 정확한 기능은 기재되어 있지 않다. 전통식 농가에서는 부엌 옆으로 외양간이나 방앗간 등 생산공간이 자리하나 이 집에서는 이곳에 12조 다다미방을 만들었다. 다다미방 뒤편에는 목욕탕까지 두어 일본건축의 영향을 알 수 있다. 또한 툇마루에도 모두 미서기 유리문을 설치한 것으로 보아 유리창호의 사용은 이 시기에 일반화되어 있었던 것으로 보인다. 다만 침실의 전자형 구성이 전통양식의 흔적처럼 남아 있다.

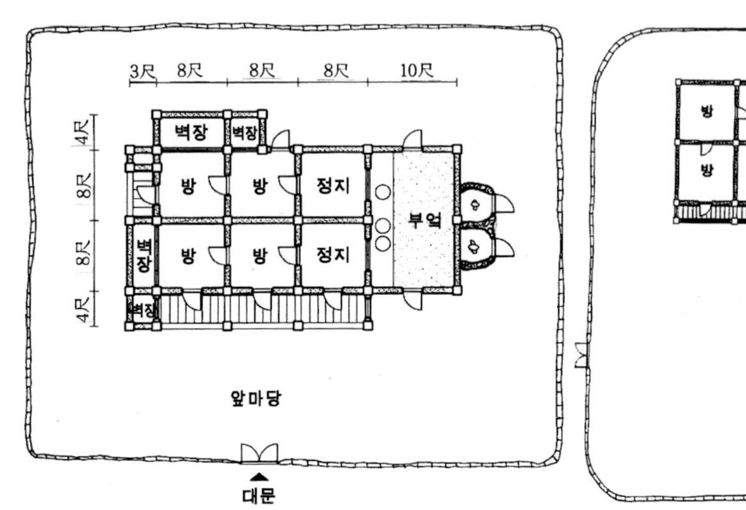


〈그림 6-10〉 함남 함흥시 강상우 씨 댁

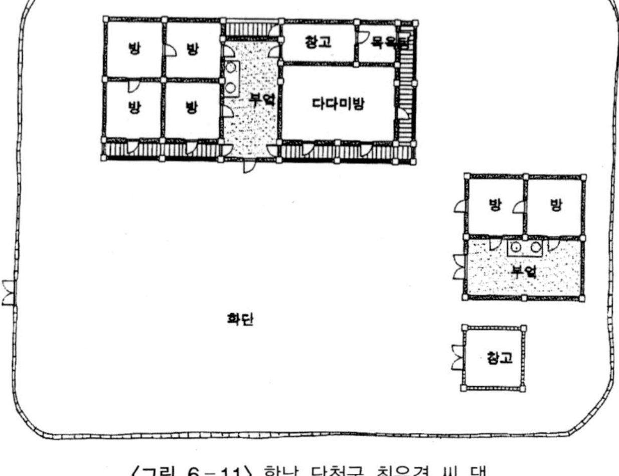


〈그림 6-11〉 함남 단천군 최유경 씨 댁

실향민들의 자료 중에는 일제시기 영단주택의 모습을 갖는 것도 볼 수 있다. 영단주택이란 조선주택영단에서 건설한 주택을 의미한다. 영단주택의 배경과 의미를 살펴보기 위해서는 일제시기의 도시화 과정과 도시에서의 주택문제를 살펴보는 것이 중요하다.

일본 제국주의는 한반도의 식민통치와 전쟁을 수행하기 위하여 한반도 내에 군수산업을 비롯한 산업시설들을 건설했고, 여기에 근무하는 노무자들을 고용하기 위하여 많은 농촌인구를 도시로 끌어들이게 되었다. 한편 농촌에서는 일제에 의한 토지수탈정책으로 토지를 빼앗긴 농민들이 도시로 몰려들어 도시에서는 인구가 갑자기 팽창하게 되었다. 1925년에 서울의 세대수가 67,530세대이던 것이 1944년에 220,938세대로 19년 만에 3.3배가 증가한 것은 이러한 농촌인구의 도시이동을 잘 보여 주고 있다.

이러한 인구이동에 따라 도시에서는 점차 심각한 주택부족 현상이 일어나게 되었는데, 1944년 서울에서는 거의 절반 정도가 자기 집을 갖지 못하고 세를 얻어 살아야 하는 상황이 벌어졌던 것이다. 주택부족 현상은 서울뿐만 아니라 지방도시에서도 마찬가지였고 새로이 공업도시가 된 청진이나 원산에서는 서울보다 더 심각하였다고 한다.

〈표 6-1〉 경성부 호구 누년표(자료: 주택공사)

| 구분(년) | 주거(호) | 세대 | 인구(명) | 부족수 | 부족률(%) | 1호당 인구(명) | 備考 |
|---|---|---|---|---|---|---|---|
| 1925 | 63,802 | 67,530 | 302,711 | 3,728 | 5.5 | 4.45 | |
| 1931 | 69,453 | 77,710 | 365,432 | 8,248 | 10.6 | 4.70 | |
| 1933 | 70,599 | 79,519 | 332,491 | 8,920 | 11.2 | 4.80 | |
| 1935 | 101,767 | 131,239 | 636,955 | 29,472 | 22.5 | 4.85 | 日本人不足率 4.97% 韓國人不足率 26.8% |
| 1936 | 107,946 | 138,583 | 677,241 | 30,637 | 22.1 | 4.88 | |
| 1938 | ? | 148,856 | 737,124 | | | | |
| 1939 | ? | 154,233 | 930,547 | | | | |
| 1941 | ? | 173,162 | 974,933 | | | | |
| 1944 | 132,000 | 220,938 | 1,078,178 | 88,938 | 40.3 | | |

이때까지 도시에서의 주택공급은 일본인들이나 한국인 집장사들이 맡고 있었다. 그러나 중일전쟁이 일어난 1937년부터는 건축자재가 부족해지고 주택가격이 통제되어 많은 양을 지을 수는 없었다. 따라서 조선 총독부에서는 주택문제 해결을 위한 마지막 수단으로 1941년 조선주택영단(朝鮮住宅營團)을 설립하였고 이를 통하여 주택의 대량공급을 계획하게 된다.[21]

---

21) 일제시기의 주택상황에 대해서는 아래 책을 참조.
    강영환, 새로 쓴 한국 주거문화의 역사, 기문당, 2002.

조선주택영단은 설립과 동시에 주택건설을 위한 4개년 계획을 수립하였고, 이에 따라 1941년부터 1945년까지 매년 5,000호씩 모두 2만 호를 짓기로 하였다. 이러한 주택을 짓기 위해 신시가지로 개발된 곳에 많은 주택이 들어설 수 있는 주택단지를 조성하게 되었다. 한편 주택영단은 그러한 단지 안에 많은 주택을 쉽게 건설하기 위하여 다섯 가지 주택형의 표준설계를 만들었는데, 이 중에서 갑(甲)과 을(乙)형은 일본인들을 위한 단독주택이었고, 병(丙)형 이하는 한국인 노무자들을 위한 연립주택이었다. 이러한 주택들은 〈영단주택(營團住宅)〉이라 하여 서울을 비롯한 지방도시에까지 대규모 주택단지 안에 건설되었고 1942년에는 3층 아파트까지 등장하게 된다.

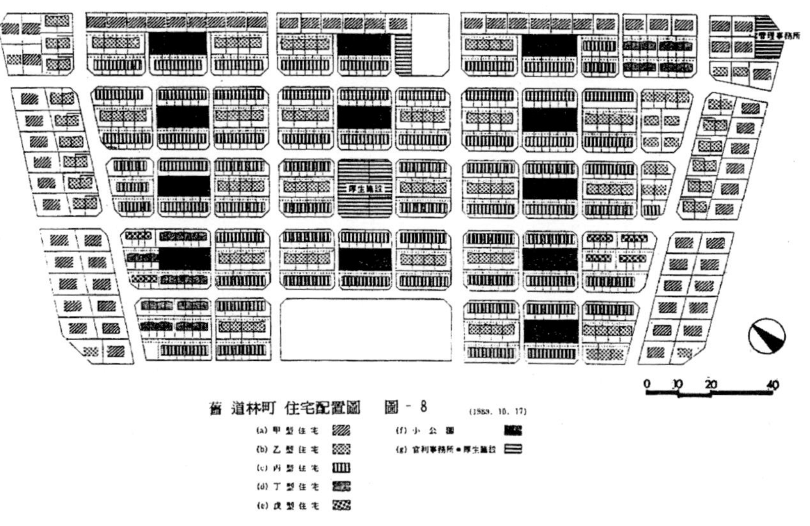


〈그림 6-12〉 도림동 영단주택단지

| 형별 | 도 면 | 평수 및 칸수 |
|---|---|---|
| 갑 |  | ·20평<br>4칸 { 8량 / 6량(온돌) / 4량 반 / 4량 반<br>(이외 10종류 있음) |
| 을 |  | ·15평<br>3칸 { 6량 / 4량 반(온돌) / 4량 반<br>(이외 9종류 있음) |
| 병 |  | ·10평<br>2칸 { 6량 / 4량 반(온돌)<br>(이외 3종류 있음) |
| 정 |  | ·8평<br>2칸 { 4량 반 / 4량 반(온돌)<br>(2종류 있음) |
| 무 |  | ·6평<br>2칸 { 4량 반(온돌) / 2량<br>(2종류 있음) |

〈그림 6-13〉 영단주택 표준설계도(자료: 주택공사)

이러한 영단주택은 함경도의 공업도시에서도 건설되었다. 1941년부터 1945년까지 함경도에 건설된 영단주택의 규모는 청진에 1,688호, 원산 381호, 함흥 380호, 라진 130호, 성진 457호 등이다. 응답자의 사례에서도 일본인이 건설한 연립주택의 모습이 나타난다. 함남 흥남시에 소재했던 김기용 씨 댁은 일제시기 일본인이 건축한 2가구형 연립주택이라고 한다. 본래 2가구형 연립에 증축하여 3가구형으로 개축한 듯하다. 이러한 주택의 모습으로 볼 때 조선주택영단에서 건설한 영단주택이 아니었나 추측된다. 건축요소를 살펴보면 일본식 주거의 영향이 강하게 나타난다. 현관이 있고, 부엌 안에 목욕탕이 설치되어 있으며, 다다미방을 만들었다. 다만 이러한 주택에도 온돌방이 설치되어 있어 한국인의 주거문화가 지속됨을 볼 수 있다.

영단주택은 시멘트 기와나 콘크리트 기초, 철망식 벽체, 유리창문 등의 근대적 건축요소를 일반에까지 보급하는 계기가 되었다고 볼 수 있다. 또한 주택문제를 공공적인 차원에서 해결하려 했다는 점, 대규모의 주택단지와 집합주택을 대량으로 건설하여 공급했다는 점 등 도시주택의 근대화에 시발점이 된 것은 사실이다. 그러나 다른 한편으로 주거문화의 전통을 단절시키고, 해체시키는 데 큰 영향을 준 것도 부정할 수 없다.

영단주택은 기본적으로 일본식 주택을 모델로 설계된 것이다. 살림채 내부에 모든 주거공간을 갖춘 집중형 주거로서 현관과 중복도, 욕실, 화장실 등이 있고, 다다미로 바닥을 깐 침실이 미닫이문으로 구획되고 있어, 일본식 주거와 유사한 점을 볼 수 있다. 표준설계를 일본식 주거로 설정한 것은 식민통치자들의 정략적 의도였던 것으로 나타난다. 그것은 조선주택영단을 설립하기 이전 경성부 주택대책위원회를 만들면서 밝힌 취지문에서 여실히 드러난다. 그 취지문을 살펴보면 "주거양식이 국민생활에 끼치는 영향이 지대하므로 실생활에서의 내선일체(內鮮一體)의 구체화를 꾀하는 최유효한 방법으로 재래 조선식 주택양식의 개량방책을 장려하기 위한 것"이었다.

결국 영단주택이나 일본식 주택의 건설에서 볼 수 있듯이 일제시대의 주거문화는 한국인들의 주체적인 노력에 의하여 만들어지거나 도입된 것이 아니라 일본인들의 식민지 정책의 일환으로 만들어졌다는 것을 알 수 있다. 즉 주거문화는 한 사회집단의 생활양식이나 정신과 밀접한 관계를 이루고 있기 때문에 주거문화가 변질될 경우 다른 사회집단에 쉽게 동화될 수 있다는 실증적인 예를 보여 주고 있는 것이다.

그러나 이러한 변화는 도시지역의 일부에서 나타나는 부분적인 현상이다. 응답자들이 보내온 대부분의 사례들은 도시지역에서도 전통식의 주거형태와 주거문화가 잔존하고 있음을 보여 준다. 즉 36년간의 일제식민통치마저도 우리 주거문화를 완전히 바꾸어 놓지 못했음을 입증한다. 그것은 이 땅과 사람들이 지속시켜 온 문화의 생명력이다. 해방 이후 너무도 쉽게 서구화되어 버린 우리의 현실 속에서 함경도의 옛집은 아련한 고향의 모습으로 실향민들의 기억 속에만 살아남았다.

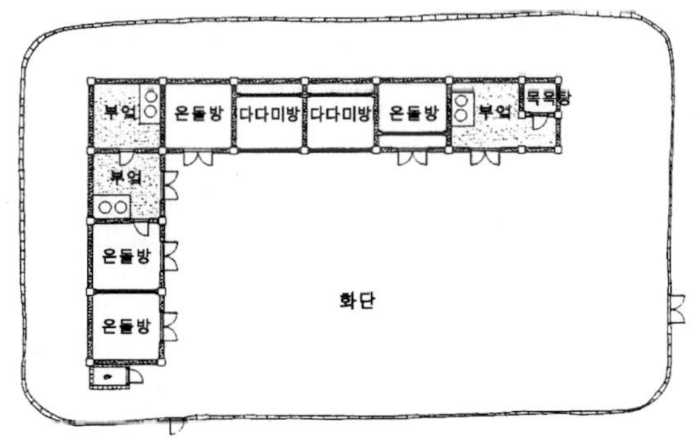


〈그림 6-14〉 함남 흥남시 김기용 씨 댁

〈그림 6-15〉 상도동 영단주택의 외관

# 제7장
# 함경북도 옛집의 사례들

# 01. 종성군 지수종 씨 댁

성명: 지수종(1929년생)
주소: 함북 종성군 어랑면 풍관리
가족: 7인, 부모형제
경제: 농업, 중류계층
마을: 산악지대 농촌, 120호
주택: 1933년, 양통집, 우진각기와지붕

## 외양간의 격리

이 집은 함경북도의 최북단인 종성군에 소재했던 집이다. 최초 도면에서는
전면 5칸형 양통집 평면을 세로로 그려 주었다. 도면에는 맞배기와지붕이라고
기재했으나 2차 회신에서 팔작지붕이라고 수정하였다. 각 방의 용도와 문의
종류를 자세히 기재했다. 설문지에는 아래채가 있다고 기재하였고 그 형태는
3칸 규모의 외통집으로 우진각 초가지붕이었다고 설명했다. 또한 높이 1.5m
정도의 토담을 둘렀다고 했다. 그러나 도면에는 그리지 않아 배치관계를 알
수기 없다.

살림채는 일자형 양통집으로서 일반적인 전자형 공간구성을 가지고 있으나
외양간과 정주 사이에 창고와 헛간을 두어 격리시켰다. 외양간에서 나는 악취
나 해충의 피해를 절감시키기 위한 방식이라 할 수 있다. 지수종 씨는 이 지
역에 대해 "일 년 중 7~8개월이 한랭한 곳이며, 겨울에는 보통 영하 15~20도
가 된다. 이 때문에 사람과 가축이 같이 공존하다시피 살고 있다."고 설명한다. 보
온 때문에 외양간을 살림채 안에 둘 수밖에 없으나 주거공간의 위생이나 쾌적
성을 위해 이러한 방식이 사용된 것이다.

침실구성에서 뒤 열은 '여아이방', '공부방'으로 기재하여 앞 열의 '남자 어

른방', '손님방'과 구별하였다. 장유의 위계와 남녀의 구분을 표현한 것이다. 남자 어른방과 손님방 사이에는 두 짝 미닫이문을 두어 필요시에는 두 방을 합쳐 사용하려는 의도를 볼 수 있다.


## ■ 1차 도면

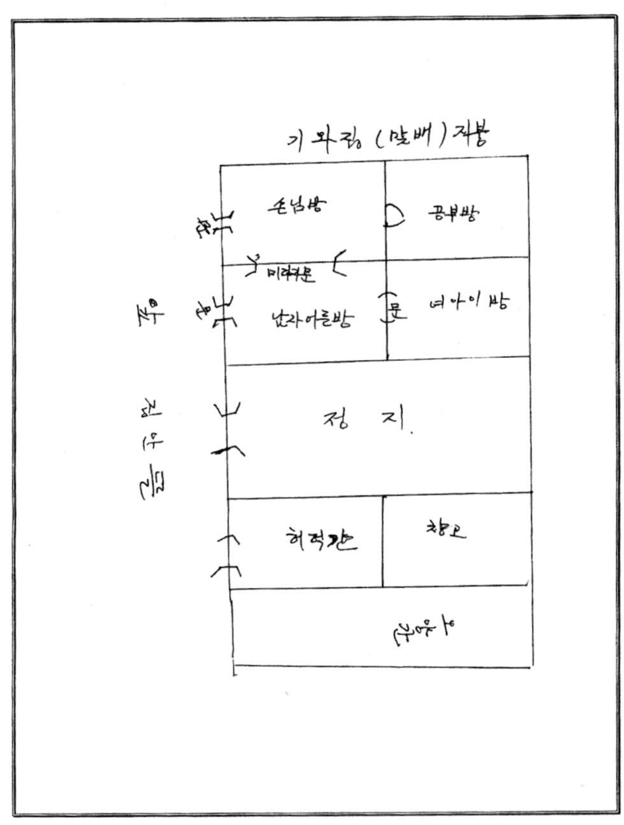

## ■ 보정 도면

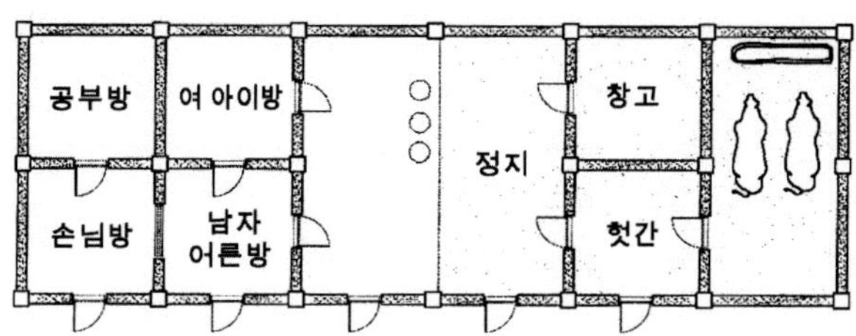

# 02. 종성군 허신관 씨 댁

성명: 허신관(1929년생)
주소: 함북 종성군 풍곡면 운봉리
가족: 4인, 조모 및 모친, 형제
경제: 농업, 중류계층, 밭 15,000평
마을: 산악지대 농촌, 11호
주택: 1900년대, 양통집, 팔작기와지붕

### 함경북도 최북단의 집

이 집도 함경북도의 최북단인 종성군에 소재했던 집이다. 마을규모가 11호 정도이고 논농사 없이 밭만 경작하는 점, 산악지대라고 기록한 점으로 보아 산촌형 산촌(散村型 山村)임을 알 수 있다. 허신관 씨는 자신의 계층을 중류계층으로 기재했으나 경작규모나 주거형식으로 볼 때 중농계층에서도 부유한 편에 속했던 것으로 보인다. 우선 대문간과 사랑방이 있는 사랑채를 별채로 가지고 있다는 점, 4칸 이상의 큰 뒤주간을 별도로 가지고 있다는 점에서 부농 이상의 경제력을 볼 수 있다. 살림채 또한 팔작기와지붕이었다고 한다.

최초 도면은 담장 안의 모든 건물과 평면이 구체적으로 묘사된 것이어서 가치가 높다. 대문채(사랑채)는 네 칸으로 구성되어 있는데, 한 칸은 널대문이 달린 대문간이고, 그 옆으로 정주간이 구비된 부엌 그리고 사랑방 2칸으로 이루어졌다. 그 옆에 작은 대문이 별도로 있었는데, 어떠한 용도로 사용되었는지는 알 수 없다. 살림채는 전형적인 함경도 양통집이다. 다만 부엌과 정주 사이를 미서기문으로 구획한 것이 차이가 있다. 이러한 칸막이가 없는 집이 대부분(90%)이라고 특별히 기술한 것을 보면, 나중에 설치된 것으로 생각된다. 방 앞으로 툇마루를 둔 것도 특이한 사례이다.

## ■ 1차 도면

뒤측간
뒤즈기간
농방
안방
웃방
새방
정지
부엌
마대기
방아간
외양간
넌관마루
넌관깐이엇원것이대문인
마당
방
방
부엌겸방
조냥대문
널대문

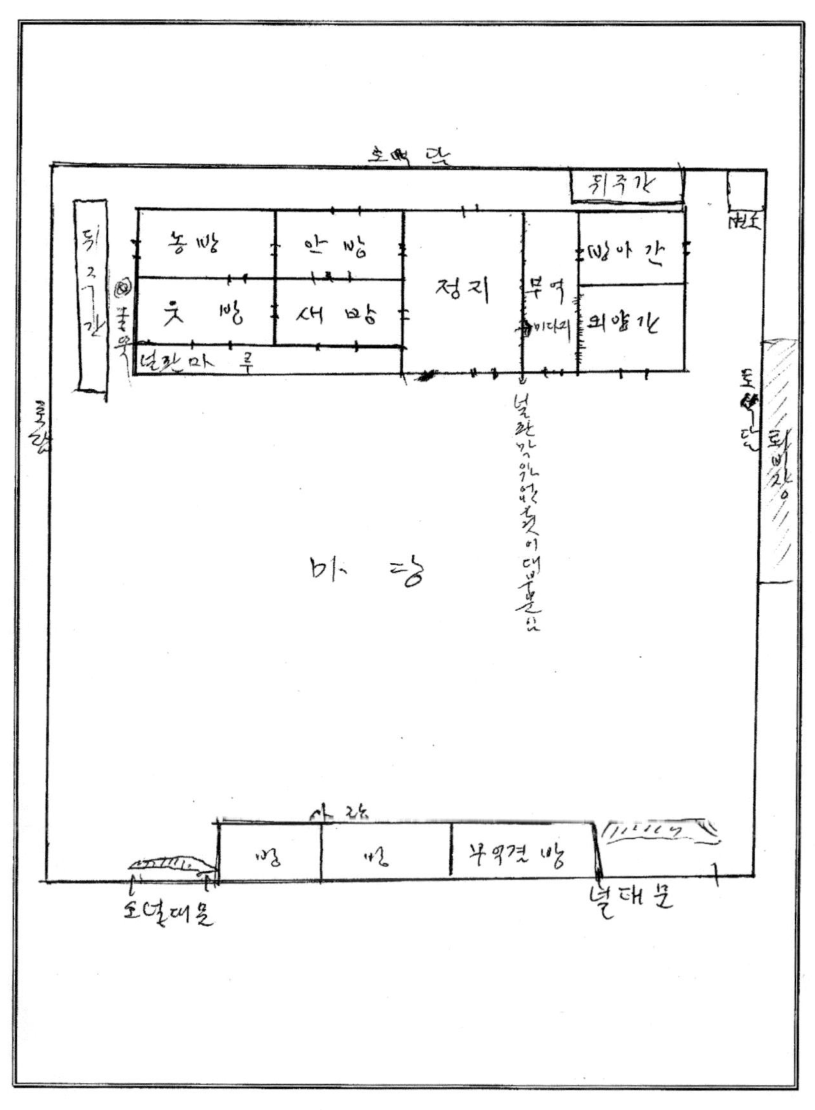

## ■ 보정 도면

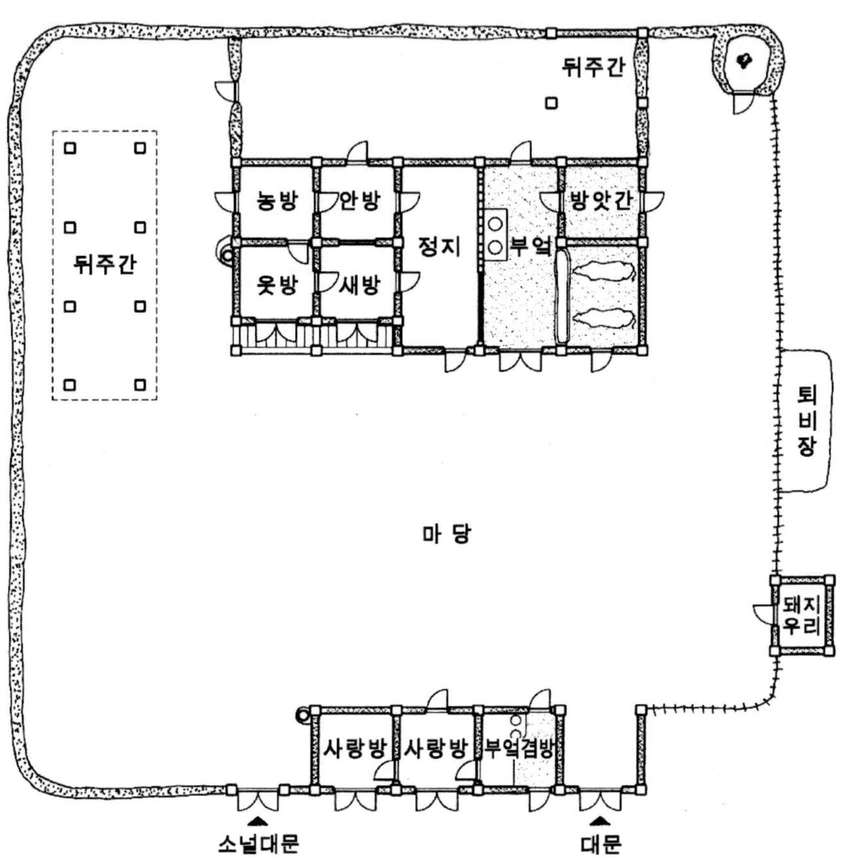

# 03. 경성군 이철규 씨 댁

성명: 이철규(1925년생), 대목 출신
주소: 함북 경성군 주을면 용천리
가족: 7인, 할아버지 및 부모형제
경제: 농업, 중류계층, 논 3,000평, 밭 2,000평
마을: 평야지대 농촌, 약 50호
주택: 1800년대, 방앗간 돌출형 양통집, 초가지붕

## 방앗간이 돌출한 양통집

이 집의 건립연대는 200년 전으로 기재했는데, 최소한 일제시기 이전에 지어진 것으로 보인다. 담장은 2미터 정도의 목책으로 두르고, 대문도 갖추었으나 널대문인지는 알 수가 없다. 부속채라고는 변소가 붙은 돼지우리뿐이며 살림채의 평면도 모든 주거공간을 수용한 집중형 양통집으로서 함경도 옛집의 전형적인 모습이다. 다만 방앗간이 마당 쪽으로 돌출한 모습이 특이하다. 함경남도 지방에서는 마구간이 돌출된 예가 자주 보이는데, 이 집은 방앗간이 돌출한 모습을 보여 주기 때문이다.

초기 도면은 비교적 단순하게 그렸으나 전형적인 함경도 양통집의 모습은 분명히 나타난다. 2차 회신에서는 방위까지 기재하여 남향집임을 알 수 있었다. 침실구성 또한 田字形 배열로서 마당에 면한 침실 앞에는 툇마루를 두었다. 툇마루가 정주까지 연결된 것은 표현의 미숙으로 보인다. 또한 침실의 창호는 두 짝 여닫이문으로 작도했는데, 다른 주택과 비교해 볼 때 외짝 미닫이문을 잘못 그린 것이 아닌지 의심된다. 건물은 남향이며, 지붕은 초가지붕이다.

## ■ 1차 도면

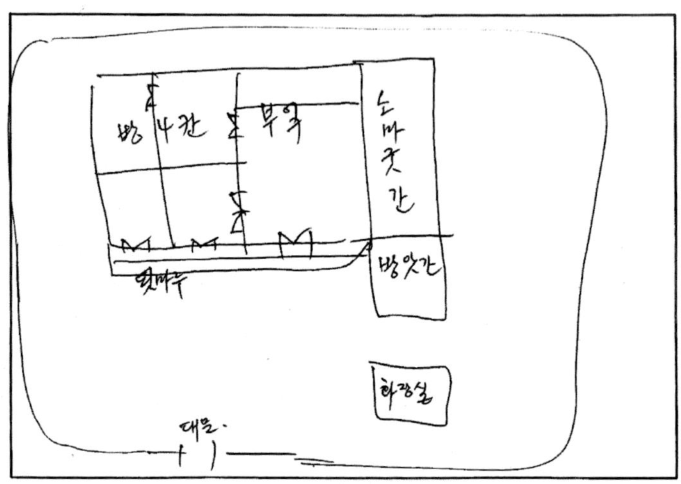


## ■ 보정 도면

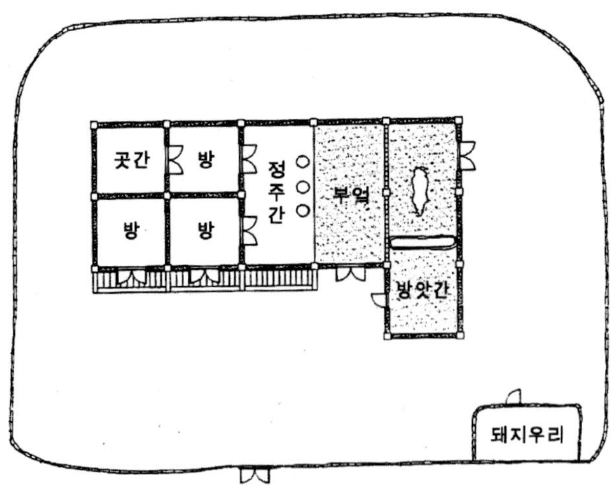

# 04. 경성군 이중호 씨 댁

성명: 이중호(1929년생)
주소: 함북 경성군 경성면 장평리
가족: 5인, 부모형제
경제: 농업, 중류계층, 밭 12,000평
마을: 평야지대 농촌, 50호
주택: 1910년대, 양통집, 팔작기와지붕

### 생산공간의 분리

이 집은 동해안의 항구도시인 청진시의 남쪽 경성군에 소재했다. 주택은 전형적인 중농주거의 형식을 갖추었다. 볏짚을 엮어서 울타리를 둘렀고, 살림채는 앞마당을 확보하고 북쪽으로 자리하여 남향으로 배치했다. 마당 한쪽에는 3칸짜리 부속채를 별도로 마련했다. 살림채도 팔작기와지붕을 만들어 비교적 고급스러운 집이다.

이중호 씨의 최초 도면은 사실적인 배치도에 정확한 평면도만이 아니라 굴뚝의 위치, 텃밭의 위치, 부엌의 펌프시설 위치까지 정밀한 정보를 제공해 주었다. 살림채의 평면형식은 전형적인 형태로서 一자형 양통집이다. 침실 군을 보면 '새방'은 가장이 사용하고 '윗방'은 자녀들이 공부방으로 사용했다. 뒤 열의 '안방'은 주부인 어머니가 기거하며 '시창방'은 가구를 보관하는 곳이라고 기재하였다. 부엌 안에 펌프시설을 갖춘 것을 보면 일제시기 근대화의 영향을 볼 수 있다.

본래 생산공간 자리에 건넌방이나 창고 등 온돌을 둔 것이 이채롭다. 이곳에 있어야 할 외양간과 방앗간이 부속채로 나가면서 이곳에 침실이 만들어졌다. 그러나 평시에는 사용하지 않고 손님용 침실이나 가재도구 창고로 사용되

었다고 한다. 아래채는 3칸 외통집으로서 생산공간을 두었다. 살림채의 생산
공간들이 별채로 분리되고 있는 사례이다.

## ■ 1차 도면

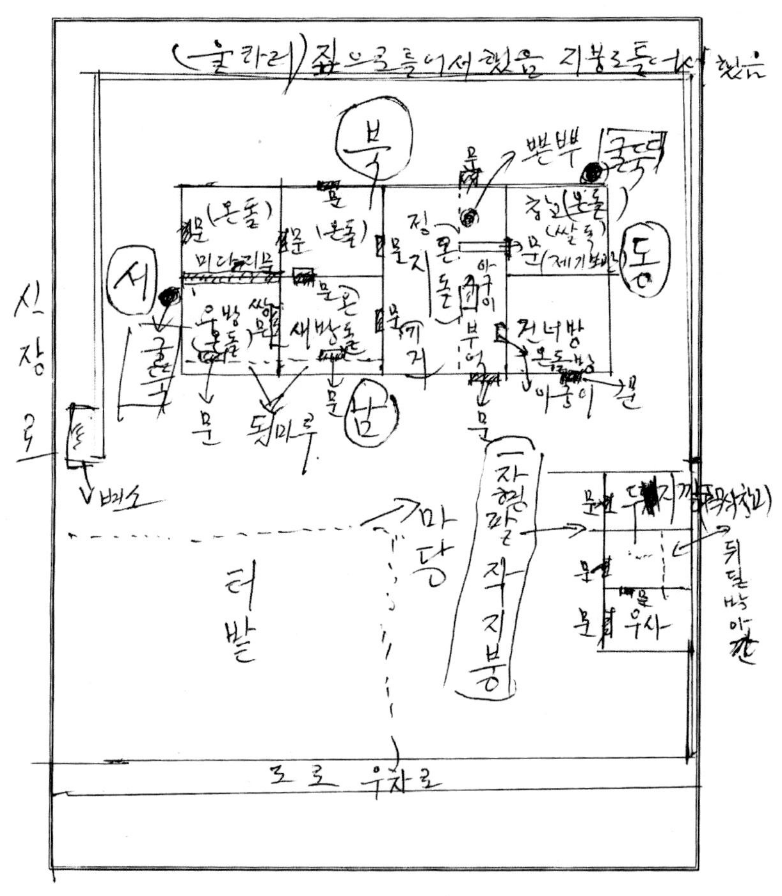

## ■ 보정 도면

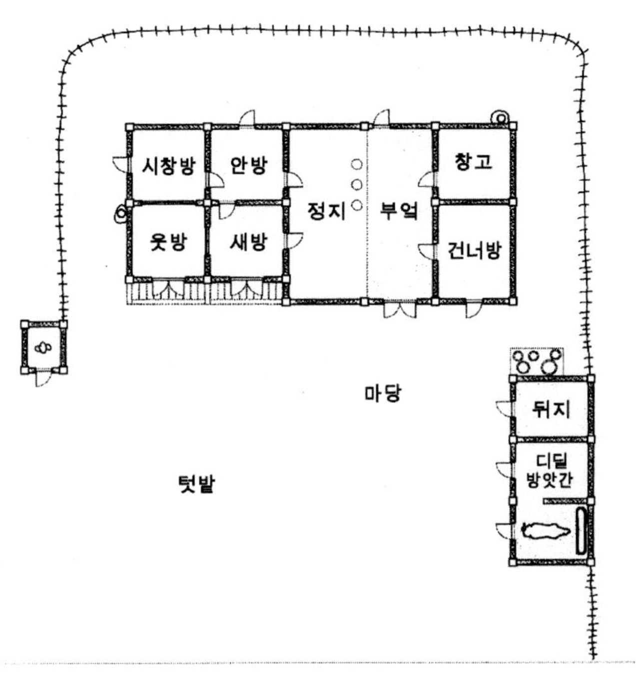

# 05. 명천군 김동주 씨 댁

성명: 김동주(1934년생), 토역
주소: 함북 명천군 남면 청룡리
가족: 3인, 할머니, 동생
경제: 농업, 중류계층
마을: 평야지대 농촌, 8호
주택: 1930년대, —자 양통집, 초가지붕

## 전형적인 양통집

건물의 건립연대는 1930년대로 추정된다. 담장은 중간 중간에 흙돌로 쌓은 담기둥을 세우고, 수수깡으로 엮은 울타리로 둘렀다. 전면에만 판자 울타리를 설치했으나, 대문은 두지 않았다. 부속채라고는 앞마당의 한쪽 편에 돼지우리와 외양간 옆으로 변소를 둔 정도이다. 부속채가 없는 전형적인 함경도의 집중형 양통집이다. 앞마당에는 가을추수 후에 쌓아 놓은 곡식 낟가리를 그려 놓았고, 살림채 측면 마당에 김치굴과 감자굴을 그려 주었다. 마당에 땅을 파고 지하창고를 만드는 사례는 중국 연변지역의 함경도형 조선족 주거에서도 조사된 바가 있다.

김동주 씨의 최초 도면은 거의 전문가 수준이라고 할 만큼 정밀한 배치 평면도였다. 집 외부의 텃밭과 우물의 위치까지 정확히 기억하고 있었다. 침실군의 앞 열과 뒤 열의 차이를 분명히 작도한 것으로 보아 스케일도 신뢰할 만한 수준이었다. 살림채는 남향을 하도록 배치되었다. 부엌 옆으로는 구유가 부엌으로 향한 외양간과 디딜방아를 둔 방앗간을 두었다. 정주에는 솥과 그릇 선반, 물 항아리 등을 상세히 스케치해 주었다. 정주는 취사·식사 시에 사용되었고 주부, 어린아이들이 기거했다고 한다. 침실은 田字形으로 4칸이 구획되

있는데, 윗방과 '저윗방' 사이는 미닫이로 구획되었다.

　윗방은 가장이 기거하며, '저윗방'은 손님이 기거한다고 기술하였다. 남자들이 기거하는 윗방과 '저윗방' 앞에는 툇마루를 두어 마당에서 직접 출입이 가능하도록 했다. 이 방들은 창호를 모두 미닫이 홑창으로 달았다. 뒷방은 주부가 사용하거나 결혼한 아들부부가 사용했다고 한다. 살림채의 지붕은 초가지붕이며, 벽체는 토벽이다.

## ■ 1차 도면

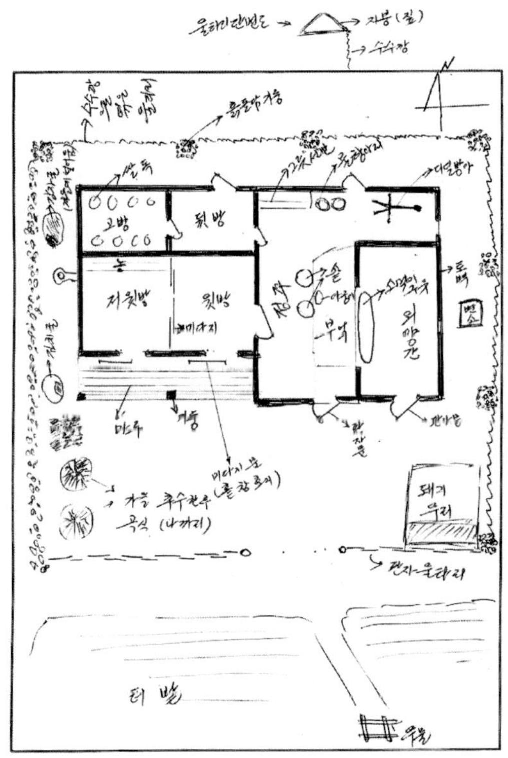

## ■ 보정 도면

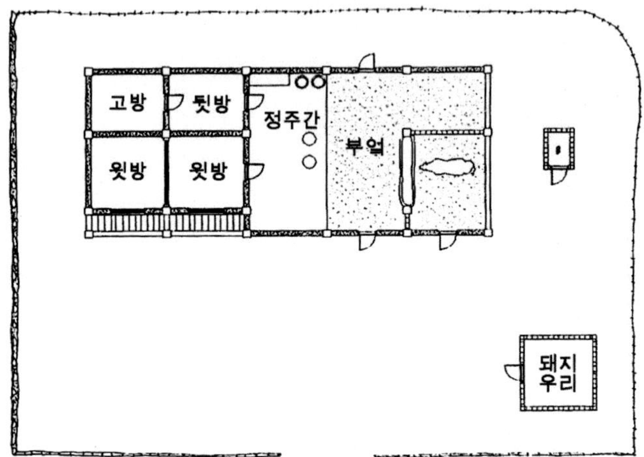

# 06. 길주군 김계월 씨 댁

성명: 김계월(1928년생)
주소: 함북 길주군 위남동
가족구성: 6인, 조부모 및 부모형제
경제: 농업, 중류계층, 논 8,000평, 밭 4,500평
마을: 평야지대 농촌, 약 200호
주택: 1890년대, 一자 양통집, 초가지붕

## 폐쇄적인 뒷마당

함경북도 평야지대에 200호가 모여 사는 큰 농촌마을에 소재한다. 이 집은
19세기 말에 지은 집으로서 전형적인 중농계층의 주거이다. 담장은 앞부분만
싸리 울타리를 세웠고 나머지는 돌담으로 쌓았다. 김계월 씨는 2차 회신 도면
에서 최초 도면에 그리지 않았던 많은 내용을 수정해 주었다.

2차 회신 도면에서 살림채 뒷마당을 구획하는 돌담장을 명확하게 표현하였
다. 살림채의 뒷마당(뒤란)이 담장으로 폐쇄되어 있다는 점에서 집중형 주거
의 성격을 보여 준다. 그러나 앞마당의 크기가 살림채에 비해 너무 작게 표현
된 점은 도면 표현의 미숙이거나 기억의 문제가 아닌가 생각된다. 살림채는
동향으로 배치하였고, 농업생산과 관련한 부속채가 많다. 돼지와 닭은 물론 3
칸 규모에 달하는 곡물창고도 있다. 비교적 부유한 중농 가정이었던 것으로
보인다.

살림채는 一자형 양통집으로서 함경도 옛집의 표준형에 가까운 공간구성이
다. 부엌 옆으로 외양간과 디딜방앗간을 두었고, 개방된 정주간(정지)이 있다.
침실도 田字形 구성이며, 마당 쪽으로는 툇마루도 깔았다. 앞의 두 방 사이는
전면을 개방할 수 있는 미서기문으로 구획되었다는 점에서 두 방을 경우에 따

라 확장해서 사용했다는 사실을 알 수 있다. 정주는 부모가 사용하고 중간방은 할머니 그리고 윗방은 본인 내외가 사용했다고 한다. 뒷방의 세로 폭은 앞방보다 좁으며, 폐쇄적인 동선으로 처리되었다. 각 실의 용도에 따라 규모가 설정되었다는 것을 알 수 있다.

## ■ 1차 도면

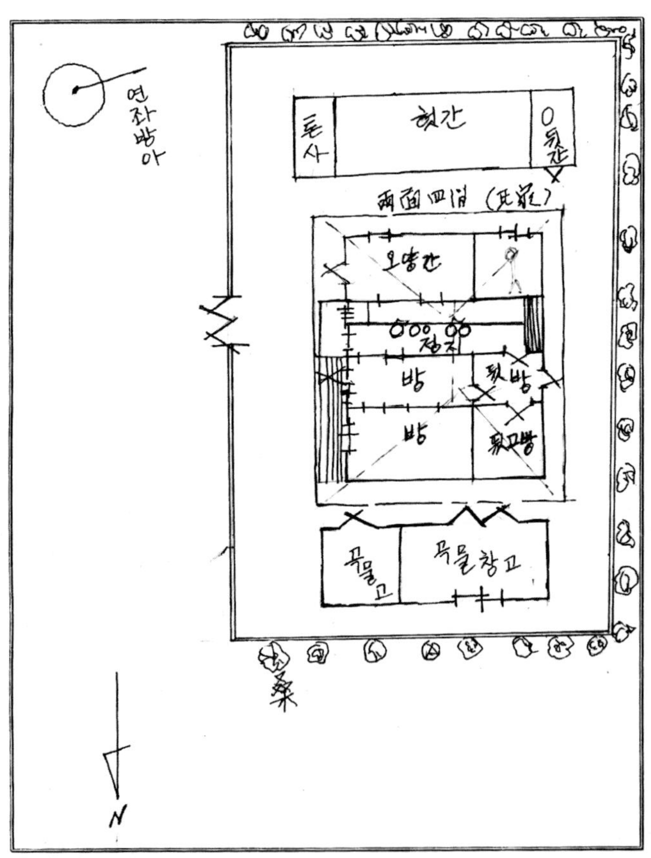

## ■ 보정 도면

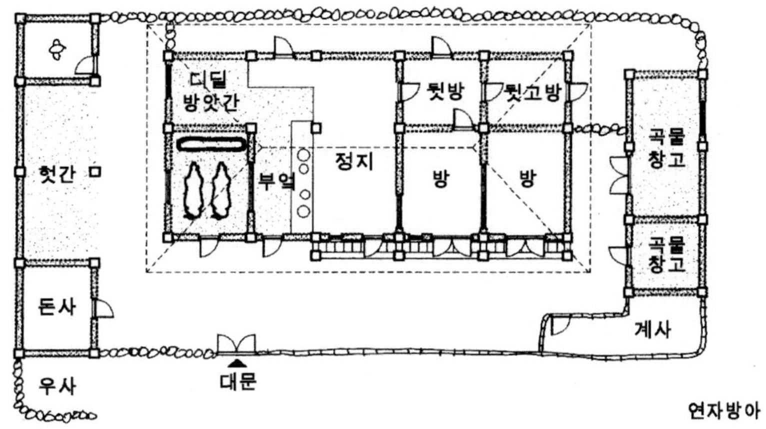

# 07. 길주군 이덕수 씨 댁

성명: 이덕수(1936년생)
주소: 함북 길주군 길주읍 영기동
가족구성: 4인, 할머니 부모
경제: 상업, 하류계층
마을: 평야지대 도시
주택: 1930년대, ─자 양통집, 초가지붕

## 부속채가 있는 양통집

이 집의 건립연대는 1930년대이다. 도시에 입지하며 상업에 종사하는 가정이지만 주택은 농촌주거와 다를 바가 없다. 그는 주택의 담장에 대해서는 상세한 기술을 덧붙여 주었다. "담의 재료는 경제적 여유가 있는 가정에서는 5~6분 정도의 송판을 사용하고, 가난한 집에서는 2~3미터 간격으로 통나무로 지주를 세운 다음 그 사이를 대부분 수숫대로 직경 15센티 정도 둥글게 묶어서 높이는 약 2미터 정도로 세운다. 횡으로는 아래, 위 부분에 직경 3~4센티 정도의 나무를 앞뒤로 대고 철사로 조여 맨다. 지면에 약 20센티 정도의 땅을 파고 그 속에 수숫대를 세우는데, 이렇게 하면 충격이나 바람에도 3~4년은 걱정 없이 지낼 수 있다. 가을에 추수하면 새 수숫대로 노후한 부분을 교체한다."

이 집은 회신자가 하류계층이라고 기재했음에도 불구하고 살림채 이외에 2동의 부속채를 두고 있다. 특히 동쪽에 있는 부속채는 사랑채라고 부르는데, 부엌과 침실까지 갖추고 있다. 이 건물에서 안방은 살림채의 정주간처럼 정주와 칸막이 없이 개방되어 있는 점이 특이하다. 이 사랑채 안의 침실은 큰방은 손님용이라고 기재하였으며, 창고에는 우마차를 수납했다고 한다. 서측에 있는 부속채는 뒤주가 있는 곡간과 베틀을 수납한 창고로 이루어졌다. 이 부속채 앞에는 김치움을 두었고, 살림채 서측으로는 다락, 동측에는 변소가 붙은 돼지우리를 두었다. 김치움 옆에는 채마밭 겸 꽃밭을 그려 주었다.

이 주택의 살림채 또한 함경도 옛집의 전형과 다를 바가 없다. 건물은 남향으로 배치되어 있으며, 초가지붕이다. 살림채 안에 외양간과 방앗간을 두고 있는데, 그는 특별히 "북한이나 만주지방은 겨울이 혹한이기 때문에 우사를 살림채 안에 두는 것이 특징이다."고 기록하였다. 외양간의 소여물통이 방앗간 쪽으로 설치되어 있는데, 그 이유는 소여물을 방앗간 쪽에서 작두로 썰어 절단하기 때문이라고 설명한다. 정주간을 안방으로 기재하였으며 정주와 칸막이 구획이 없다. 특이한 것은 침실구성에서 고방이 없이 윗방을 2칸통으로 만든 것이다. 아마도 부속채에 별도의 곡간을 두었기 때문이라고 생각된다.

그는 살림채의 창호도 상술해 주었다. 큰방과 윗방 사이에 "한 짝 문을 달 수도 있고 또는 전체를 4짝 미닫이문으로 달 수도 있다."고 하였다. 큰방에서 마당에 면한 벽체에는 "방에 앉아서 열 수 있는 '되창'이 있다. 이 창문은 영남지방 농촌가옥에서도 흔히 볼 수 있는 그런 창문이다."고 기술하였다.

■ 2차 도면

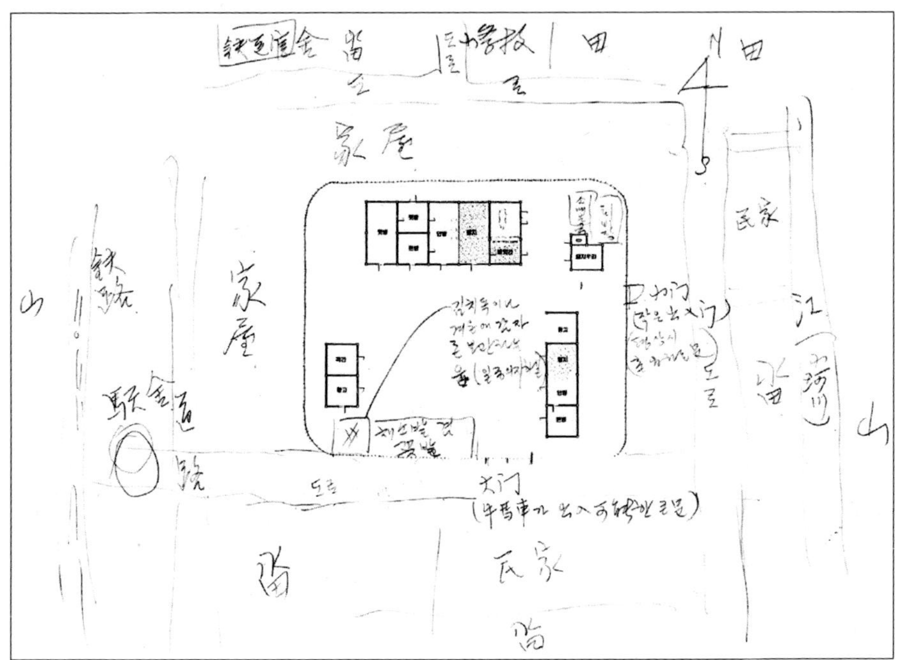

## ■ 보정 도면

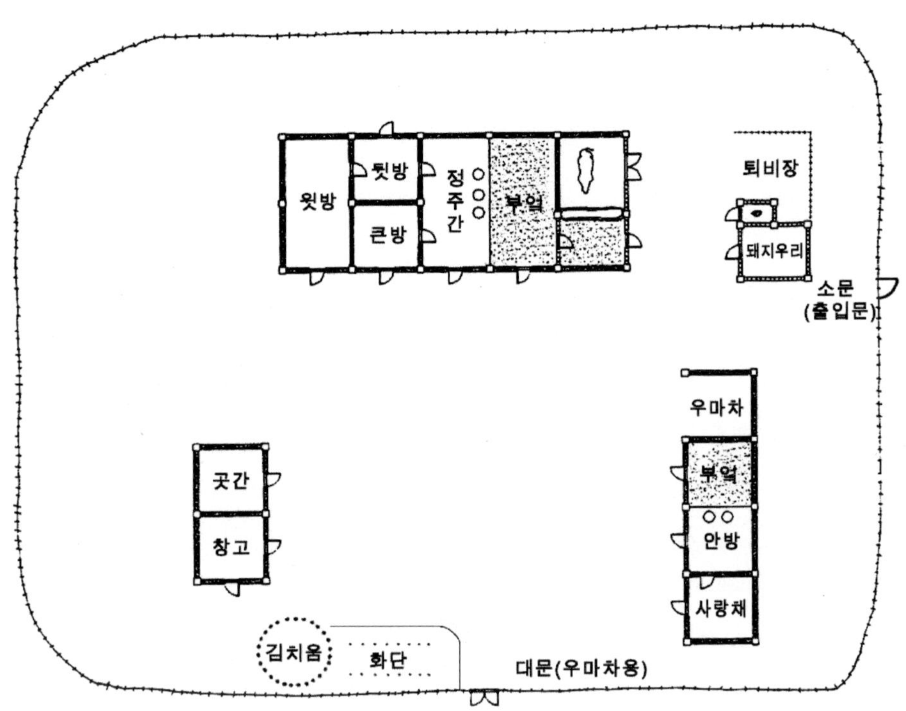

# 08. 학성군 박순복 씨 댁

성명: 박순복(1918년생)
주소: 함경북도 학성군 학동면 용포리
가족구성: 13명, 직계가족, 형제 및 누이, 조카
경제: 농업, 중류계층
마을: 해안가 평야지대의 농촌, 약 30호 정도
주택: 미상, —자 양통집, 우진각기와지붕

### 해안가의 농촌주거

30호 정도가 모여 사는 해안가 마을에 소재한다. 이 주택의 건립연대는 알수 없다. 담장은 보기 드물게 흙돌담을 쌓았고, 대문도 설치했다. 담장의 높이를 2미터라고 기록하였다. 박순복 씨는 2차 회신에서 주택 주변의 입지환경을 작도하였는데, 이 그림에 의하면 집 앞에 작은 길이 있고, 그 길 건너 소나무 군이 방풍림을 이루며 동해바다의 백사장으로 연결된다. 건물은 동해바다를 바라보며 동향하고 있으며, 앞마당에는 화단까지 두었다. 그러나 살림채에 모든 주거공간을 담았고, 평면구성도 전형적인 함경도 양통집의 모습을 보여 준다. 부엌 옆으로는 2칸통으로 외양간을 두었고, 외양간 옆에 달린 작은 공간은 농기구 창고라고 기록하였다. 농기구 창고 뒤쪽으로는 퇴비장이 있었고, 그 뒤에 변소를 그려 주었다.

살림채는 부엌과 구획이 없는 '정주'가 있으며, 정주 옆으로는 田자형 침실구성을 만들었다. 남측의 침실 앞에는 툇마루를 두었다. 지붕이 우진각기와지붕이라고 기록한 점으로 보아 비교적 풍족한 집이었던 것으로 보인다. 남측의 침실들은 남자들이 기거하는 곳으로서 아래 칸은 웃어른, 위 칸은 연하의 남자들이 사용했다고 한다. 북측의 침실 중 아래 칸은 여자들이 거처하고, 뒤

칸은 쌀독이나 생활필수품을 저장하는 창고라고 기록하였다. 고방에 외부로 통하는 문이 없는 것도 전형적인 모습이다. 고방과 윗방의 바깥쪽 중앙에 모든 침실을 통합한 굴뚝을 두었다고 한다.

## ■ 2차 도면

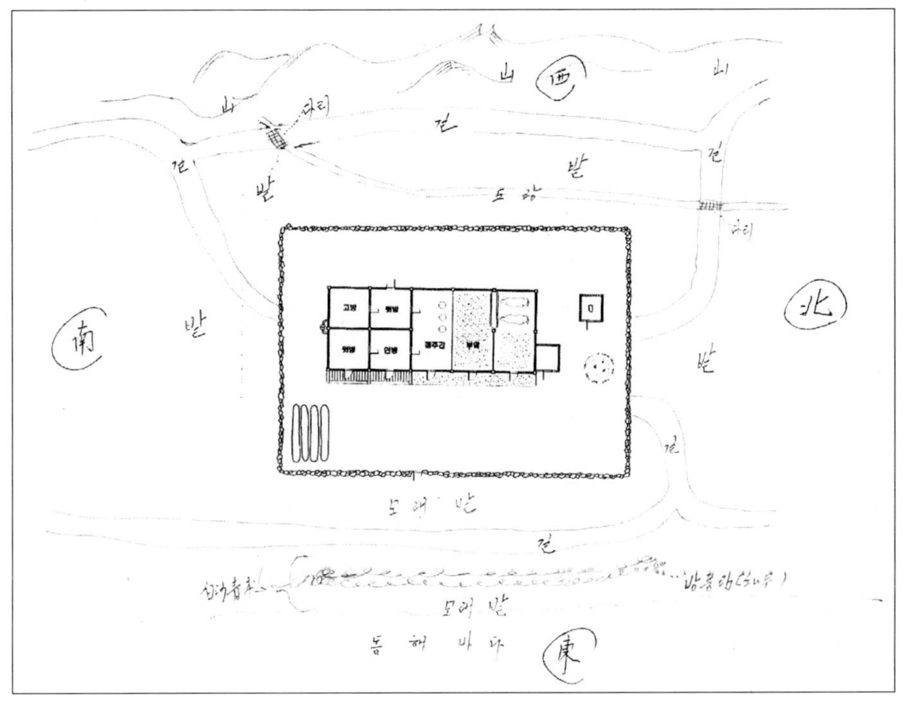

## ■ 보정 도면

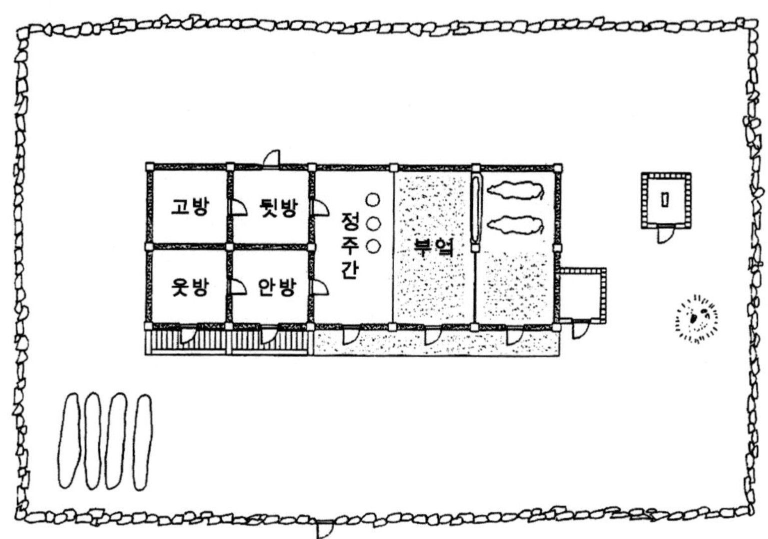

# 09. 학성군 유대은 씨 댁

성명: 유대은(1922년생), 토역 경력
주소: 함북 학성군 학성면 왕덕리
가족구성: 6인, 부모형제
경제: 농업, 하류계층, 논 800평, 밭 9,000평
마을: 평야지대 농촌, 56호
주택: 1940년, 양통집, 초가지붕

## 소농계층의 표준형 양통집

학성군은 함경북도에서 최남단 동해안지역에 소재한다. 그러나 주거형식은 최북단지역과 다름이 없다. 회신자의 기록에 의하면 "우리 고향은 추운 지방이라서 정주에서 소를 볼 수 있으며 소와 퍽 친근하고 소를 가족처럼 생각하는 가옥 제도가 되어 있다. 함북지방은 동일하다."고 기록했다. 이 집은 잿간을 겸한 변소를 제외하고는 부속채가 전혀 없는 전형적 집중형 주택이다. "사랑채는 부잣집에만 있되, 안채의 반이나 1/3 정도의 규모로 짓는다."고 기록해 주었다.

유대은 씨는 최초 도면에서 외양간의 여물통과 디딜방아, 찬장의 위치까지 정밀하게 묘사해 주었다. 회신자는 하류계층이라고 기재했지만 살림채만은 중농계층의 주택과 큰 차이가 없다. 다만 부속채가 없는 외채형 집이라는 점에서 계층적 성격을 볼 수 있다. 담장은 싸리 혹은 수숫대로 엮은 울타리이며 사립문을 달았다. 그는 대문이 "부잣집 외에는 보기 드물다."고 기록하였다.

살림채는 초가지붕이나 평면은 표준적인 양통집의 구성이다. 칸막이 없이 개방된 정주간(정지)이 있고, 침실은 田字形으로 배열되었다. '정지'는 식당 겸 침실이라 기재하였고, 골방은 처녀방이라고 설명했다. '웃방'은 객실로도 사용한다고 부기하였다. 툇마루의 폭은 3척이며, 보통 한 칸이 8~8.5척인 데

비해 뒷부분의 골방은 6척으로 앞 열보다 작다고 기재하였다.

■ 1차 도면

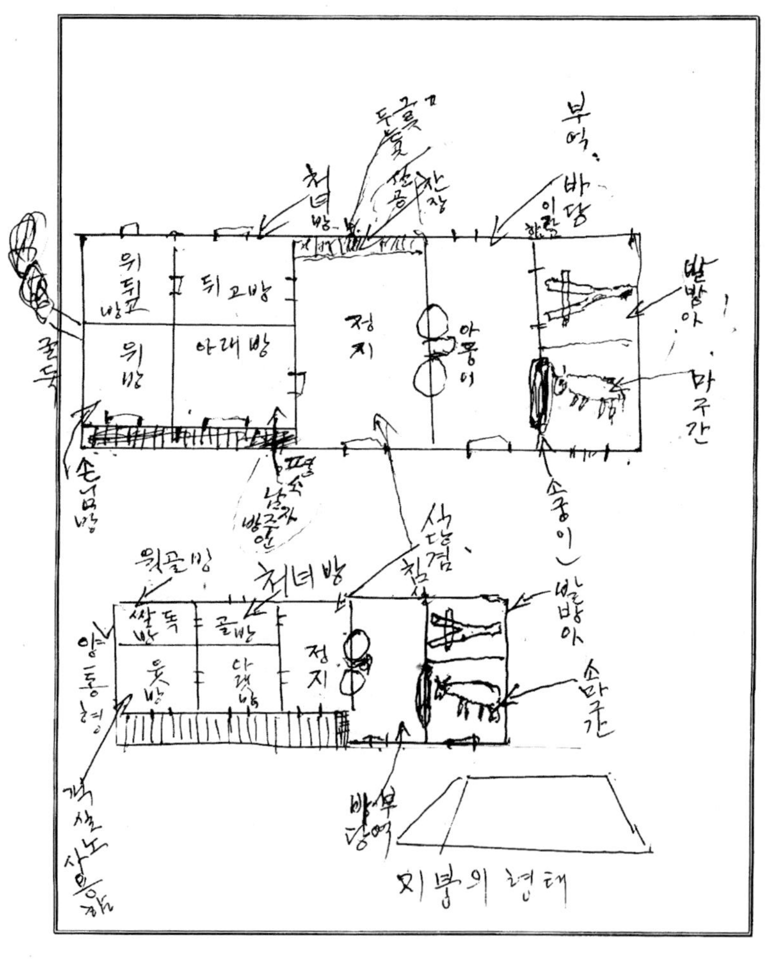

■ 보정 도면

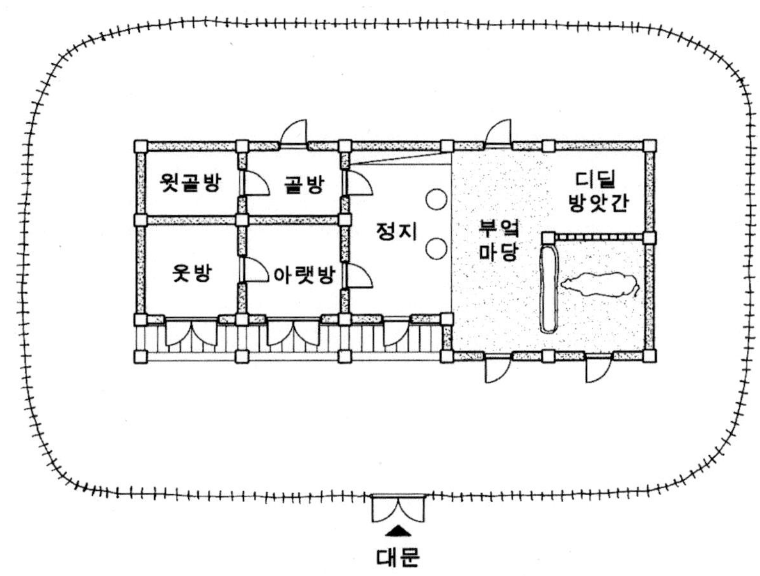

# 10. 학성군 박청암 씨 댁

성명: 박청암(1917년생)
주소: 함북 학성군 학중면 림명동
가족구성: 4인, 부모와 할머니
경제: 농업, 논 1,200평, 밭 3,000평, 과수원 800평, 중류계층
마을: 평야지대의 농촌, 48호 규모
주택: 1870년대, —자 양통집, 기와지붕

## 조선 후기에 건립된 함경도 주택의 전형

박청암 씨 댁은 작은 과수원을 경영하던 중농계층의 가정이었다. 주택은 1870년에 건립되었다고 한다. 담장은 살림채의 앞부분에만 그려 주었는데, 싸리로 엮은 울타리이며, 대문도 역시 싸리로 엮은 사립문이다. 그러나 살림채의 정주문을 '입구'라고 기록한 것이 흥미롭다. 정주문이 실질적인 집의 입구라고 생각한 것이다. 대문 앞에는 텃밭이 있다. 살림채 안에 모든 주거공간이 들어 있으며, 공간구성도 정주간을 갖춘 함경도 양통집의 전형적인 모습이다. 최초 도면에는 정주간의 외곽이 불분명하게 묘사되었으나 2차 도면에서는 명확히 수정해 주었다.

부엌 옆으로는 정주문 쪽으로 외양간을 두었고, 뒤쪽으로 디딜방아를 갖춘 방앗간을 작도하였다. 이곳에서 아침에 쌀을 찧어 밥을 짓는다고 기술했다. 정주간 옆의 침실은 田자형으로 구획되어 있다. 정주간은 식사, 취침이 이루어지며 자녀들이 기거한다고 기술하였다. 또한 아랫방에는 가장이 기거하며, 윗방은 형제나 아들이 기거한다고 설명했다. 고방에는 된장, 고추장 등을 저장하고, 고방은 2층 다락으로 구성하여 창고로 이용한다. 건물은 볏짚으로 이엉을 엮었고, 벽은 흙벽이다.

## ■ 1차 도면

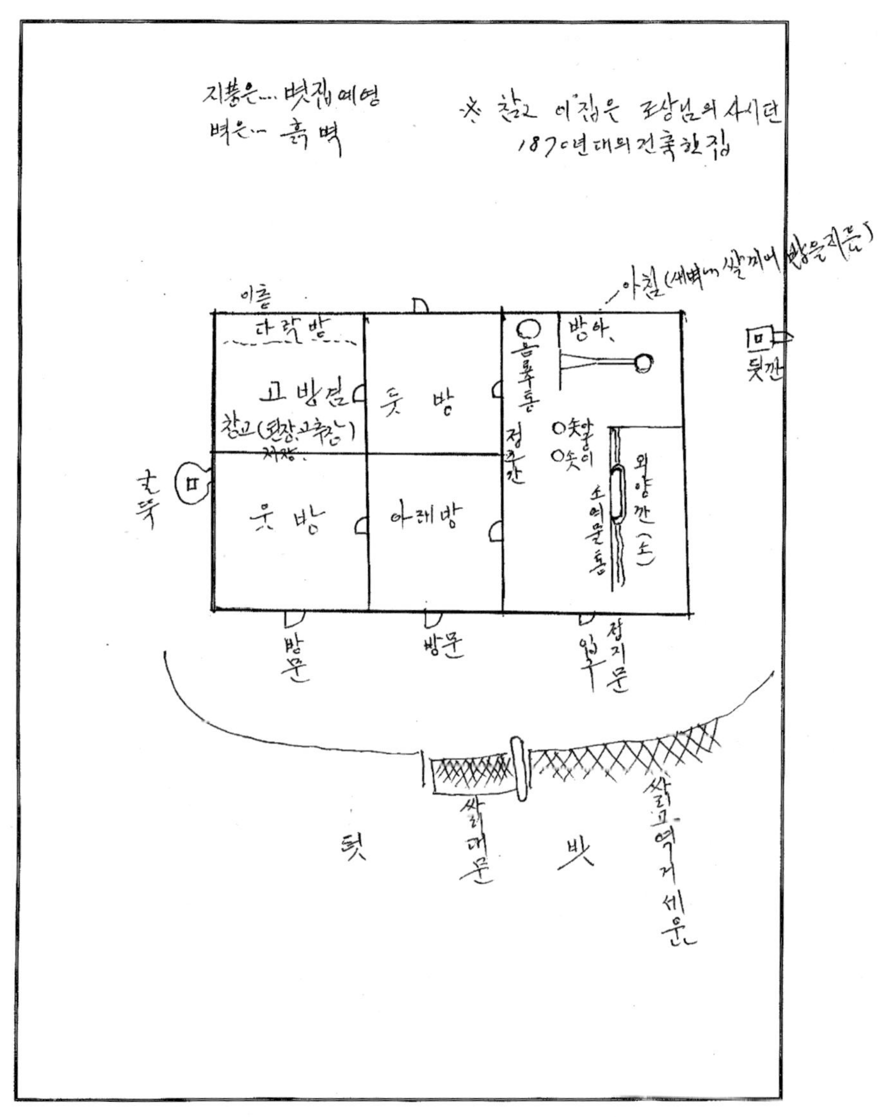

## ■ 보정 도면

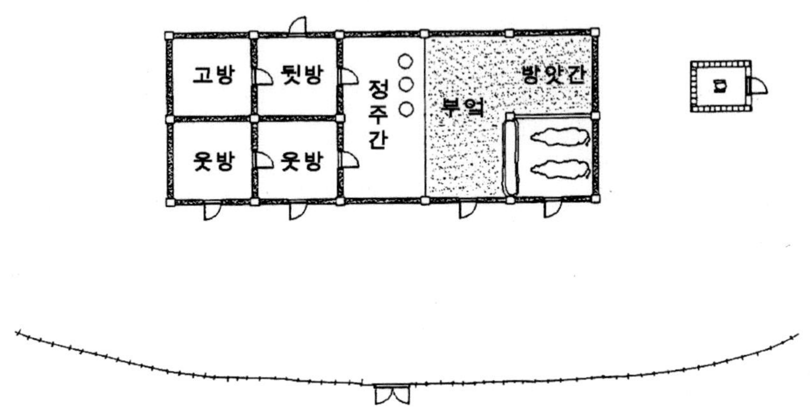

# 11. 청진시 박종철 씨 댁

성명: 박종철(1923년생)
주소: 함북 청진시 수남동
가족구성: 4인, 부모형제
경제: 상업, 중류계층
마을: 도시 외곽 농촌
주택: 1920년대, —자 양통집, 팔작기와지붕

### 부엌에 마루판을 덮은 사례

회신자의 가정은 도시 외곽 농촌에 거주하면서 별도로 상점을 운영했다고 한다. 외양간이나 방앗간, 퇴비장 등을 둔 것을 보면 농업도 겸한 것으로 보인다. 담장은 1.5미터 높이의 판자 울타리로 둘렀고 건물은 남향으로 배치되었다. 주거형태는 전형적인 농가와 큰 차이가 없다. 더욱이 이 집은 네 칸 규모의 생산공간을 가지고 있다. 정주 옆으로는 곡간과 창고를 두고, 그 바깥쪽으로 외양간과 방앗간을 두었다. 따라서 외양간과 방앗간이 살림채 안에 들어 있지만 거주영역과는 분리되어 있는 셈이다.

이 집에서 눈여겨볼 만한 것은 부엌 부분이다. 아궁이가 있는 부분에 마룻바닥을 깔아 놓은 것이다. 아궁이에 불을 땔 때만 열고 들어가게 만들었다고 한다. 이는 취사 시에 정주간(거실)에서 신발을 벗지 않고도 활동할 수 있는 편리성과 아궁이의 덮개로서 연기가 나오지 않도록 하는 장점이 있다. 부엌 아궁이 부분에 마루판을 덮는 방식은 이미 연변 조선족의 주거에서 일반적으로 조사된 바가 있다. 그 후 이러한 방식이 연변지역의 특성인지, 아니면 북한지역에서도 이러한 방식을 사용했는지에 대해서 논란이 있었다. 따라서 이 사례는 이미 일제시대부터 북한지역에서도 이러한 방식을 사용했었다는 중요한 증거가 된다.

　이 집에서 '거실'이라고 부르는 정주간은 미서기문(회신자는 '일본식 후시마'라고 설명한다)으로 부엌과 구획되어 있다. 이 미서기문은 큰일이 있을 때나 여름철에는 떼어 내어 보관한다고 설명한다. 다른 사례에서 이러한 구획이 일제시대부터 시작되었다는 설명으로 볼 때 일본식 건축요소가 유입된 것으로 생각된다. 부엌 안에 펌프를 설치하거나 유리창문의 사용도 도시지역에서의 양식적 변화를 보여 준다.

### ■ 1차 도면

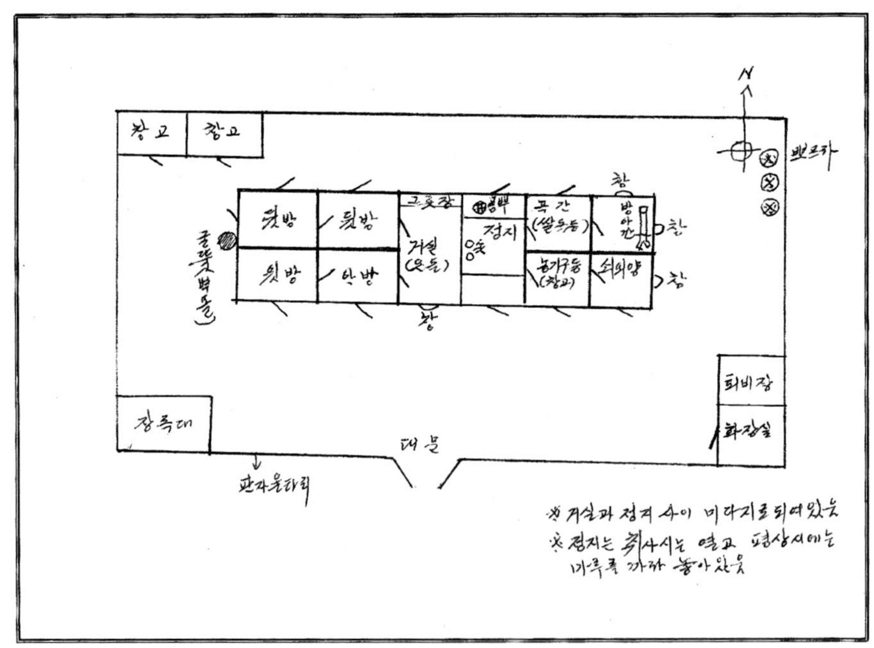

■ 보정 도면

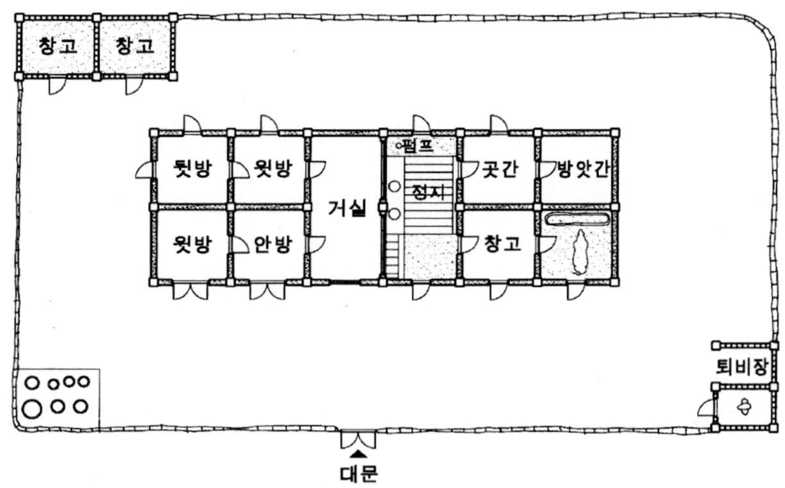

# 12. 성진시 성형일 씨 댁

성명: 성형일(1931년생)
주소: 함북 성진시 한천리
가족구성: 5인, 부모형제
경제: 상업, 중류계층
마을: 도시
주택: 1920년대, —자 양통집, 팔작기와지붕

### 일제시기 도시주택

이 주택은 월남 20~30년 전에 건립되었다는 기술로 보아 일제시기에 지어진 것으로 생각된다. 일제시기 도시에 지어진 주택임에도 불구하고 함경도 옛집의 전형적인 모습과 크게 다르지 않다. 담장은 흙담장이며, 솟을대문을 달았다고 한다. 대문 옆에는 창고가 표현되어 있으나 외부공간의 규모나 용도는 자세히 묘사되지 않았다. 평면으로 보면 모든 생활공간이 살림채에 들어 있는 집중형이며, 정주간을 갖춘 양통집으로서 함경도 주택의 전형을 유지하고 있다. 2차 회신에서는 방위를 표시하여 남향집임을 알려 주었다.

부엌 옆에 2칸통의 외양간을 두고 있어 상업을 주업으로 하면서, 작은 규모의 농사를 지었을 것으로 보인다. 정주간은 주부의 방으로서 겨울에는 전 가족이 식사도 한다고 기술하였다. 침실은 2칸만을 갖추었는데, 이는 이 지역 소농계층의 모습이다. 그러나 흙담장에 소슬 대문을 두었고 살림채도 팔작기와지붕이라고 기술한 점으로 보아, 주거계층은 중류 이상일 것으로 생각된다. 침실 수가 적은 이유는 식구가 적거나, 도시지역의 성격이라고 볼 수 있다. 역시 윗방은 제일 웃어른이 기거하며, 골방은 아이들의 취침 겸 공부하는 방이라고 기술하였다. 또한 특기사항으로서 "함경북도 지방은 추운 지방이어서 정주간과 부엌, 외양간이 붙어 있으며, 칸막이가 없다."고 기술하였다.


## ■ 1차 도면

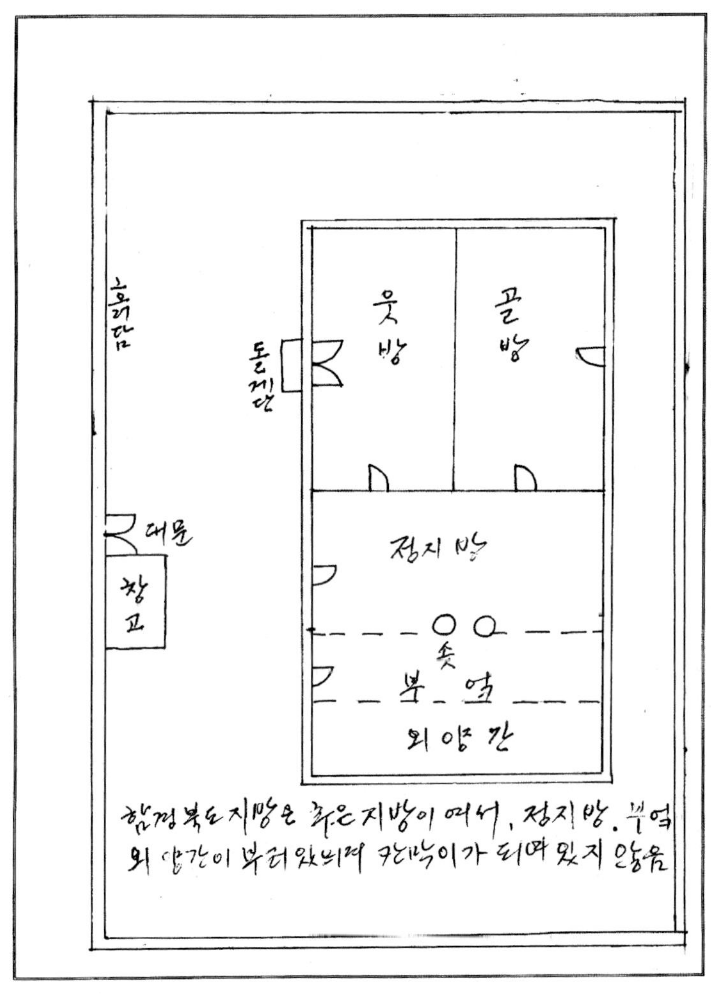

## ■ 보정 도면

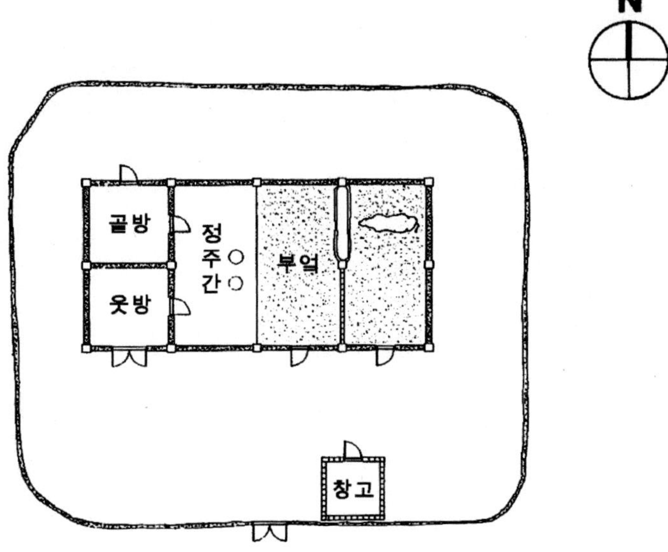

# 13. 성진시 김현덕 씨 댁

성명: 김현덕(1931년생)
주소: 함북 성진시 성남리
가족구성: 9인, 할머니 및 부모형제
경제: 수산업, 하류계층
마을: 해안가 어촌, 약 200호
주택: 1932년, ㄱ자 외통집, 함석지붕

## ㄱ자형 외통집

이 집은 성진시에 소재했던 어촌마을의 주택이다. 김현덕 씨 가정은 수산업에 종사했으며 하류계층이라고 기재했다. 일제말기 도시에 건립된 주택이라는 점에서 도시적인 성격과 시대적인 성격이 모두 나타난다. 우선 함경도의 전형적인 농가와는 전혀 다르게 ㄱ자형 외통집이다. 정주간도 없고 양통집도 아니다. 살림채의 공간을 보면 생산공간이 전혀 없이 침실만으로 구성되었다. 마당에 있는 양계장이나 채소밭을 제외하고는 농가로서의 성격을 찾아보기 어렵다.

2차 회신에서는 건넌방 옆으로 또 하나의 부엌을 그려 주었다. 초기 도면에서 빠졌던 것을 수정했다는 것은 아마도 세를 주었던 방이기 때문에 중요하게 기억되지 않았던 것으로 추측된다. 또한 각 방의 치수를 기재해 주었는데, 그 규모를 보면 전통 목구조보다 크다는 사실을 알 수 있다.

이 집은 전통양식의 해체를 보여 주기도 한다. 이 집은 목구조가 아니라 흙벽돌로 쌓은 조적조이며, 흙벽돌 그 위에 시멘트로 미장을 발라 마감하였다. 지붕은 함석지붕으로 덮었다. 일제말기에 도시지역에서 하류계층들이 선택할 수 있었던 건축방법이라고 생각된다. 도시화로 인한 주택문제의 심화와 공업화로 인한 산업재료의 사용을 보여 주는 사례이다.

■ 1차 도면

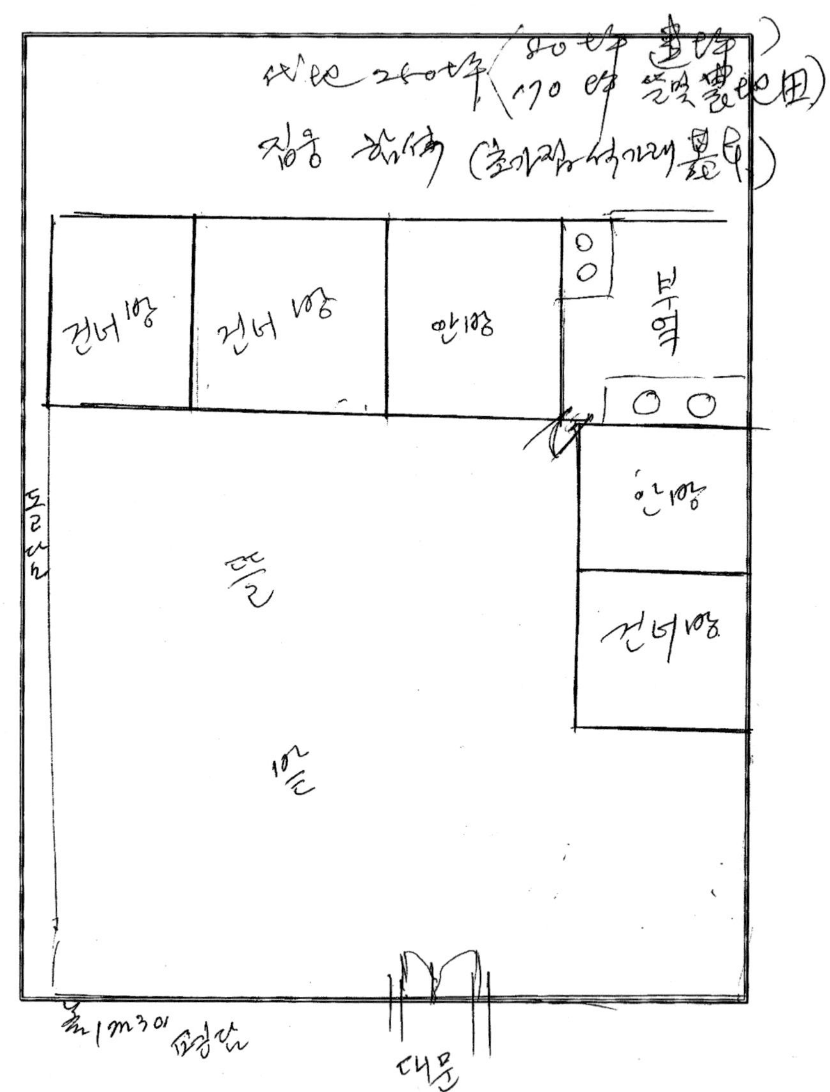

## ■ 보정 도면

3000
3000
4000
4000
4000
부엌
건너방
건너방
안방
부엌
4000
안방
4000
마당
계사
건너방
4000
채소밭
채소밭
대문

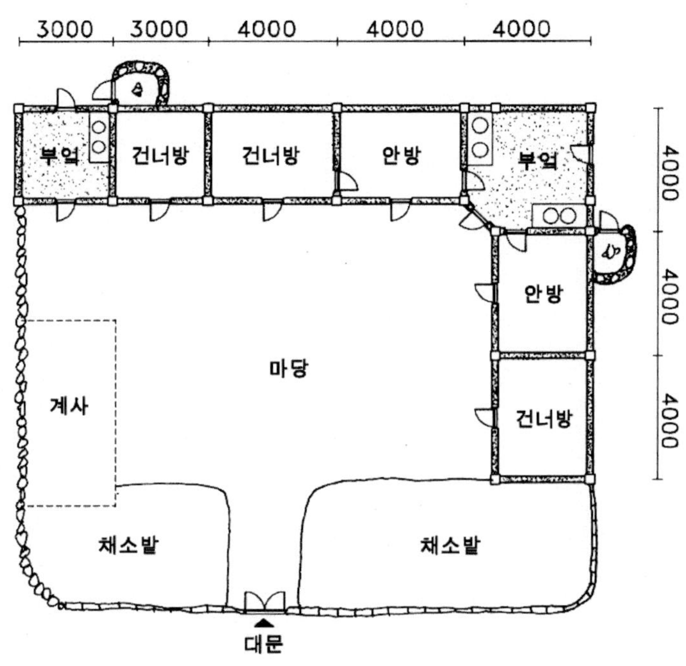

# 제8장

# 함경남도 옛집의 사례들

# 01. 혜산군 조성남 씨 댁

성명: 조성남(1922년생)
주소: 함남 혜산군 혜산읍 혜장리
가족: 5인, 조부모 및 부모형제
경제: 공무원, 하류계층
마을: 산악지대 농촌, 30∼50호
주택: 시기미상, ─자 양통집, 팔작기와지붕

## 단동형 양통집의 전형

이 집은 함경남도의 최북단인 압록강 근처에 소재한 집이다. 회신자의 부친은 농사시험소의 수도과장으로 공무원이었으나 주택은 농가의 모습이다. 그의 설명에 따르면 이 집이 개마고원 한랭지대의 전통적인 농가형식이라고 한다. 외양간까지 둔 것으로 보아 조부모는 농사일을 지속했을 것으로 짐작된다. 이 지방에서는 담이 없는 것이 보통이며, 담을 하는 경우에는 통나무를 폭 20센티 정도로 쪼개어 엮은 '배재'라는 울타리를 둘렀다고 한다.

소성남 씨는 최초 도면에서 팔작지붕이 건물 형태를 그려 주었다. 입면과 형태가 표현된 것은 그리 흔치 않은 사례이기에 소중한 가치가 있다. 살림채는 남향으로 배치했고, 부속채가 전혀 없으며 살림채 안에 모든 공간을 수용하였다. 심지어 돼지우리까지도 외양간 옆에 두었다. 겨울추위로 한 건물 안에 축사를 두었다고 설명한다. 살림채는 전형적인 일자형 양통집이다. 개방된 정주간이 있고, 침실도 田字形으로 구성하였다. 일제말기부터는 약간씩 변형이 이루어졌는데, 그 첫째가 축사의 분리이며, 둘째는 부엌과 정주 사이에 칸막이를 둔 것이라고 한다. 이러한 설명은 전통양식의 변화에 대한 중요한 단서가 된다.

## ■ 1차 도면

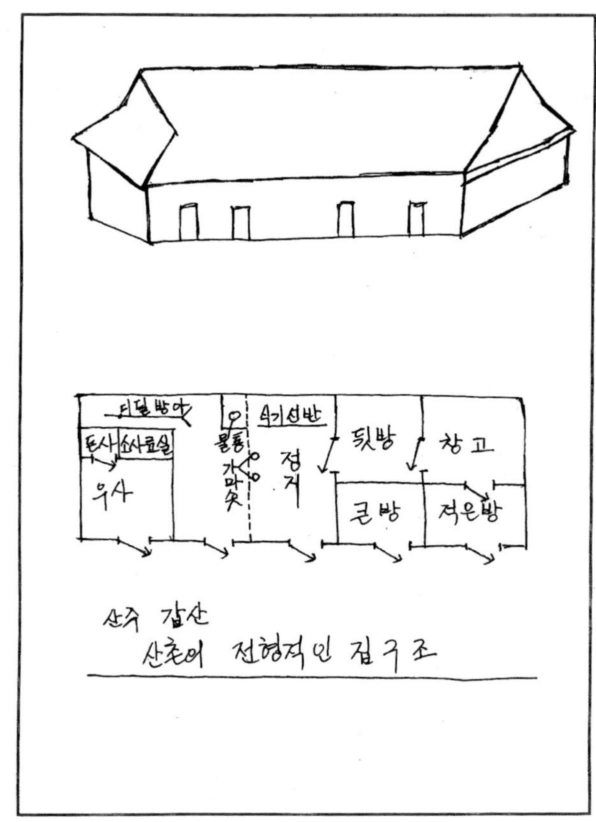

## ■ 보정 도면

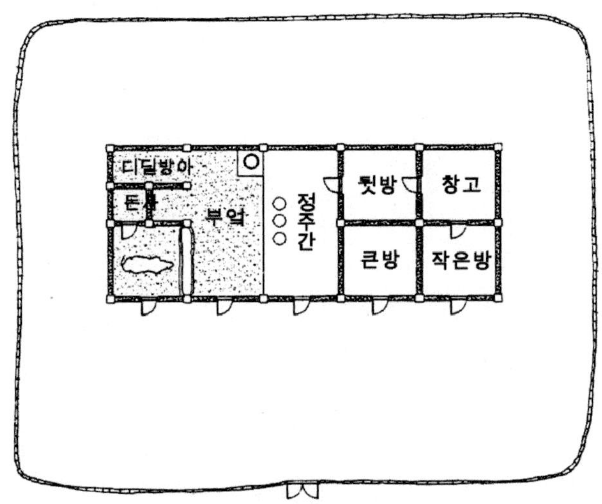

# 02. 혜산군 이동현 씨 댁

성명: 이동현(1931년생)
주소: 함남 혜산군 혜산읍 혜신리
가족: 8인, 부모형제와 동거
경제: 상업, 상류계층
마을: 도시
주택: 1949년, —자형 양통집, 팔작기와지붕

## 압록강 근처의 도시주택

이 집도 역시 함경남도에서 최북단인 압록강 근처의 혜산읍에 소재했던 집
이다. 이동현 씨 가정은 상업에 종사하고 있었으나 주택의 모습은 오히려 소
농주거와 유사하다. 주택의 규모는 작지만 기와지붕을 덮었고 대문도 달았다.
담장은 판자로 만들었고 높이는 1미터 정도라고 기재하였다. 살림채 뒤 부엌
과 창고 사이를 지하실로 연결했는데 지하는 김칫독이나 야채를 보관하는 곳
이라고 한다. 이 창고를 제외하고는 부속채가 없는 집중형 주거이다.

최초 도면은 대단히 간략히 작도한 것이어서 담장의 외곽선이 분명치 않다.
안방이라고 표기된 부분도 2차 도면에서는 정주간이라고 수정해 주었다. 그
럼에도 마당에 있었던 채마밭은 정확히 표현했다.

살림채의 평면은 전면 3칸 양통집으로 대단히 작은 규모이다. 상업에 종사
하며 도시에 소재한 집임에도 불구하고 부엌과 정주간 사이에 칸막이가 없으
며, 양통집이라는 점에서 전형적인 함경도 농가의 성격을 가지고 있다. 가족
들은 주로 정주간인 안방에서 생활하였고, 마당에 면한 방은 부친의 침실로,
뒷방은 접대방으로 사용했다고 한다.

## ■ 1차 도면

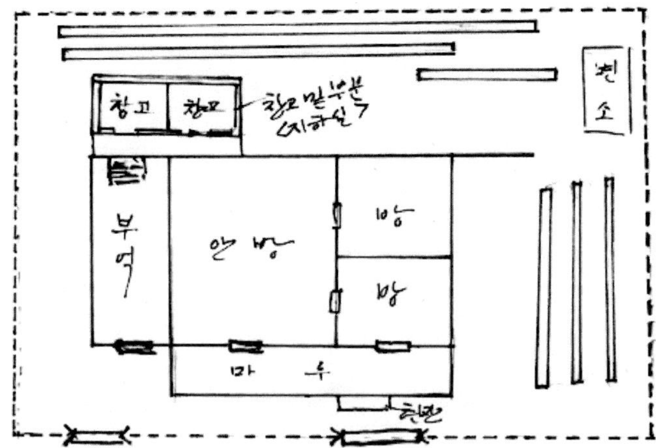

## ■ 보정 도면

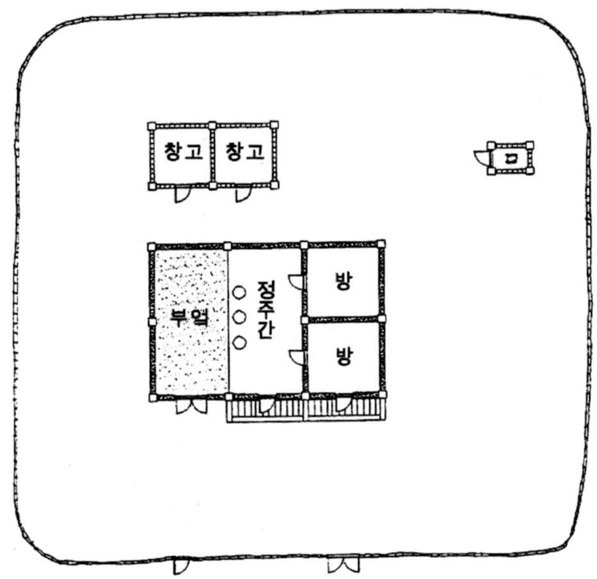

# 03. 갑산군 김성봉 씨 댁

성명: 김성봉(1933년생), 잡부
주소: 함남 갑산군 동인면 신성리
가족: 15인, 부모형제 및 형님가족
경제: 농업, 중류계층
마을: 산악지대 농촌, 40호
주택: 1950년, —자형 양통집, 초가지붕

## 개마고원지대의 부농주거

이 집은 개마고원지대인 갑산군 산촌에 소재하였다. 김성봉 씨 댁의 가족은 두 분의 형님가족이 동거하는 대가족을 이루고 있었다. 살림채의 형식은 표준적인 함경도 중농주거이나 부속채를 보면 부농에 가까운 경제력을 갖추었을 것으로 생각된다. 산악지대 살림채 앞에는 별도의 사랑채를 갖추었고, 살림채 뒤편으로는 거대한 규모의 곡식 창고를 두었다. 사랑채는 두 칸으로 구성되었는데 한 칸은 손님용이고 한 칸은 머슴이 거주한다고 기재하였다. 담장이나 내문이 없지만 이는 산악지대 주거의 일반적 성격이라고 생각된다.

김성봉 씨의 최초 도면은 마치 전문가의 도면처럼 세련되고 정확하게 표현되었다. 다만 살림채 뒤에 있는 창고의 경우 2차 도면에서 보정도면처럼 수정해 주었다. 뒷부분의 툇마루도 수정되었다. 살림채는 남향으로 배치되었고, 생산공간의 수용, 개방된 정주, 田字形 침실구성 등 전형적인 함경도 양통집의 모습이다. 침실의 앞뒤로 툇마루를 둔 것이 특이하다. 주거의 평면형식은 중류 이상의 계층성을 보이는 데 비해 살림채의 지붕은 초가지붕이다. 회신자는 이 마을 주거의 80%는 초가지붕이며, 너와가 10%, 굴피 6%, 기와지붕은 4%에 지나지 않는다고 기술하였다.

■ 1차 도면

북
헛밭
뒤지
뒤지
창고
뒷마루
헛간
위양간
무억
아궁이
정지
(아이들 숙소)
늘 방
(새큰방)
골 방
창
웃 방
(웃어른방)
웃 방
(손님)
창
뒷마루
서
동
화장실
퇴비장
사랑방
(손님)
창
사랑방
(머슴)
창
출입十 (대문 없음)
남

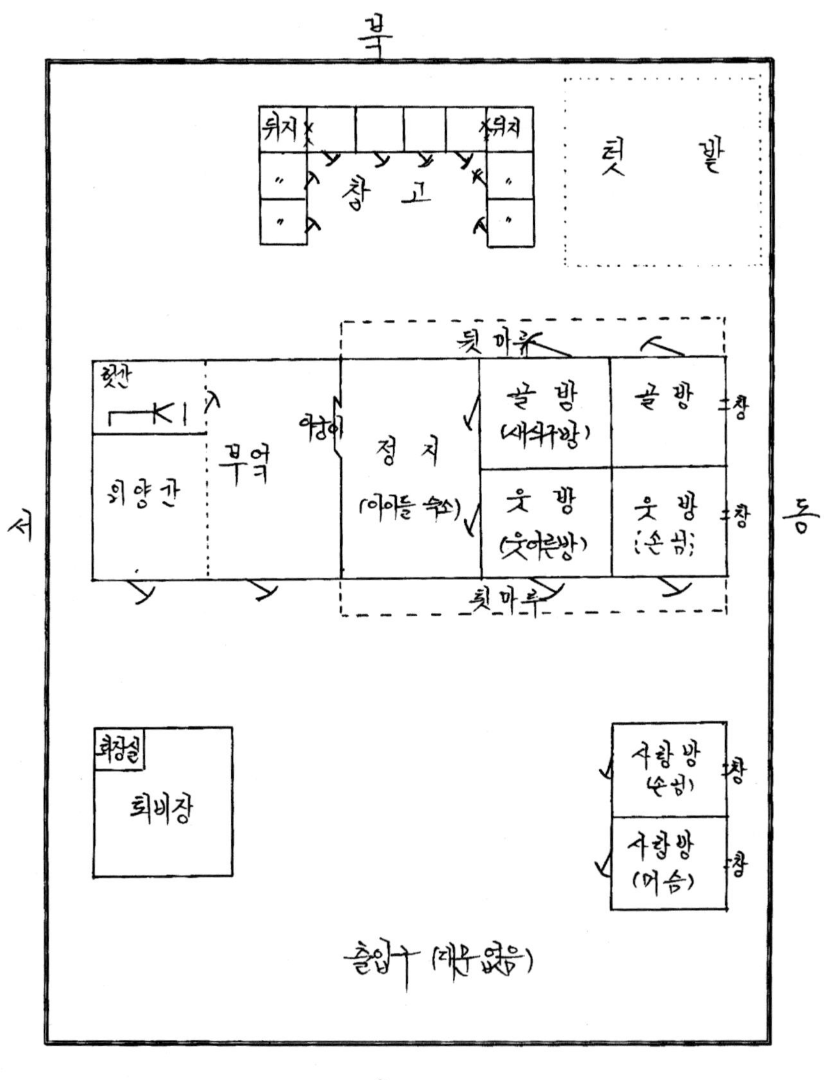

■ 보정 도면

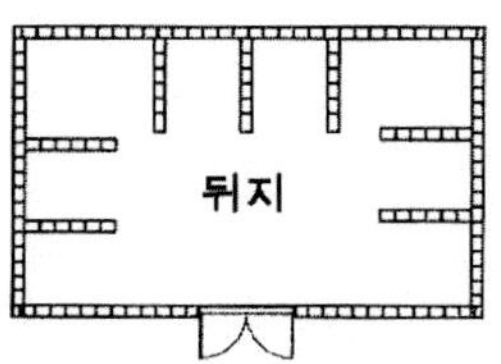


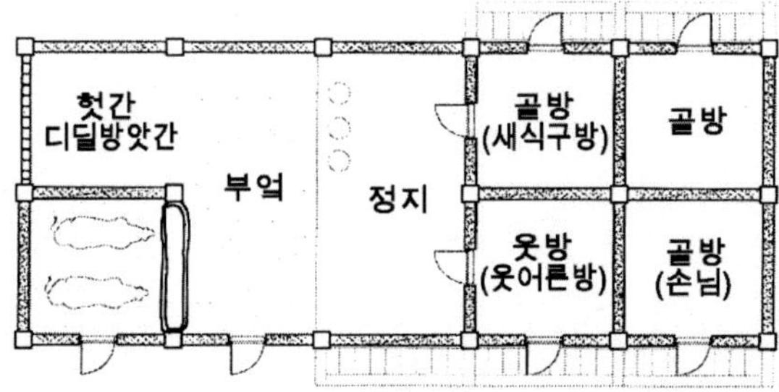

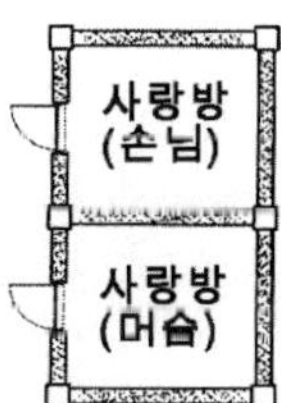

# 04. 풍산군 주재현 씨 댁

성명: 주재현(1928년생), 소목
주소: 함남 풍산군 능귀면 초평리
가족: 5인, 부모형제
경제: 농업, 하류계층, 밭 1,000평
마을: 산악지대 농촌,
주택: 1920년대, ㅡ자형 양통집, 초가지붕

## 개마고원지대의 소농주거

이 집이 소재한 풍산군 역시 개마고원지대에 속한다. 마을은 250호가 모여 사는 큰 규모의 농촌이었다. 가정은 밭 1,000여 평을 경작하는 소농 계층이었다. 주택의 모습은 부속채가 전혀 없는 집중형 주거의 표본을 보여 준다. 담장은 참나무 목책으로 둘렀고, 대문은 널대문이다. 담장의 목책은 주로 참나무를 사용했다고 한다. 지붕은 대부분 너와로 덮지만 이 집은 초가지붕으로 맞배지붕이라고 기재했다.

최초 도면에서는 살림채의 평면만 작도하였으나, 2차 도면에서는 담장을 작도해 주었고 화단과 텃밭의 위치도 표현했다. 또한 4칸 외통집이라고 기재했으나 2차 도면에서 침실이 겹으로 구성되었음을 확인할 수 있었다. 침실구성으로 보면 함경도 주택의 원초형에 가까운 모습이다. 살림채 안에 외양간을 두었고, 개방된 정주간도 있다. 침실은 단 2칸으로서 산악지대 소농의 계층성을 반영한다. 외양간은 2층으로 구성하여 위층은 창고로 사용했다고 한다. 강원도나 경북지방의 겹집에서 흔히 볼 수 있는 것처럼 외양간의 상부는 다락으로 사용했음을 알 수 있다.

## ■ 1차 도면

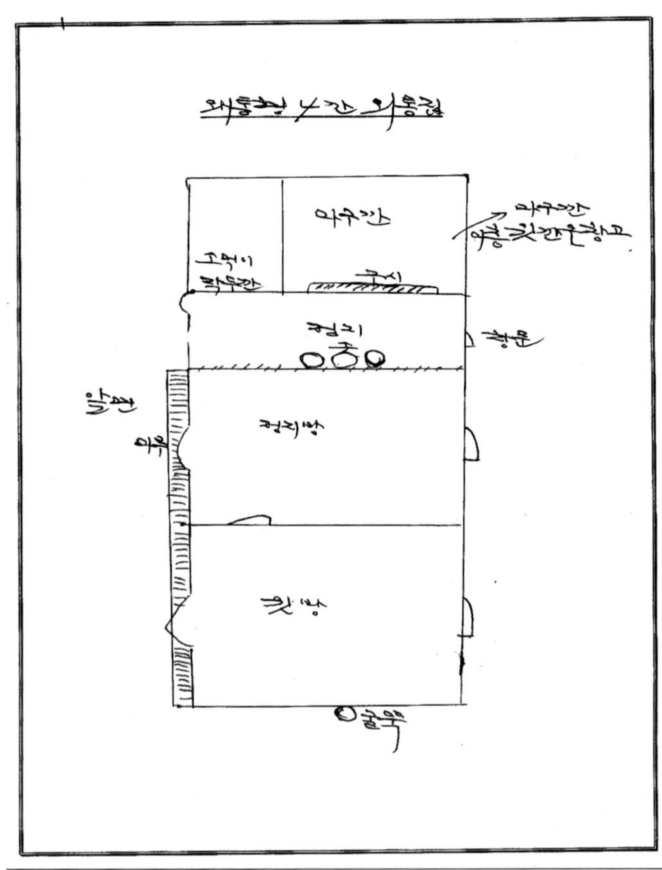

## ■ 보정 도면

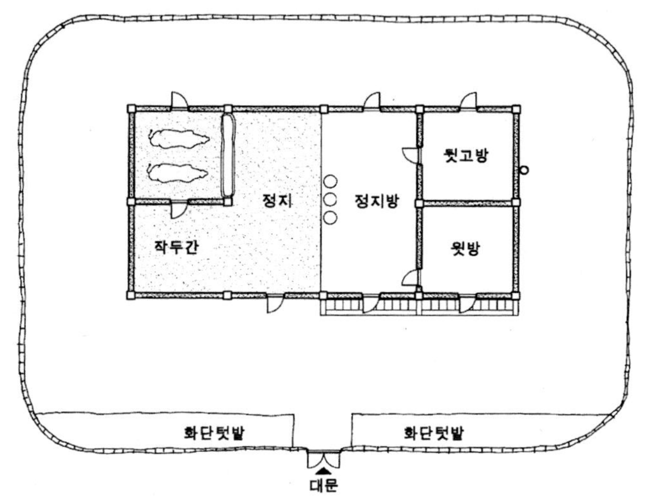

# 05. 갑산군 김종운 씨 댁

성명: 김종운(1922년생)
주소: 함남 갑산군 회린면 송계리
가족: 10인, 조부모 및 부모형제, 농군과 동거
경제: 농업, 상류계층, 논 2만 평, 밭 7,000평
마을: 평야지대 농촌, 약 460호
주택: 19세기, ㅁ자 양통집, 팔작기와지붕

## 갑산의 대농가

김종운 씨는 갑산의 대농집안 출신이다. 갑산은 겨울에 영하 38~40도까지 내려가는 추운 곳이라 옛날에는 귀양지였는데, 그의 선조 또한 이곳으로 귀양살이를 오게 되었으나 자식들을 잘 가르쳐 대대로 벼슬길에 올랐다고 한다. 그의 4대 조부는 울진 원님, 3대 조부는 온성 원님, 2대 조부는 심파 원님, 조부는 일제시기에 갑산군 주사를 지냈다고 한다. 대대로 이어지는 벼슬아치의 집안이며 경제력도 막강하여 만석꾼으로 불렸다. 송계리는 씨족마을로서 모두 근친관계에 있고 타성으로는 머슴 8명 정도가 고작이었다.

이 집은 우선 대문채와 가묘만으로도 상류주거로서의 계층성이 나타난다. 이러한 부속채와 함께 일부에는 기와를 얹은 흙돌담을 두어 안마당을 위요했다. 대문은 1척 5푼짜리 판자로 만든 널대문이다. 대문간 좌우에 창고를 두어 대문채를 형성하였다. 창고 옆으로는 사랑방도 두었는데, 이곳은 가장이 기거하는 곳이 아니라 주로 머슴들이 기거하며 가끔씩 손님용 침실로 사용되었다고 한다.

가장 특이한 것은 살림채 동측 면에 배치된 가묘이다. 함경도 주거에서 별채의 가묘를 갖춘 집은 대단히 희귀한 사례이다. 이 가묘에는 조부로부터 5대

조부까지 모시는 방으로 사용되었다고 한다. 사랑방에 인접한 공간은 제사 때 자손들이 절하는 곳이며 명절 때만 사용한다고 기록했다.

이러한 부속채들이 계층성을 여실히 보여 주는 데 비해 살림채는 함경도 중농계층의 전형과 결코 다를 바가 없다. 부엌 옆에 방앗간과 외양간이 붙어 있는 모습이나, 칸막이 없이 구획된 정주간, 침실의 田字形 구성 등 전형적인 함경도 양통집이다. 외양간에는 두꺼운 마룻널로 마룻바닥을 만들었다. 정주간은 부모와 형제가 함께 사용했고, 큰방은 조부모가 기거하며, 상방은 장롱이나 궤 등을 놓는 곳이라 기재하였다. 뒤 열의 아랫방은 딸이나 손녀가 사용하고, 윗방은 길쌈이나 명주 짜는 곳이라 설명했다.

## ■ 1차 도면

봉창문
되련방아
도야지간
소먹이(소여물)
작두
외양간
바닥은 두꺼운나무판자임
퇴비장
소먹이통(소구시)
부엌(개웃유)
정지방 코코
딸이나孫婦들이잇는곳
아랫방
윗방
쌀뒤주있는곳
농이나잡살념들두는곳
장농이나세간들두는곳
나뭇이나 꽃돈도광이잇음
큰방
(妻妾들이세시는곳)
상방
가묘방
五代祖父
高祖父
曾祖父
祖父
子孫들이정하는곳
통로
마루
마루
마루
헛간
통로
마당
사랑방
四방 당토 약6尺 흙과돌로싸코 上部에는 기와로하엿음
木双大門 (日兴門) 大門은 일팍틱이라함

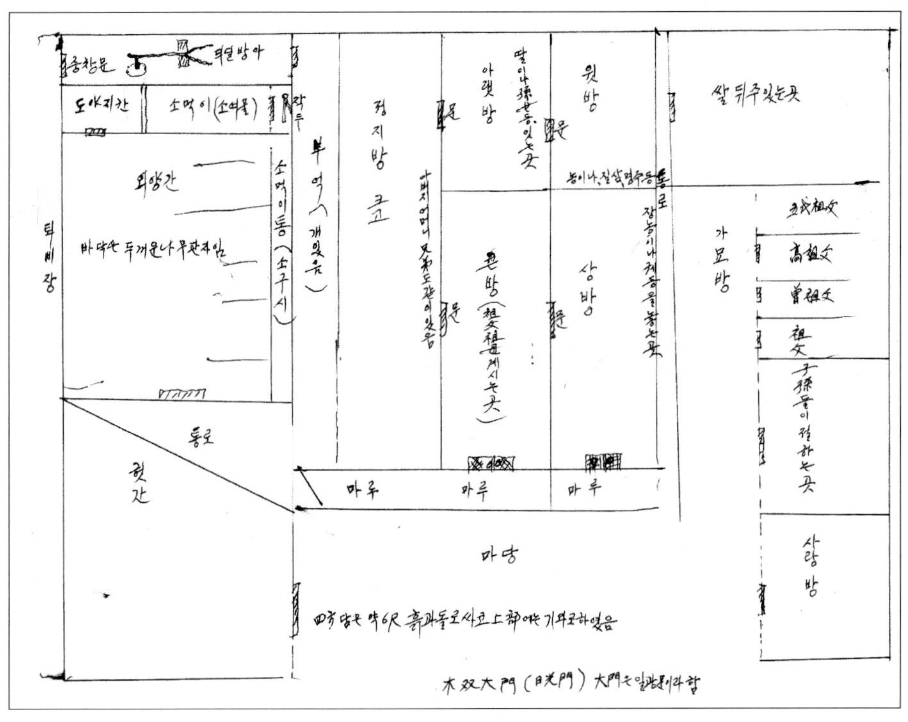

■ 보정 도면

디딜방아
돼지우리
부엌
정주간
아랫방
윗방
곳간
큰방
상방
가묘방
가묘방
가묘방
가묘방
가묘방
마당
헛간
창고
창고
사랑방

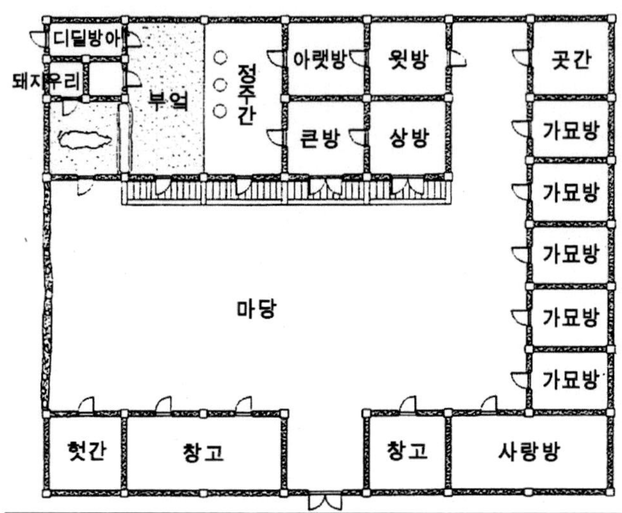

# 06. 장진군 이용인 씨 댁

성명: 이용인(1930년생)
주소: 함남 장진군 서한면 신흥리
가족: 6인, 부모형제
경제: 농업, 하류계층, 밭 4,000평
마을: 산악지대 농촌, 7호
주택: 1910년, ―자형 양통집, 너와지붕

### 개마고원의 귀틀집과 너와집

이 집은 함경남도의 서북쪽인 개마고원지대에 소재했던 집이다. 마을규모가 7호인 점을 보아 산악지대의 산촌(散村)이었던 것으로 추정된다. 자신은 소농계층이라고 기재하였으나 주거형식은 중농 이상의 모습을 보이고 있다. 형식상으로는 안뜰을 갖춘 뜰집의 모습이나 ―자형의 살림채를 ㄱ자형의 부속채와 담장으로 에워싸는 형식이다. 이에 따라 살림채 안에는 생산공간이 없다. 뜰에는 벌통을 그려 주었다.

살림채는 동향으로 배치되었으나 평면은 양통형으로 전형적인 모습이다. 개방된 정주(안방)가 있고 사랑방은 2칸을 통간으로 사용한다. 살림채의 지붕이 너와인 점과 외양간을 귀틀집으로 만든 것이 산악지대의 성격을 보여 준다. 통나무로 틀을 짜고 흙을 두텁게 발라 겨울에도 난방이 잘되었다고 한다. 화장실은 대부분 대문 밖에 있어 밤에 화장실을 드나들기가 불편했다고 한다.

### ■ 1차 도면

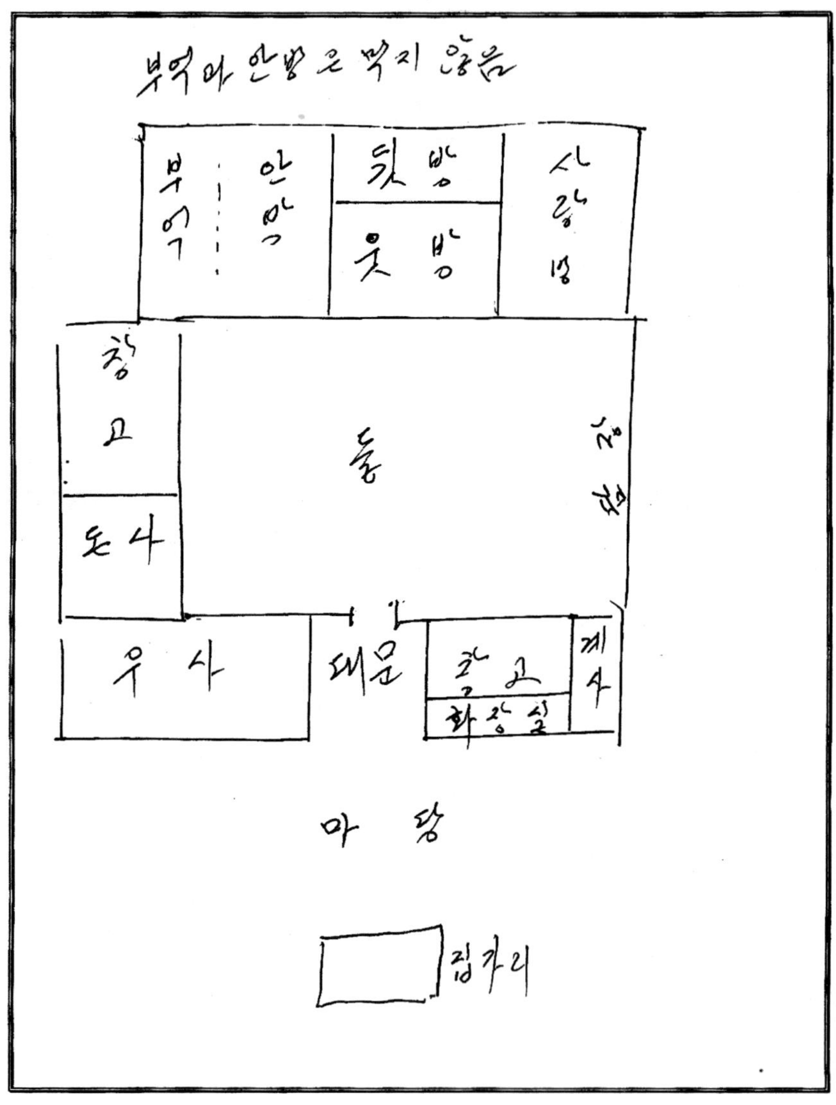

## ■ 보정 도면

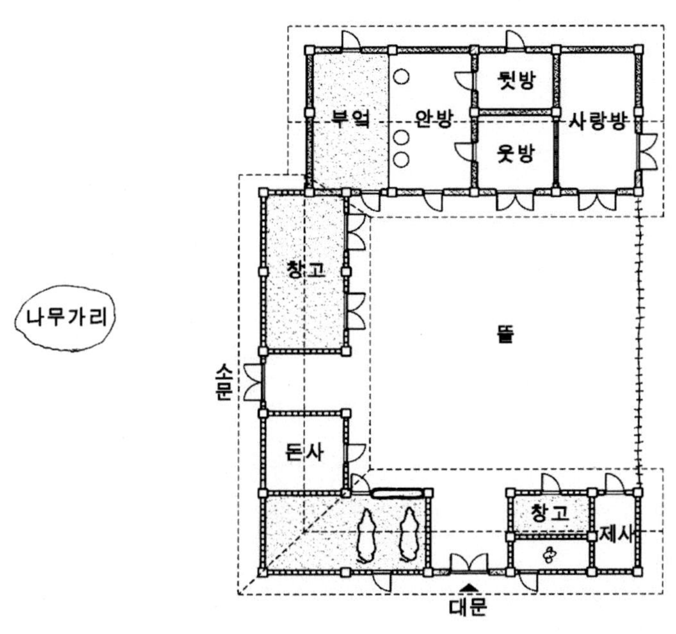

# 07. 장진군 한상언 씨 댁

성명: 한상언(1916년생), 대목 출신
주소: 함남 장진군 중남면 고별우리
가족: 6인, 모친 및 형제와 동거
경제: 농업, 하류계층, 밭 5,000평
마을: 산악지대 농촌
주택: 시기미상, ─자 양통집, 너와지붕, 귀틀집

### 개마고원의 자연환경과 주택

회신자는 장진군 개마고원지대에서 출생하여 20세까지 그곳에서 성장하였다. 또한 그는 1차 조사에서 대목 일을 한 경험이 있다고 기재하였기에, 직접 면담을 통하여 이 지역의 주거형식에 대해 상세한 설명을 들었다. 그는 큰아버지 댁에 자손이 없어서 양자로 입양되었으며, 큰댁에서 조부모와 큰아버지 부부, 후처인 작은어머니와 동거했다. 20세까지 장진에서 살다가 큰아버지 댁이 함남 장평으로 이주함에 따라 정평에서 5년 정도 거주했다. 한국동란 중에 인민군으로 참전했다가 포로가 되어 거제 포로수용소에 수용되었다. 포로 교환 때 남한을 선택하여 거제에 뿌리를 내리게 된다. 다음은 그가 말하는 개마고원 지대의 마을과 주택의 모습이다.

"개마고원은 산골이어서 논은 없고 주로 화전을 일구어 감자나 귀리를 경작한다. 그의 집은 밭 5,000평 정도를 경작했다. 마을 규모는 100호 정도이나 집들이 모여 있는 것이 아니라 집 사이가 0.5∼1㎞ 정도로 드문드문 흩어져 있어 마을 길이가 20여 리 정도가 된다. 소는 농사일에 반드시 필요하기 때문에 집집마다 소가 있으며, 없으면 얻어다 먹인다.

주택에는 담장이 없었다. 울타리는 겨울에만 설치하는데, 이는 방풍용으로서 여름에는 땔감으로 사용한다. 그나마 울타리도 두르지 않는 집들이 많다. 담을 만들지 않는 이유는 재산이 없어서 도둑맞을 염려가 없기 때문이다. 주택은 통나무를 횡으로 쌓아서 벽체를 만든 귀틀집이다. 통나무 사이에 흙을 바른다. 지붕재료는 너와를 사용하는데, 삼송을 쪼개어 만든다.

창호는 아주 작았다. 높이는 4~5척, 폭은 2.5척 정도로서, 추워서 문을 작게 낸다. 널문은 어두워서 쓰지 않는다. 평면은 홑집형으로 마구간, 부엌, 정주간, 아랫방, 윗방의 순서대로 둔다(실제로는 측면 폭이 15척 이상인 양통집의 규모이지만 칸막이 없이 통간으로 사용한다). 영양보충을 위해서 돼지나 닭을 사육하는데 돼지우리는 냄새가 지독하여 바깥에 짓는다. 이 때문에 개승냥이(늑대?)가 내려와서 돼지를 물어가는 경우가 많았다. 이 지역의 집들은 특별한 기술이 필요하지 않아 동네사람들이 짓는다. 화전민들은 큰 부자가 없기 때문에 주택의 계층적 차이가 별로 없다.

장진에서 이주한 정평은 함흥에서 50리 정도의 거리에 있는 도시 근교의 농촌이다. 마을은 40~80호 규모이며 논농사도 짓는다. 주택은 대부분 초가지붕이고 토담이나 돌담을 두른다. 집도 대목들이 지어 준다. 보통 토마루를 사용하는데, 간혹 나무마루를 사용하는 집도 있다. 살림채의 한 칸은 보통 9자 정도인데 뒷방은 좀 작게 만들어 7자 정도로 한다.

부유한 집들은 대문채도 있고, 돌담을 두르며 기와를 사용한다. 건물구조도 겹도리나 중방을 사용하며, 미닫이 문이나 후스마를 설치한다. 일제시대에 들어와서도 집 짓는 방식에는 큰 변화가 없다. 도시나 달라졌지 농촌은 거의 변화가 없었다."

## ■ 1차 도면

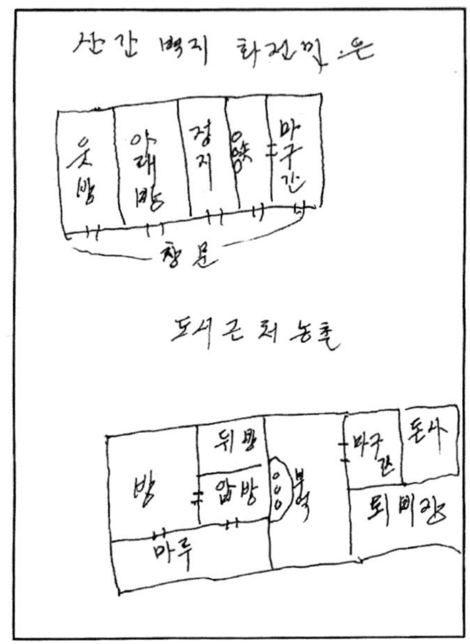



## ■ 보정 도면

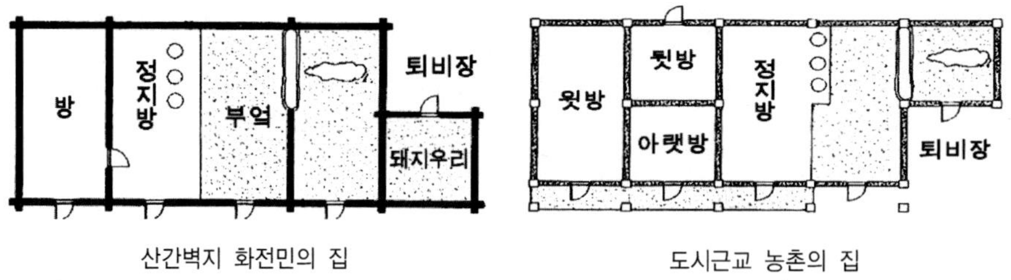



산간벽지 화전민의 집          도시근교 농촌의 집

# 08. 단천군 김기환 씨 댁

성명: 김기환(1932년생)
주소: 함남 단천군 하다면 송파리
가족: 6인, 부모형제와 동거
경제: 농업, 하류계층, 밭 3,000평 과수원 겸업
마을: 산악지대 농촌, 15호
주택: 1937년, —자 양통집, 초가지붕

## 전형적인 함경도 양통집

이 집의 건립연대는 1937년으로 기재되었다. 회신자는 자신을 하류계층으로 기재하였으나 주택의 형식은 함경도 중농계층의 전형적인 모습이다. 담장은 싸리나무로 엮은 1.8미터 높이의 허술한 울타리이며 대문도 없다. 부속채라고는 헛간을 겸한 돼지우리와 변소뿐이다. 살림채 안에 모든 주거공간을 두는 집중형 주거이며, 공간이 두 줄로 배열된 양통집이다.

공간구성 또한 전형의 표본이다. 부엌 옆으로 외양간과 디딜방아를 설치한 방앗간을 두었다. 외양간에는 횃대를 설치하여 닭을 키웠다고 한다. 부엌과 외양간이 트여 있는 이유를 "기후가 춥기 때문에 소와 닭을 보온하기 위해서"라고 설명하였다. 부엌과 칸막이 없는 정주간을 두었는데, 이곳은 취사, 여자와 아이들이 취침하는 곳이라고 기재하였다.

마당 쪽의 큰방은 부모가 취침하고 가장이 취침하는 곳이며, 작은방은 아이들 방이다. 마당 쪽으로는 툇마루가 아닌 죽담을 두었는데, 이는 보다 오래된 방식이라고 볼 수 있다. 고방은 식량을 보관하는 곳으로 기재하였다. 지붕도 초가지붕이다.

## ■ 1차 도면

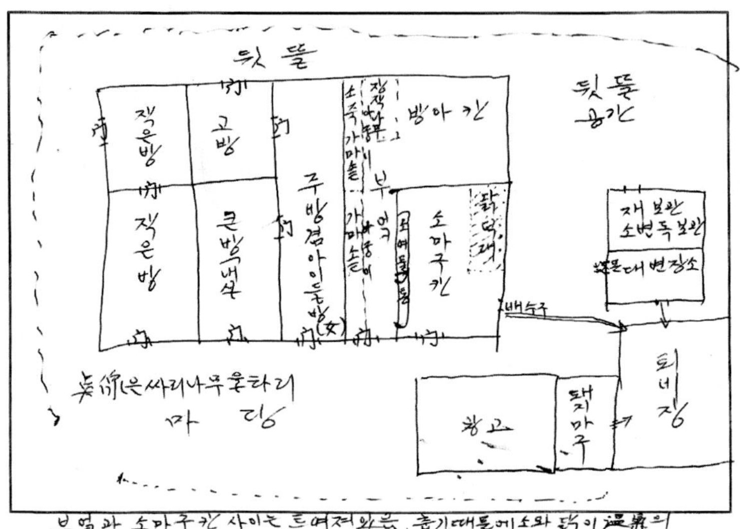

■ 보정 도면

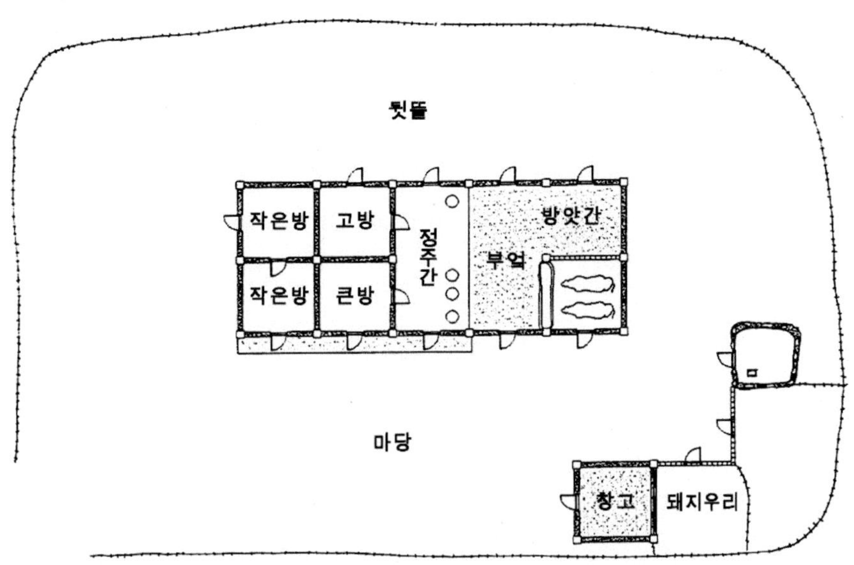

# 09. 단천군 천송춘 씨 댁

성명: 천송춘(1923년생)
주소: 함남 단천군
가족: 14인, 부모형제와 동거
경제: 농업 및 건축업, 중류계층, 논 3,000평, 밭 1만 평
마을: 구릉지 농촌, 140호
주택: 1935년, —자 양통집, 팔작기와지붕

## 현대건축가가 지은 전통주택

단천군 출신의 천송춘 씨는 정교한 도면뿐만 아니라 가족사와 건축방법, 공간사용에 이르기까지 4쪽이 넘는 상세한 기록을 보내 주었다. 다음은 그 내용을 간추린 것이다. 이 집은 함남과 함북 경계지대에 소재한 주택이다. 가정은 5~6대를 이곳에서 살아온 부농집안이며 양반집으로서 조부는 이장을 지내고 부친은 현대건축학을 공부한 건축가로서 학교와 관공서에 재직하였다. 농사도 지었는데 4,000평 정도의 과수원도 운영했다. 당시 집에는 14명의 가족이 함께 살았다고 한다.

주택은 본래 조부가 지었던 기와집인데, 부친이 1935년에 직접 개축하였다. 당시 건축 재료로 100여 년 된 적송을 1년 정도 건조시켜 사용하였다. 벽체는 가는 나무로 중깃을 세우고 그 사이를 수숫대를 엮어 틀을 만든 후 볏짚을 혼합한 진흙으로 전공 미장이가 초벽을 발랐다. 집의 전면 벽은 아래, 위 두 부분으로 나누어 윗부분에는 백회벽을 바르고 아랫부분에는 시멘트를 발랐다. 집의 후면 벽체에는 전체적으로 시멘트를 발랐다.

살림채는 기와로 덮었다. 기와는 전통한식 기와를 사용했는데 부족한 양은 산 너머 10킬로나 되는 곳에서 매입하고, 소마차로 실어 운반했다. 기타 부속

채는 볏짚을 엮어 초가지붕을 만들었는데, 초가 위에 새끼로 그물처럼 엮어 매었다.

담장은 높이 9척 정도의 판자로 만들었고, 널대문을 달았다. 마당은 농사를 준비하고, 농산물을 갈무리하는 곳이며, 가족들의 보건활동장이며, 가축들의 사육장소이기도 했다. 살림채는 남향으로 배치되었으며, 침실만 6칸에 이르는 대규모 건물이다. 회신자가 기록한 각 공간의 용도는 다음과 같다.

살림채 정주: 취사장, 식기진열 보관, 형님 내외의 침실
　　　　안방: 부모님의 거실 및 침실
　　　　가운데 방: 남동생 및 조카(남자)의 침실 겸 공부방
　　　　윗방: 둘째 아들의 침실 겸 공부방
　　　　뒤 아랫방: 여동생의 침실
　　　　뒤 가운데 방: 여 조카의 침실 겸 공부방
　　　　뒤 윗방: 책장, 옷장, 이불장, 기타 책과 물건보관
　　　　부엌: 취사 시 불 때고 약간의 땔감도 보관함
　　　　창고: 많은 독을 두고 곡식을 저장함
　　　　광: 주로 벼 또는 조를 저장
　　　　외양간: 소 3~4필을 사육함

사랑채 사랑방: 부친이 춘하추 계절에 기거 또는 손님접대
　　　　부엌: 사랑방에 불 때는 곳
　　　　광: 주로 감자나 기타 곡식을 저장
저장고 아래층: 사과 저장
　　　　위층: 농기구 보관
변소　　앞쪽: 남자 대변, 소변소
　　　　뒤쪽: 여자 대변, 소변소

## ■ 1차 도면

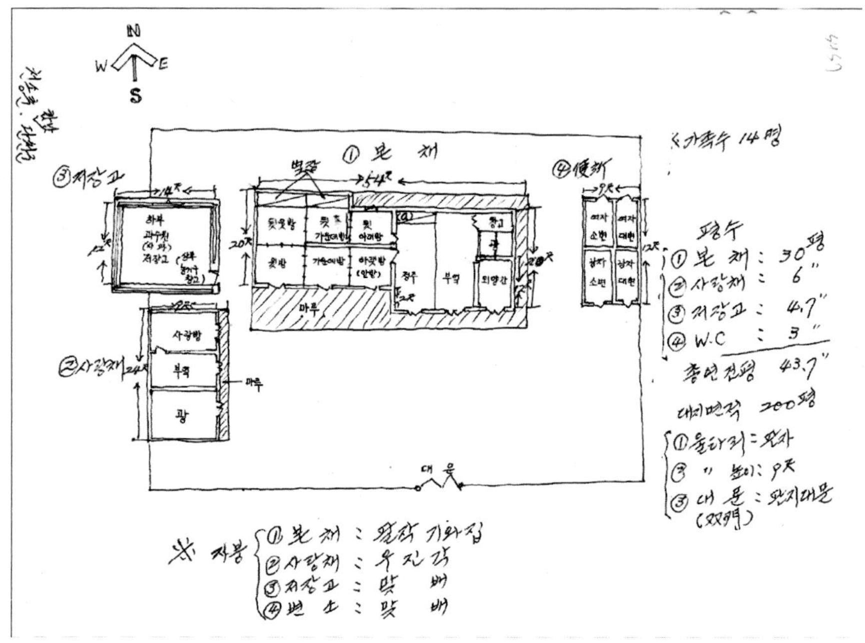

## ■ 보정 도면

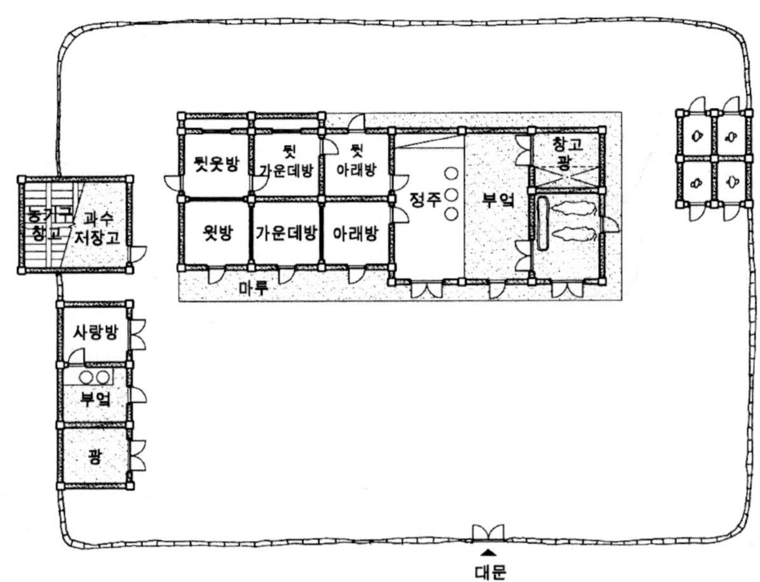

# 10. 단천군 이현일 씨 댁

성명: 이현일(1925년생)
주소: 함남 단천군 단천읍 증봉리
가족: 9인, 부모형제와 동거
경제: 농업, 상류계층, 논 18,000평, 밭 12,000평
마을: 평야지대 농촌, 80호
주택: 1920년대, ―자 양통집, 팔작기와지붕

### 중농주거와 다름없는 부농주거

이 집은 동해안에서 함경남도의 북단, 즉 함경북도와 경계지대의 농촌에 소재한다. 가정은 경작규모가 대단히 큰 부농계층이나 주택의 형식은 중농계층의 것과 큰 차이가 없다. 다만 생산공간을 수용하는 부속채가 많고, 살림채가 팔작기와지붕이라는 것이 경제력을 나타내고 있다.

이현일 씨는 최초 도면에서 간략한 배치 평면도를 그렸으나, 2차 도면에서는 각 방의 치수를 정확하게 표현했을 뿐 아니라 뒷간의 모습도 첨가해 주었다. 다만 뒷간에는 툇마루를 두지 않은 것으로 표현했다. 보통 외양간이 있는 위치에는 사랑방으로 기재했고, 방앗간이나 돼지우리 등은 부속채에 있는 것으로 그렸다.

담장은 흙돌담이며 널대문을 달았다. 뒷마당에는 과수나무를 심고 사랑방 앞에는 화단을 조성했다. 살림채는 정주간(안방)이 있는 전형적인 양통집으로서 침실도 田字形 구성이다. 다만 기둥간격이 넓어 각 공간이 크다. 앞 열의 침실 폭은 11척인 데 비해 뒤 열은 10척으로 작다. 생산공간에 사랑방을 들였고, 정주간이 구획되어 있다. 사랑방은 머슴(농군)들이 거처하였을 듯하다.

## ■ 1차 도면

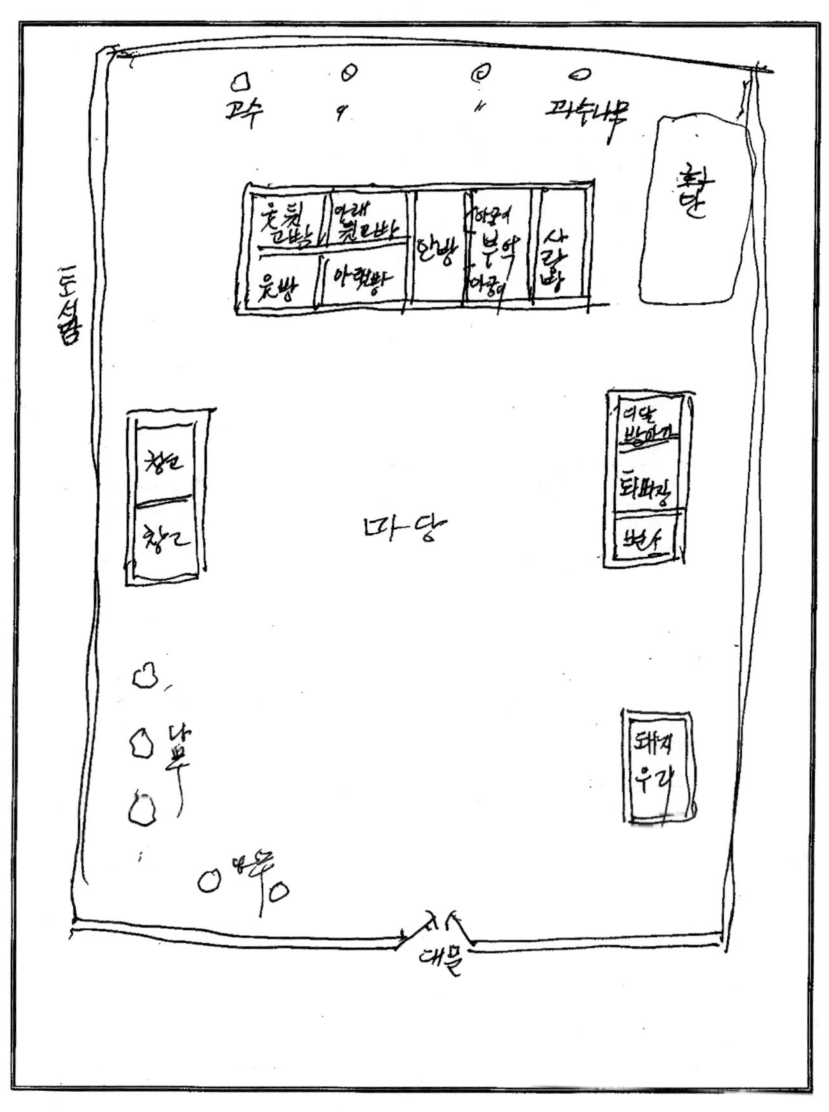

## ■ 보정 도면

과수나무
10尺
10尺
12尺
15尺
11尺
화단
10尺
11尺
4尺
웃칫고방
아래윗고방
안방
부엌
사랑방
웃방
아래방
12尺
12尺
12尺
12尺
10尺
디딜방앗간
퇴비장
12尺
창고
12尺
12尺
창고
마당
12尺
10尺
돼지우리
대문

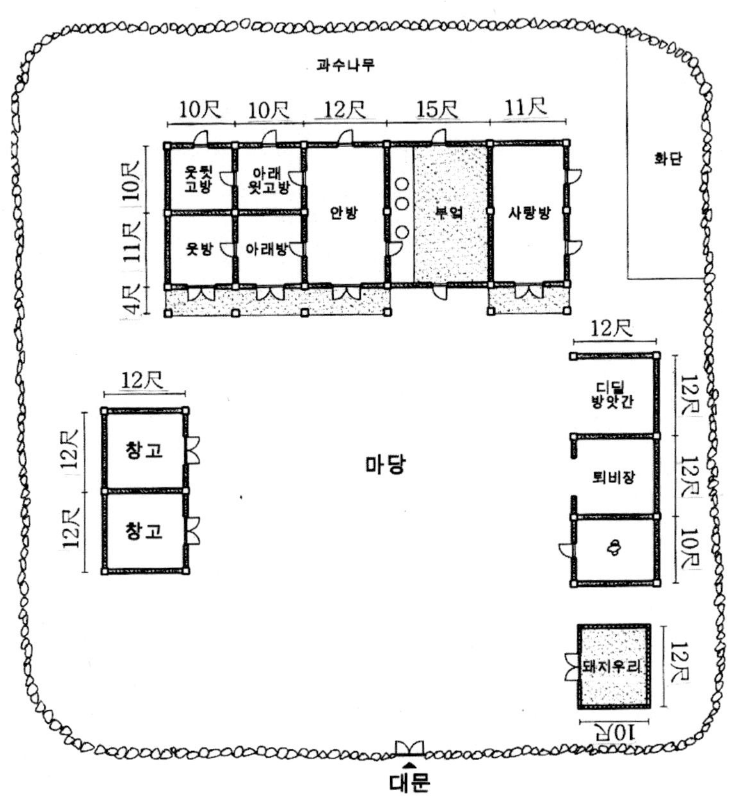

# 11. 단천군 한명용 씨 댁

성명: 한명용(1926년생)
주소: 함남 단천군 단천읍 두언태리
가족: 8인, 조모 및 부모형제와 동거
경제: 농업, 상류계층
마을: 평야지대 농촌, 150호
주택: 미상, 돌출형 양통집, 팔작기와지붕

## 정주의 유리 미서기문 구획

이 집은 함경남도 북단에 소재하는 평야지대의 비교적 큰 농촌마을에 소재한다. 한씨 가정도 농업을 경영하는 중농계층이었지만 경작규모는 기억이 나지 않는다고 했다. 집의 형식으로 보면 전형적인 중농계층임을 짐작할 수 있다.

한명용 씨의 최초 도면은 비교적 사실적으로 묘사되었다. 방위가 기재되었고, 담의 경계도 명확하며, 집 밖의 도로와 텃밭도 표현되었다. 특히 창호의 표현이 구체적이다. 외문과 쌍문의 구별이 명확하고 미닫이와 여닫이도 구분했다. 2차 회신에는 툇마루의 위치와 규모를 확인해 주었다.

담장은 높이 2미터의 판자 울타리이며 널대문을 달았다. 살림채는 동향으로 배치되었으며, 평면형식은 정주간이 있는 양통집이다. 외양간이 마당 쪽으로 돌출하였으며, 부엌과 정주간 사이는 1941년에 부엌 연기를 막기 위해서 유리 미서기문으로 구획했다고 한다. 아랫방과 윗방 사이도 미닫이문으로 구획하여 두 방을 합쳐 사용할수 있었다. 윗방과 뒷방 사이도 미닫이문으로 구획했다. '아랫방'은 웃어른, '정지'는 부모, '윗방'은 젊은 사람들이 기거한다고 기재했다.

## ■ 1차 도면

西
北
南
東
마루
뒷 방
문
안방
미다지문
문
문
창문
윗 방
미다지문
아래방
장지
문
문
뒤주
앙부억
디딜방아
쌍문
마루
쌍문
문
문
문
문
문
소와양간
마당
관자담
대문
헛간
텃밭

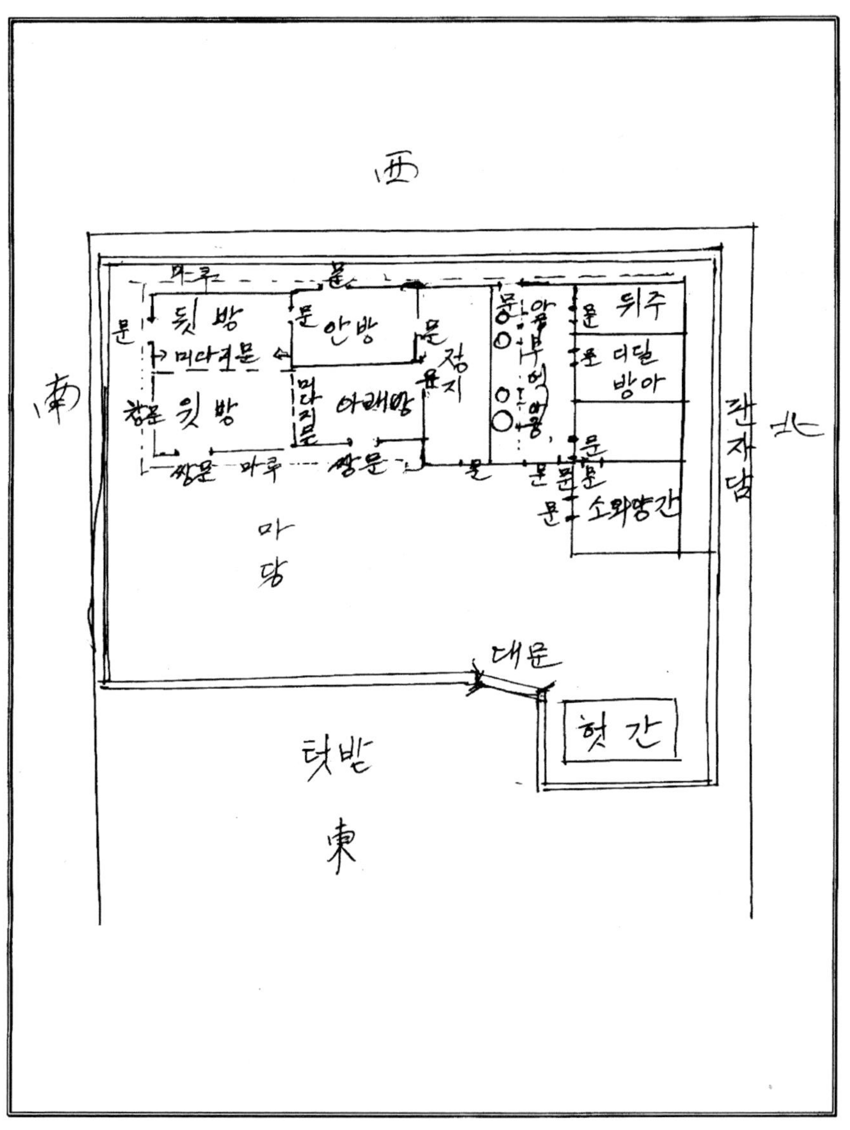

## ■ 보정 도면

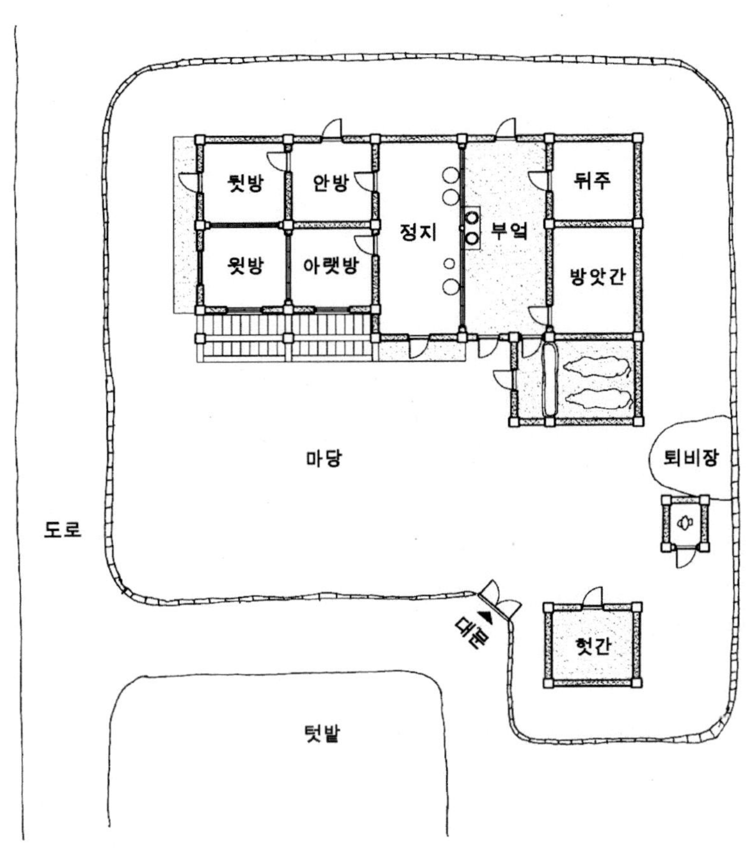

# 12. 단천군 김학구 씨 댁

성명: 김학구(1920년생)
주소: 함남 단천군 이중면 돌산리
가족: 9인, 부모형제 및 형님가족
경제: 농업, 상류계층, 논 8,000평, 밭 5,000평, 임야 3,000평
마을: 평야지대 농촌, 100호
주택: 1940년, 돌출형 양통집, 팔작기와지붕

## 외양간이 길게 돌출한 양통집

단천군의 농촌마을에 소재했던 집이다. 김씨 가정은 논 8,000평, 밭 5,000평, 임야 3,000평을 소유한 상류계층이라고 기재했다. 하지만 주택의 형식은 중농계층과 다를 바가 없다. 살림채가 팔작기와지붕이라는 점뿐이다. 주택은 일제시기인 1940년대에 건립되었다고 한다.

최초 도면은 매우 간략한 스케치이나 배치와 평면과 공간을 유추하기에는 부족하지 않았다. 담장은 수숫대로 엮은 배재울이며, 대문은 없다고 기재했다. 침실을 두 칸이나 갖춘 부속채가 있는데, 이곳은 머슴들이 사용했다고 한다. 대문채나 행랑채에 머슴방을 두는 남부지방과는 다른 점이다. 머슴들의 공간이 있다는 점에서 상류계층으로서의 계층성을 확인해 준다. 그러나 살림채는 전형적인 중규모의 양통집이다. 살림채 안의 생산공간은 고방과 방앗간, 뒤주간, 외양간 등으로 구성되었기에 외양간이 길게 돌출되었다. 부엌과 정주간 사이에는 칸막이 없이 개방되어 있고, 침실은 田字形 구성이다. 부엌바닥을 '바당'이라고 부른 점도 특기할 만하다.

## ■ 1차 도면

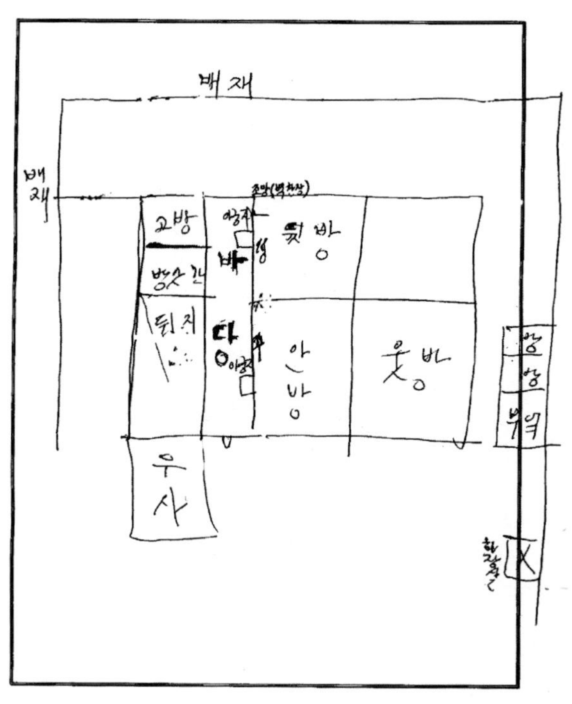

## ■ 보정 도면

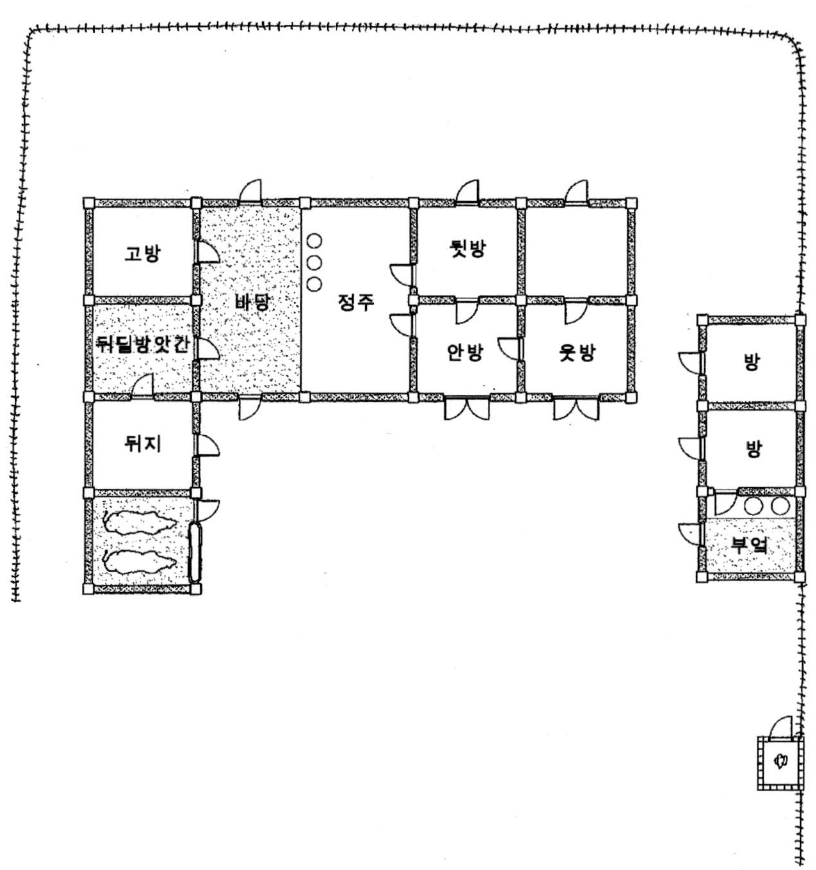

# 13. 단천군 조형진 씨 댁

성명: 조형진(1921년생)
주소: 함남 단천군 수하면 고성리
가족: 10인, 부모형제 및 기타
경제: 농업, 하류계층, 밭 1,000평
마을: 면소재지 농촌, 100호
주택: 1934년, —자형 양통집, 우진각 함석지붕

## 전형적인 소농주거

조형진 씨는 함경도 및 마을의 인문지리에 대해 상세히 기술해 주었다.

"본시 함흥 이북은 산천이 험준하고 풍속이 굳세며 사납고 토지가 차고 메마른 고장이다. 이 마을은 면소재지로서 일제 때 광산개발과 수력발전소가 건설되었다. 이에 농업과 광공업이 혼합된 소도시로 성장하였다. 남대천변에는 가을철이면 연어와 송어가 회구하여 다량으로 포획되기도 하였다."

최초 도면은 주택뿐만이 아니라 집 주변의 환경도 구체적으로 묘사되었다. 주택은 철도와 남대천을 앞에 두고 남향으로 자리하였다. 담장은 2미터 정도의 판자 울타리이며, 널대문을 달았다. 마당은 다소 비좁게 표현된 듯하다. 부속채가 전혀 없는 전형적인 집중형 주거이며, 살림채의 규모도 내단히 작은 소농계층의 주거이다. 칸수도 적지만 한 칸의 폭도 7.5척 정도라고 한다. 살림채 안의 생산공간이라고는 방앗간과 곡간이 고작이다.

부엌과 정주 사이는 유리 미서기문으로 구획하였다. 침실은 단 두 칸이나 큰방의 폭이 뒷방보다 좁다. 최초 도면에는 우진각 형태의 암석지붕을 그려 주었다. 일제시기에 함석지붕이 농촌지역까지 보급되었음을 보여 주기도 한다. 툇마루가 침실부를 둘러 있다는 점, 후면에 현관이 설치되었다는 점 등 일본주택의 영향을 받은 것으로 보인다.

■ 1차 도면

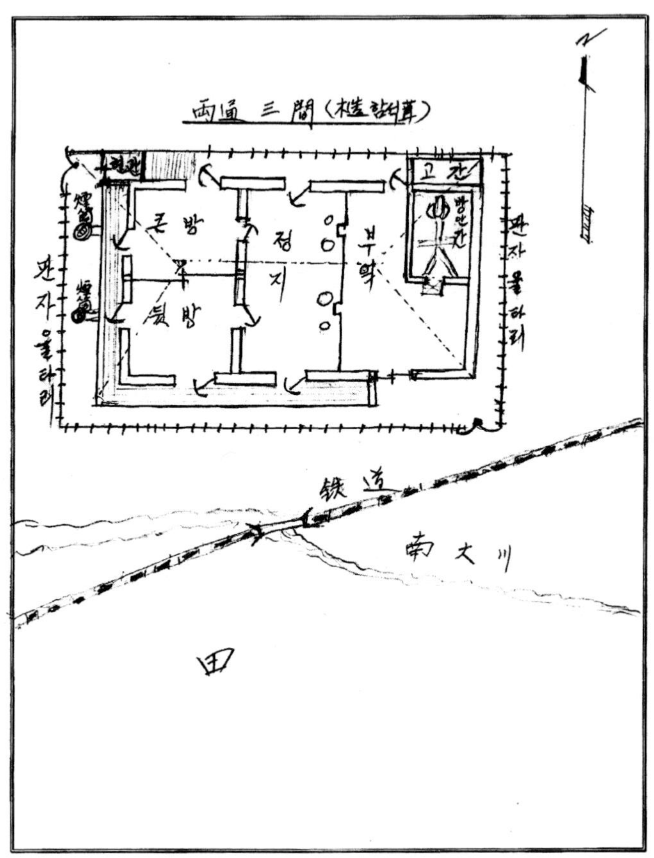

## ■ 보정 도면

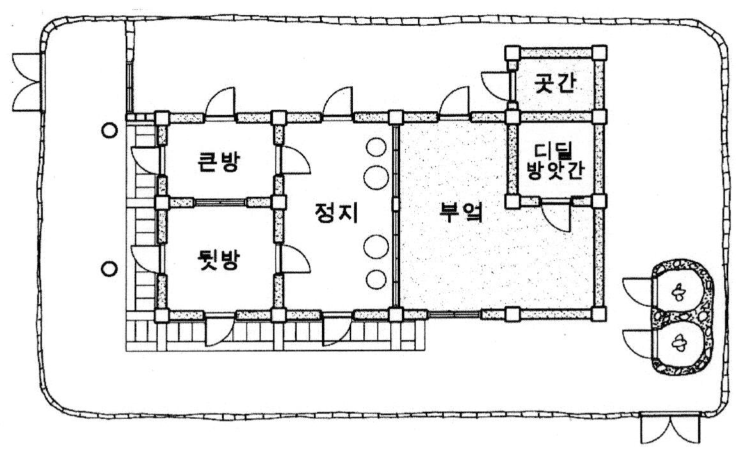

# 14. 단천군 김한천 씨 댁

성명: 김한천(1926년생)
주소: 함남 단천군 광천면 영평리
가족: 9인, 부모형제와 동거
경제: 농업, 중류계층, 논 7,000평, 밭 6,000평
마을: 평야지대 농촌, 80호
주택: 1900년, 돌출형 양통집, 팔작기와지붕

## 사육공간의 독특한 처리방식

이 집은 논농사를 짓는 농촌마을에 소재한다. 회신자는 자신의 가정을 중류계층이라고 기재하였으나 경작규모나 주택의 모습으로 볼 때 부농계층에 가깝다. 도면은 간략하지만 서술은 구체적으로 표현하였다. 별채로 둔 아래채에 생산공간의 규모도 크고, 살림채도 팔작기와지붕을 갖추었다. 담장은 앞부분에만 생나무 울타리를 두었고 나머지 부분에는 돌담을 쌓았다. 건물은 남향으로 배치하고 동쪽대문을 설치하였다.

살림채의 평면구성은 전형적인 함경도 농가이나 생산공간의 구성이 약간 특이하다. 부엌 옆으로 쌀창고와 건넌방을 들이고 방앗간과 외양간은 길게 돌출시켰다. 외양간 뒤로 돼지우리를 두어 사육공간을 집중하였다. 개방된 정주간(부엌방)이 있고 침실구성은 田字形이라는 점은 함경도의 전형이다. 그러나 침실부의 전면과 측면에 툇마루를 두른 것은 전통적인 방식이라고 보기 어렵다. 아랫방은 가장, 윗방은 가장 웃어른, 뒷방은 손자, 골방은 딸들이 기거하는 방이라고 한다. 건넌방은 사람이 기거하기도 하고 주방용구나 단지를 보관하는 장소라고 한다.

## ■ 1차 도면

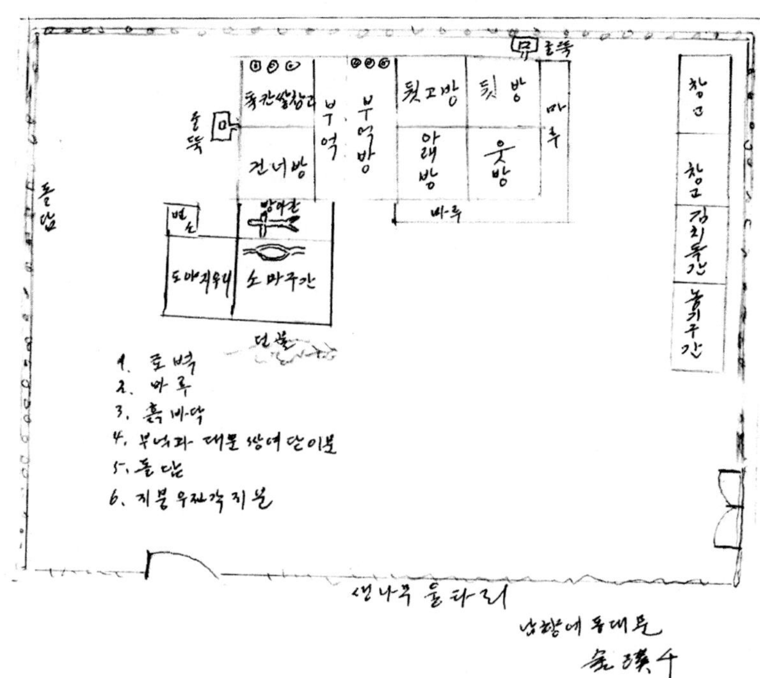

■ 보정 도면

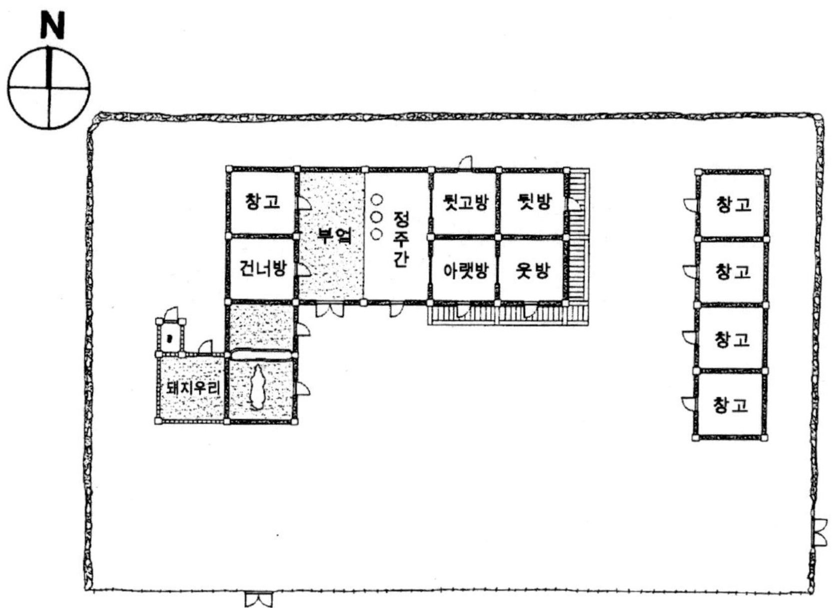

# 15. 단천군 최유경 씨 댁

성명: 최유경(1922년생)
주소: 함남 단천읍 주남리
가족: 7인, 부모형제와 동거
경제: 상업, 상류계층
마을: 도시
주택: 1931년, —자 양통집, 팔작기와지붕

## 일본주거문화의 영향

상업에 종사했던 도시가정의 집이다. 이 주택은 단천읍 시내 중심지에 소재했었다. 주택의 건립연대는 1931년도로 기재되어 있으나 주택의 형태로 볼 때 전통식 양통집을 개조한 듯하다. 본채는 팔작기와지붕을 덮었다. 별채는 상업과 관련하여 건립되었을 것으로 보이나 정확한 용도는 기재되어 있지 않다.

본채의 주거 부분은 전통적인 전자형 구성이다. 부엌 옆으로는 생소한 공간이 표현되어 있다. 전통식 농가에서는 부엌 옆으로 외양간이나 방앗간 등 생산공간이 자리하지만 이 집에서는 이곳에 12조 다다미방을 만들었다. 음식점으로 사용된 것이 아닌지 추측된다. 다다미방 뒤편에는 목욕탕까지 두어 일본건축의 영향을 알 수 있다. 또한 툇마루에도 모두 미서기 유리문을 설치했다고 기재하였다. 툇마루에 유리 창호를 설치하는 방식이 이미 이 시기에 일반화되어 있었다는 사실을 입증해 준다. 다만 침실의 田字形 구성이 전통양식의 흔적처럼 남아 있다.

## ■ 1차 도면

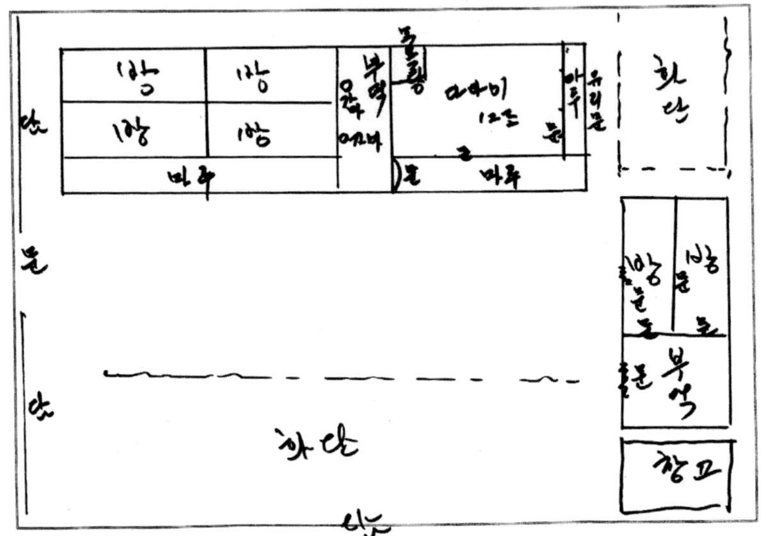

■ 보정 도면

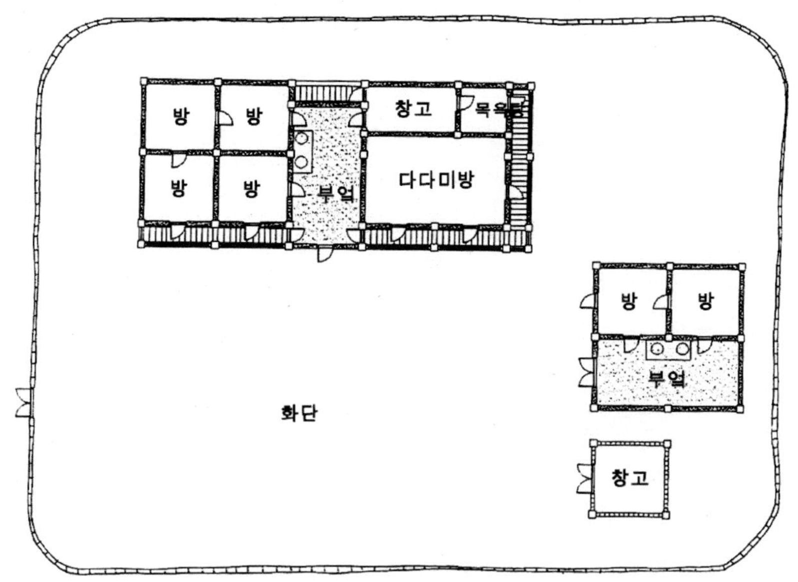

# 16. 이원군 황창을 씨 댁

성명: 황창을(1927년생)
주소: 함남 이원군 서면 봉현리
가족: 6인, 부모 및 처, 자녀와 동거
경제: 농업, 하류계층, 논 600평, 밭 8,000평
마을: 해안가 평야지대의 농촌, 약 70호
주택: 1890년대, ─자 양통집, 초가지붕

## 전형적인 함경도형 양통집

이 주택의 건립연대는 약 100년 전으로 기억하고 있다. 1차 도면은 앞뒤가 거꾸로 작성되었음에도 불구하고 주거형식을 명확히 알아볼 수 있는 도면이었다. 전면 5칸의 함경도형 양통집이다. 주거의 형식상 일제시기 이전에 지어진 것으로 보인다.

담장은 1.5~1.7미터 높이의 수숫대로 만든 울타리로 둘렀으며, 대문은 없다. 앞마당에는 수렛간, 뒷마당에는 돼지우리와 변소 정도의 부속채를 두었다. 앞마당은 비워 놓았고, 뒷마당에는 채마밭을 두었다. 살림채 안에 외양간과 마구를 두었고, 개방형 정주간이 있으며, 침실이 田字形 구성을 갖는 등 전형적인 함경도 옛집이다. '정지방'과 '정지'를 구분한 것이 눈여겨볼 만하다.

이 집은 목구조 흙벽의 초가집이다. 회신자의 기록으로는 "수숫대를 엮어서 틀을 만들고 흙을 발라 만들었다."고 적었다. 또한 가난한 사람들은 흙벽돌을 만들어 벽을 쌓는다고 기록하였다. 자신의 계층을 하류계층으로 기재하였으나 경작규모로 보나, 본인의 설명으로 볼 때 중류계층의 집이라고 볼 수 있다.

## ■ 1차 도면

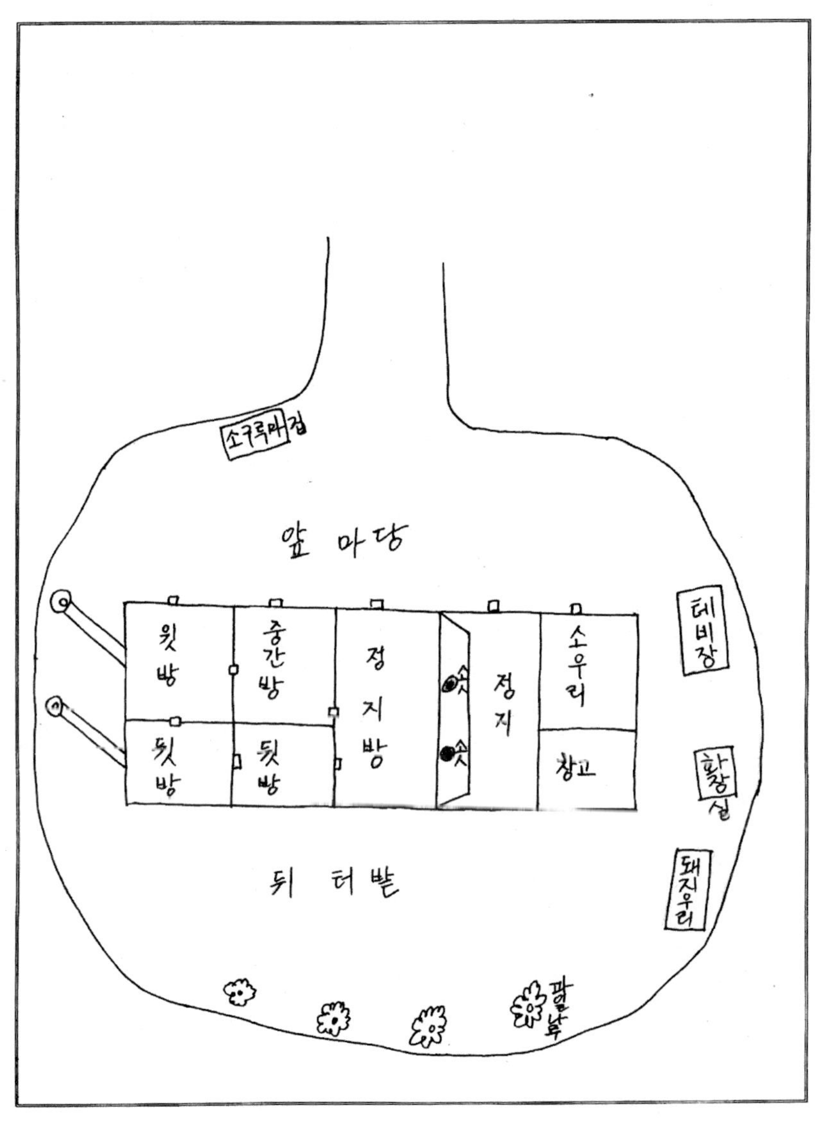

## ■ 보정 도면

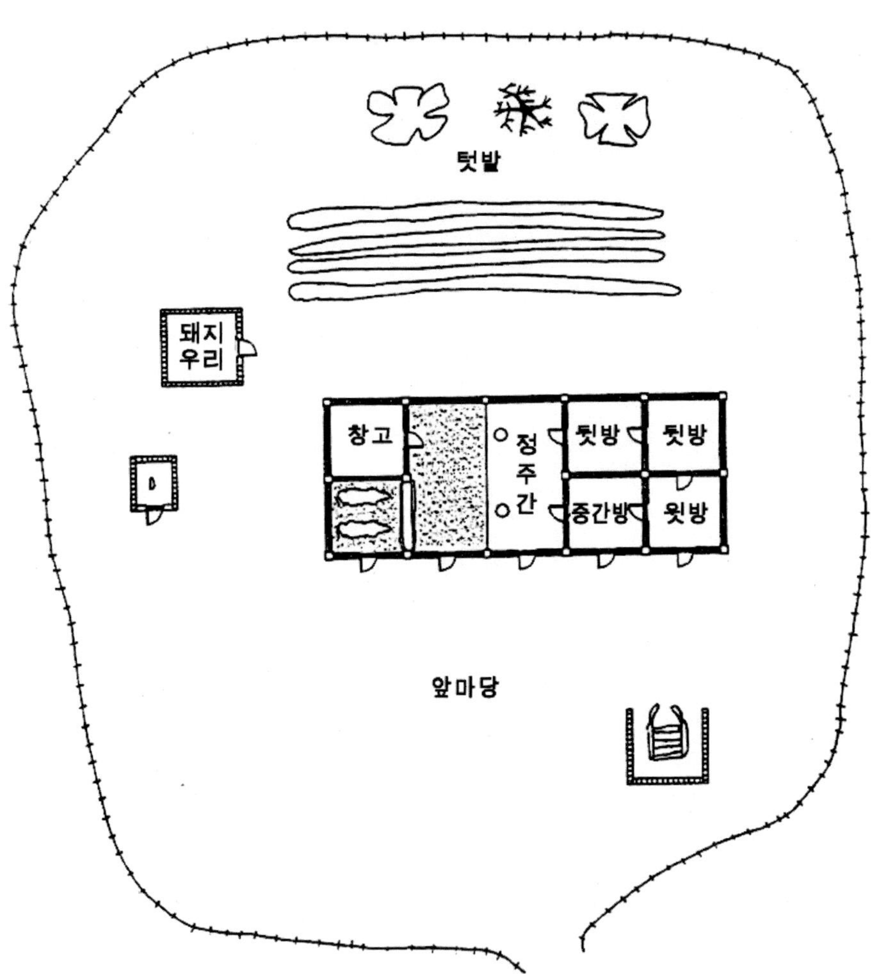

# I7. 이원군 김희환 씨 댁

성명: 김희환(1929년생)
주소: 함남 이원군 차호읍 포진리
가족: 4인, 부모형제
경제: 농업, 하류계층
마을: 해안가 어촌, 300호
주택: 1880년, ㅡ자형양통집, 팔작기와지붕

## 함경남도의 어촌주거

이 집은 동해안 바닷가에 면한 어촌에 소재한다. 김희환 씨는 두 건의 사례를 보내 주었는데, 하나는 자신의 큰집으로서 농가주택이며, 하나는 자신의 가족이 살던 집으로서 어촌주거이다. 두 주택의 차이는 오로지 부엌 옆에 달린 생산공간의 차이만 있다. 큰집에서는 농사를 짓기 때문에 외양간이 있다고 특별히 기록하였다. 부엌과 정주 사이는 일본식 미서기문인 '후시마'를 달았는데, 이러한 칸막이가 없는 집이 대부분이라고 기록하였다.

회신자는 담장과 대문, 천정 등에 대해 대단히 상세하게 설명해 주었다.

"바람이 심한 어촌에서는 돌과 흙으로 흙돌 담장을 쌓고, 기타 지방에서는 수수깡이나 싸리나무 울타리를 만든다. 싸리나무 울타리는 주로 산간지방에 많다. 대문도 도회지에서는 나무 널로 널대문을 만드나 농촌에서는 수수깡이나 싸리나무로 대문을 만든다. 정주와 부엌은 반자를 하지 않고 노출된 천정이다. 방에는 모두 천정반자를 만든다. 북방지방은 추운 지방이라 천정이 이중으로 되어 있다. 반자는 나무를 엮어 흙을 깔고 그 밑에 종이를 바른다. 간혹 종이를 바르지 않고 흙으로 마감하는 집도 있다."

김 씨는 창호와 벽체에 대해서도 도면과 함께 상술해 주었다. 마당에 면한 침실의 창호는 겹문으로 구성되었는데, 바깥문은 두 짝 세살 여닫이문이고 안쪽은 두 짝 아자살 미닫이문이다. 정주에는 외짝 여닫이 세살문을 달았고, 부엌문은 외짝으로 궁창이 달린 여닫이를 달았다. 외양간문은 외짝 혹은 두 짝 널문이라고 설명한다.

## ■ 1차 도면

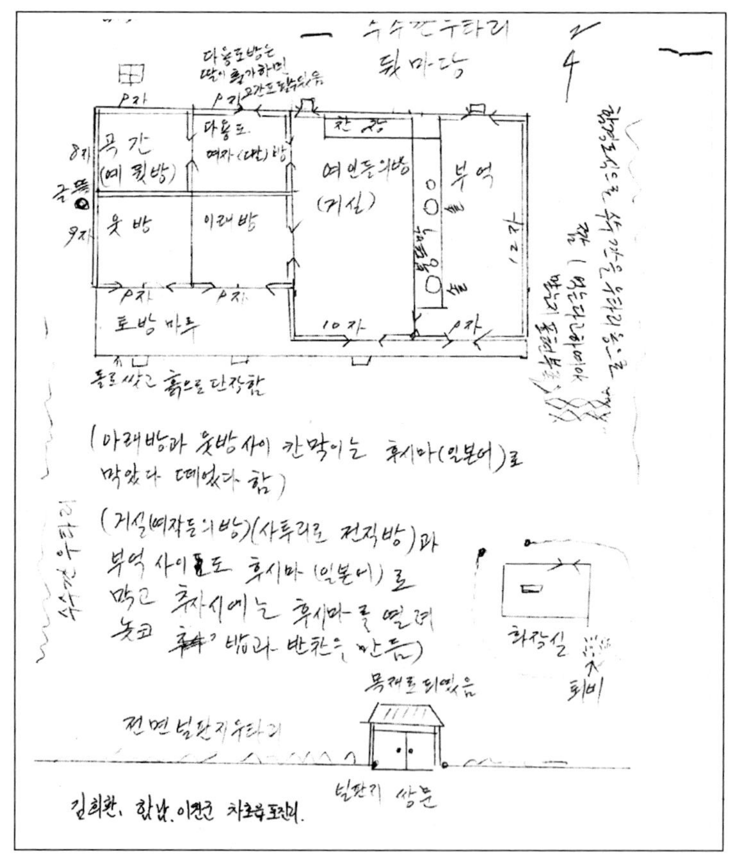

## ■ 보정 도면

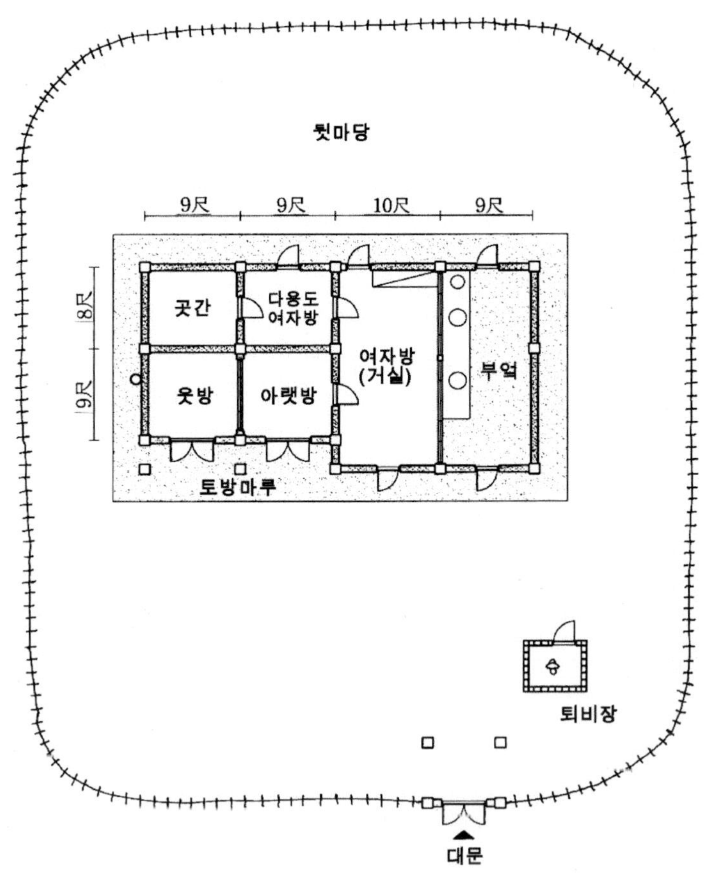

# 18. 이원군 강원하 씨 댁

성명: 강원하(1922년생)
주소: 함남 이원군 이원면 운평리
가족: 8인, 부모형제
경제: 농업, 하류계층
마을: 해안가 농촌, 150호, 논 1,200평, 밭 3,000평
주택: 1870년, ―자형 양통집, 팔작기와지붕

## 사당을 갖춘 양통집

이 집은 이원면 부근의 농촌마을에 소재했던 것 같다. 회신자는 하류계층으로 기재했으나 평면구성이 중농계층의 주거와 차이가 없고, 팔작기와집인 점, 사당을 갖추고 있다는 점으로 볼 때 이 집이 건립되었을 당시에는 중농 이상의 계층이었을 것으로 보인다.

강원하 씨의 기억은 너무도 선명하여 집 주변의 이웃집의 위치와 도로, 우물까지 표현했다. 집에 있는 과실나무의 종류까지 정확히 기재하였다. 담장은 싸리 울타리이며 사립문을 달았다. 방앗간이 별채로 분리되어 있다. 개방된 정주와 田字形 침실구성을 갖추고 있으나 할머니가 거처하던 윗방의 뒷부분에는 사당이 구성되어 있다. 안방은 바깥주인, 정주간은 안주인의 방이라고 기재한 것이 흥미롭다.

강원하 씨는 주택의 척도를 정확히 기재해 주었다. 일반적으로 전면 한 칸은 9척이나 정주간은 7척, 부엌은 5척으로 하여 폭을 좁혔다. 측면 한 칸도 9척이 기본이나 뒤 열 부분은 6척으로 좁은 것을 알 수 있다. 방의 용도가 다를 뿐만 아니라 구조재료의 경제성을 고려한 것이다.

## ■ 1차 도면

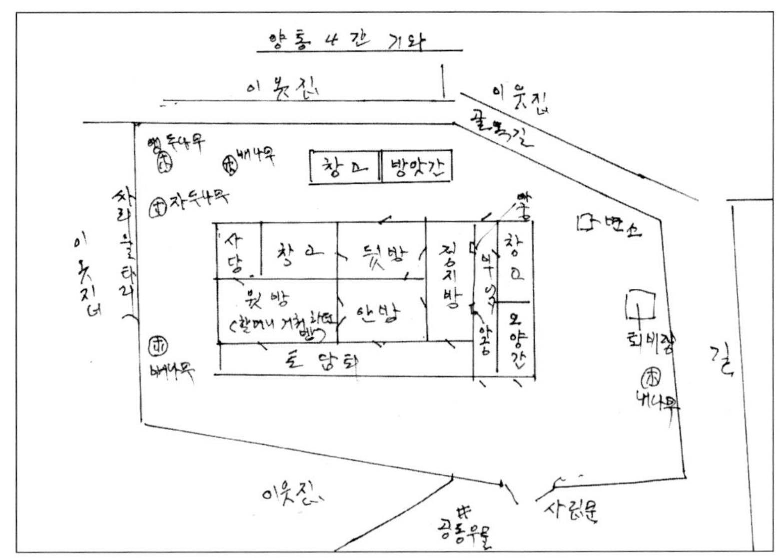

## ■ 보정 도면

이웃집
이웃집
창고
방앗간
9尺
9尺
7尺
5尺
9尺
6尺
사당
창고
뒷방
정지방
부엌
윗방
안방
3尺4尺9尺
퇴비장
대문
이웃집

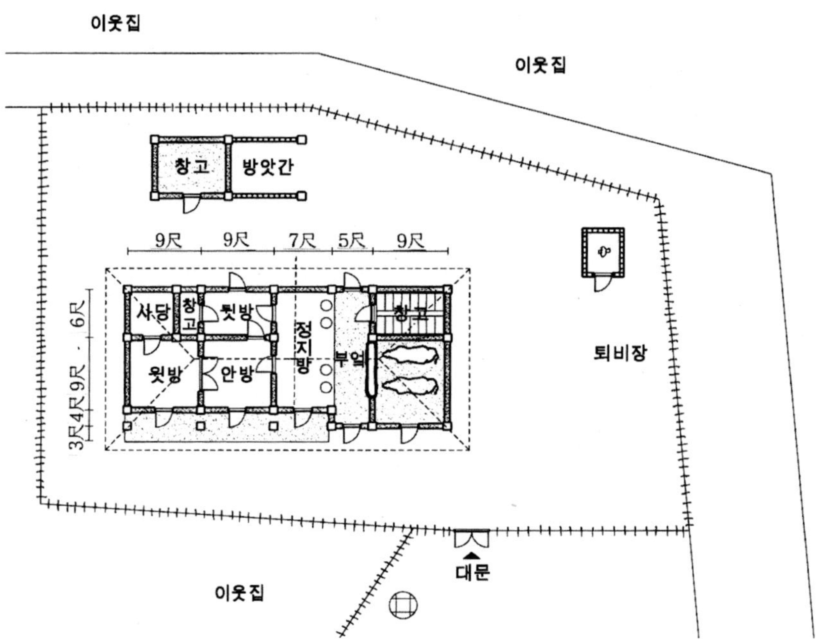

# 19. 북청군 안영욱 씨 댁

성명: 안영욱(1928년생)
주소: 함남 북청군 신창읍 토성리
가족: 7인, 조부 및 부모형제
경제: 농업, 중류계층
마을: 읍 소재지 농촌
주택: 1946년, 돌출형 양통집, 팔작기와지붕

## 생산공간의 독립

이 집은 읍 소재지에 소재하였는데, 당시 신창읍 내에는 토성이 있었던 것으로 보인다. 회신자는 방형의 토성을 그렸고, 이곳을 동촌이라고 기입하였다. 성 밖 서쪽은 서촌이라고 기재하였다. 이 토성이 언제 건설된 것인지는 알 수 없으나 해방 이전까지 읍의 중심을 이루었던 것으로 추측된다. 방형의 성곽과 격자형 도로패턴으로 보아 고구려시대의 것이 아닌가 짐작된다. 이 집은 토성 안에 소재하고 있다.

주택은 전형적인 중농주거이다. 담장은 1.8미터 높이의 판자 울타리이며 널대문을 달았다. 방앗간은 부속채로 분리하였으나, 외양간은 살림채 안에 있다. 살림채는 남향으로 배치되었다. 부엌이 넓은데도 불구하고 외양간이 돌출한 것을 보면 외양간의 돌출은 생산공간의 규모와 큰 관계가 없는 듯하다. 정주간은 미서기문으로 구획되었으나 침실은 田字形 배열을 고수하고 있다. 이 집도 역시 앞 열의 침실 폭에 비해 뒤 열의 침실 폭이 좁게 수정해 주었다.

■ 1차 도면

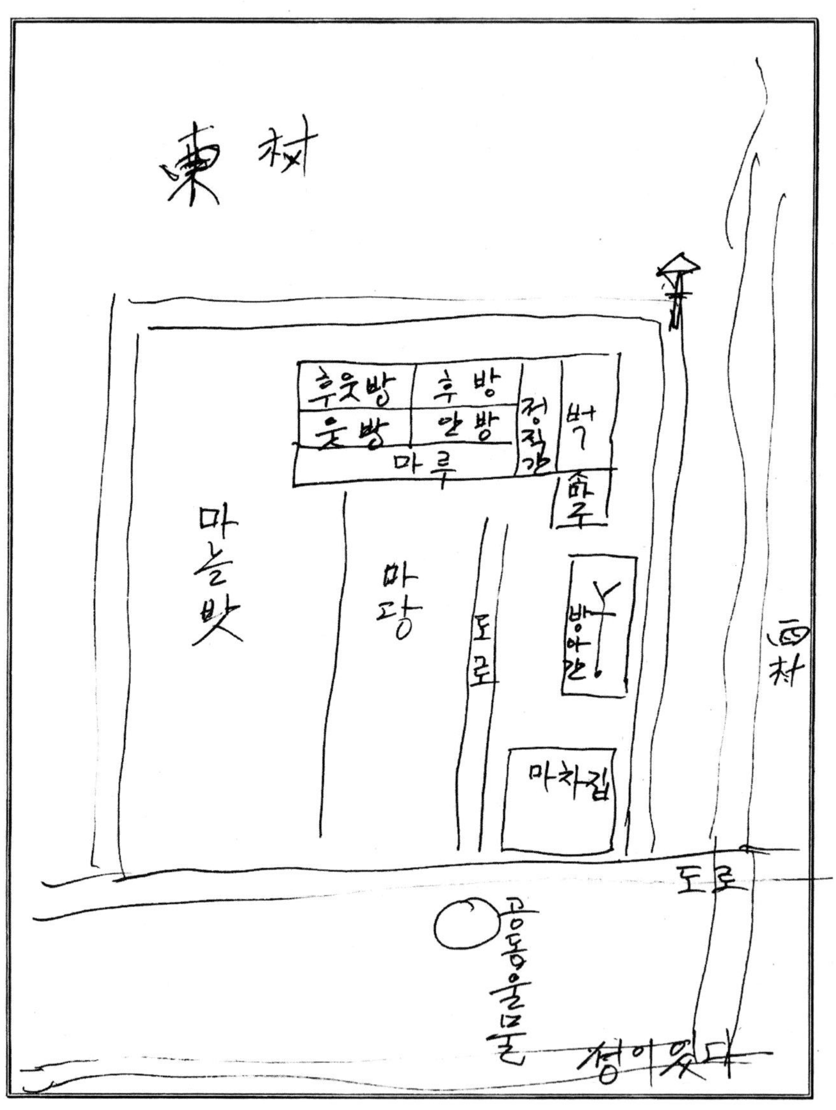

## ■ 보정 도면

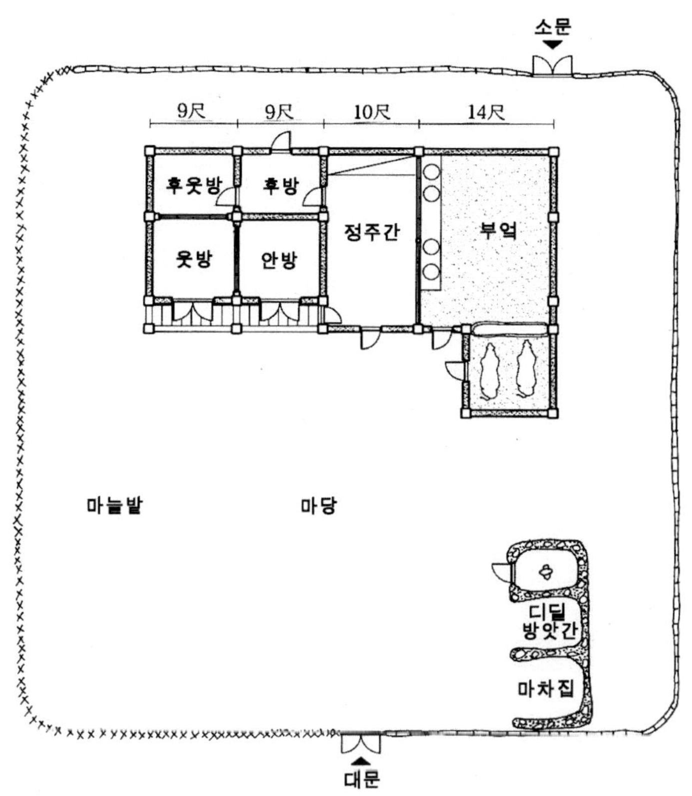

# 20. 신흥군 박근석 씨 댁

성명: 박근석(1928년생)
주소: 함남 신흥군 신흥면 신흥리
가족: 8인, 조부모 및 부모형제, 고모
경제: 농업, 하류계층, 밭 800평
마을: 평야지대 농촌, 32호
주택: 1936년, —자형 양통집, 초가지붕

## 외양간 위치의 변형

이 집은 함흥에서 북쪽으로 멀지 않은 평야지대 농촌에 소재했던 집이다. 회신자는 하류계층이라고 기재했으나 주택의 형식은 중농주거에 가깝다. 담장은 버들가지로 엮은 배재울이며, 부속채라는 2칸짜리 헛간이 고작이다. 살림채는 남향으로 배치되었고, 살림채 안에 외양간과 방앗간을 수용하였다. 다만 외양간이 방앗간 옆으로 배치되고 있는 점이 독특하다. 개방된 정주를 두었고 田字形 침실구성은 전형적인 모습이다.

살림채의 정주는 부모님이 사용하고, 아랫방은 형제들, 윗방은 조부모, 고방은 고모가 기거했다고 한다. '묵방'은 손님용으로 사용된 방이다. 방의 치수는 상당히 넓은 편이나 회신자의 기억이 얼마나 정확한지는 신뢰하기 어렵다. 다만 뒤 열의 방 폭이 앞 열보다 좁은 것은 분명하다.

박근석 씨는 2차 회신에서 벽체의 구조만이 아니라, 각 방의 창호에 대해 전문가적인 솜씨로 정교하게 그려 주었다. 심지어 문고리나 돌쩌귀 같은 철물의 모양도 작도하였다. 맹장지 문에 대해서는 그 내부구조까지 작도한 것을 보면 건축 일에 경험이 있었던 것으로 추정된다. 함경도 옛집의 창호를 고증할 수 있는 귀중한 사례이다.

## ■ 1차 도면

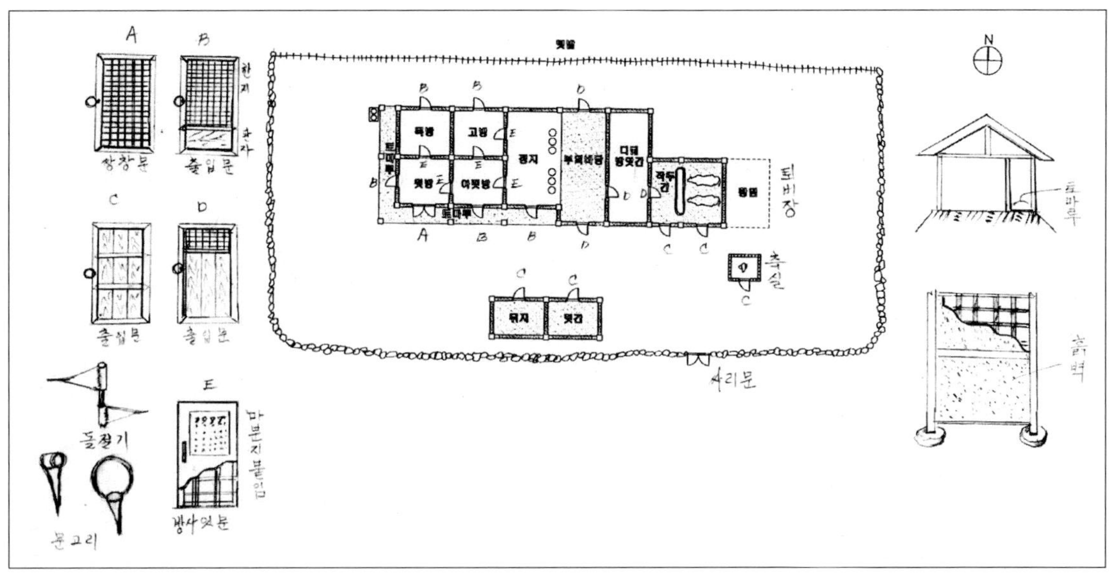

## ■ 보정 도면

텃밭
13尺
10尺
12尺
7尺
7尺
6尺
7尺
8尺
11尺
득방
고방
윗방
아랫방
정지
부엌
마당
디딜
방앗간
작두
간
황덤
(퇴비장)
뒤지
헛간
대문

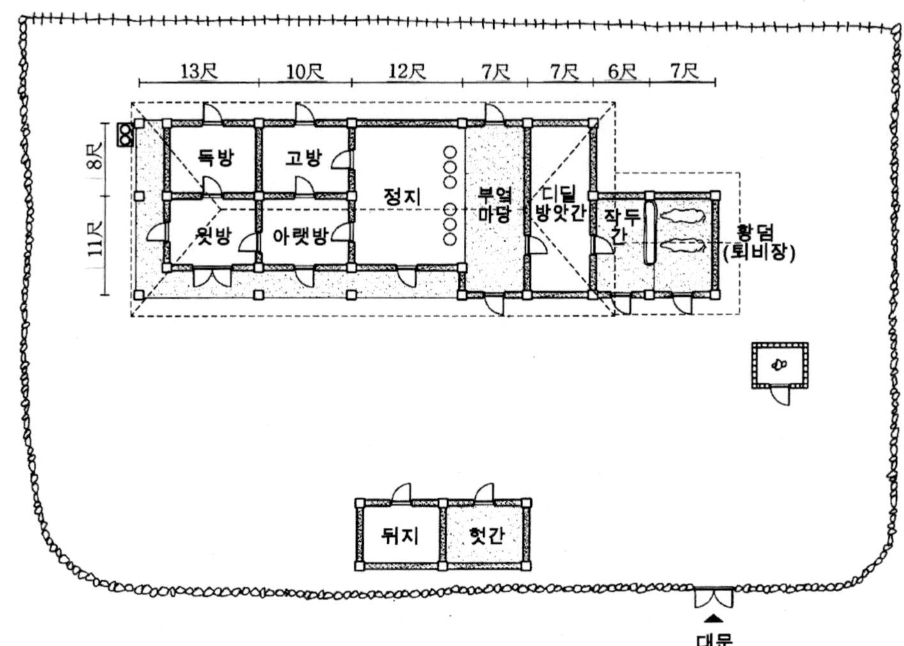

# 21. 신흥군 이봉호 씨 댁

성명: 이봉호(1929년생)
주소: 함남 신흥군 서고천면 풍향리
가족: 3인, 부모
경제: 농업, 중류계층, 논 5,000평, 밭 6,000평, 과수원 4,000평
마을: 평야지대 농촌, 70호
주택: 1940년, —자형 양통집, 팔작기와지붕

## 다양한 부속건물

이 집이 소재한 풍향리 마을은 부전강 발전소 약 5킬로미터 거리에 있었다. 풍향리에서 약 50호 정도는 초가집이었고, 10호 정도가 반기와집, 완전기와집은 2~3호에 불과했다고 한다. 반기와집이란 지붕의 중간 3~4미터 정도가 짚으로 덮인 집이라고 설명한다. 따라서 이 집은 동네에서 부유한 편에 속하는 집이라고 할 수 있다. 담장은 1.5미터 높이의 흙돌담이며, 대문간이 있고 널대문을 달았다.

4칸 규모의 대문채를 비롯하여 2칸짜리 창고 등 큰 규모의 부속채를 갖춘 것도 경제력을 반영한다. 창고와 잿간 사이에는 사과를 저장하는 움이 있었다고 한다. 살림채는 남향으로 배치되었고, 부엌 안에는 수도펌프를 설치했다. 이 수도펌프는 1943년도에 설치했는데 동네에서 유일한 것이었다고 한다. 외양간은 마당으로 돌출한 형태로서 부엌과 분리되었다. 정주는 구획되지 않았고 침실은 田字形 구성으로서 전형적인 양통집이다. 수도펌프의 설치, 툇마루 부분에 콘크리트 사용 등은 일제시대에 생긴 시대적 변화를 반영한다.

■ 1차 도면

울타리
대지 약 100평  건평 약 40평
(창고포함)
김치저장
변소
소여물저장
소죽통
외양깐
수수깡울타리
퇴비장
방아깐
목제대문
pump(수도)
솥
솥
찬잔
정지
콘크리트마루문
뒤고방
가운데방
방
윗방
마당
창고농기구
돌굴울타리
재저장
변소
닭장
사과움
널문
급식창고(위주)
다용도창고

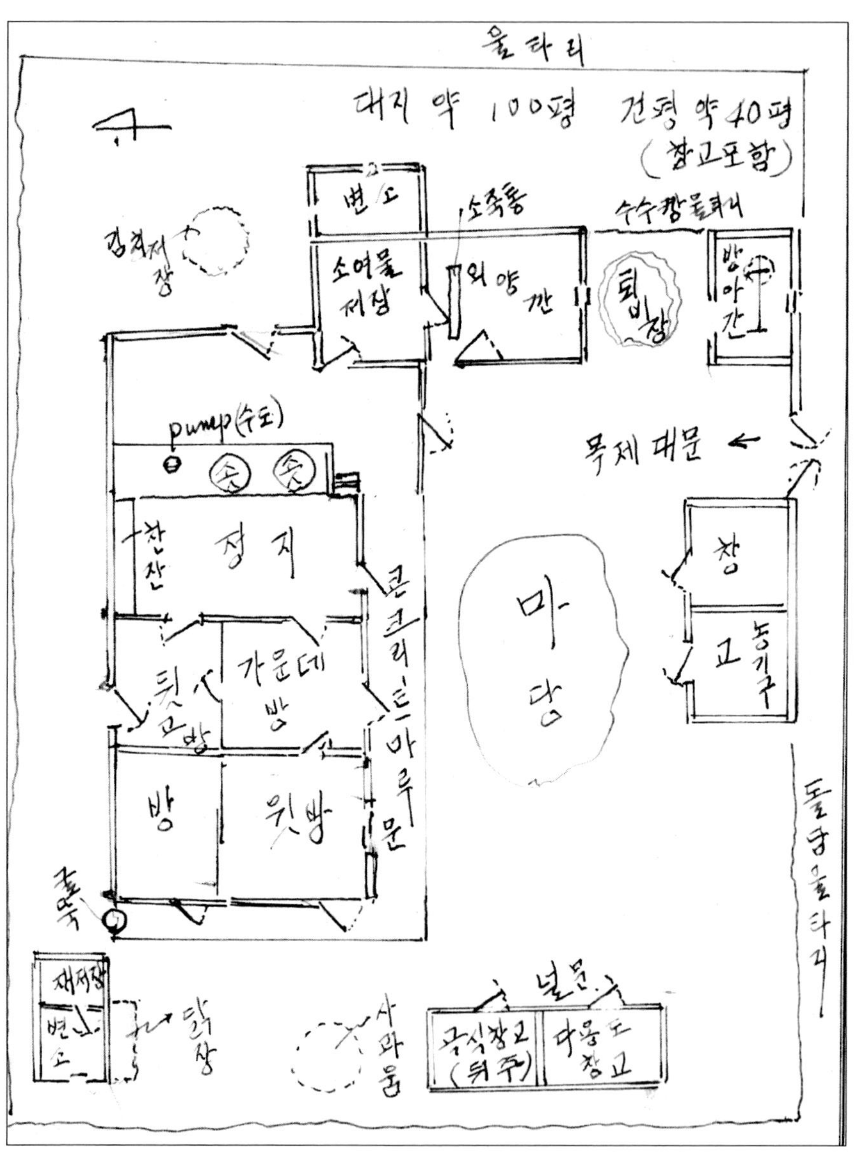

■ 2차 도면

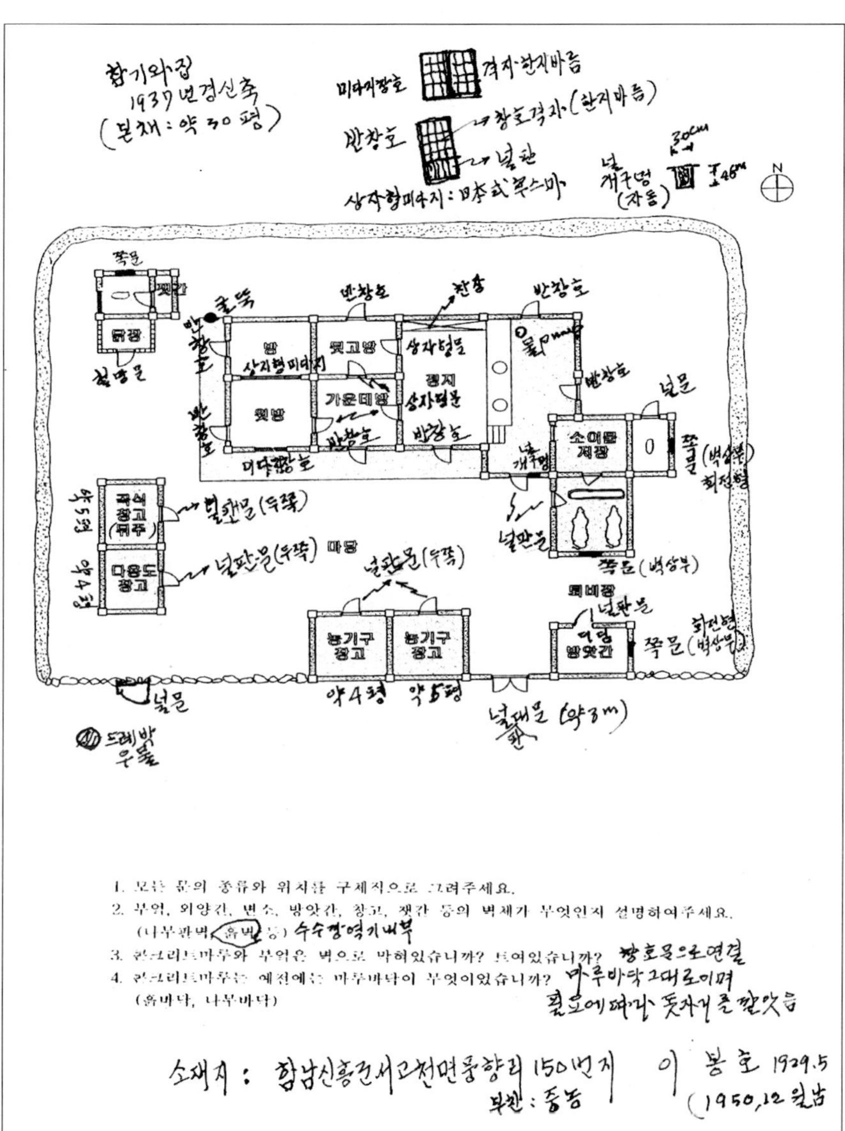

## ■ 보정 도면

15尺
8尺
잿간
닭장
10尺
9尺
9尺
10尺
8尺
10尺
3尺
방
뒷고방
정지
펌프
부엌
윗방
가운데방
9尺
소여물
저장
곡식
창고
(뒤주)
11尺
10尺
다용도
창고
마당
퇴비장
8尺
10尺
농기구
창고
농기구
창고
디딜
방앗간
8尺
대문
9尺
9尺
10尺
11尺

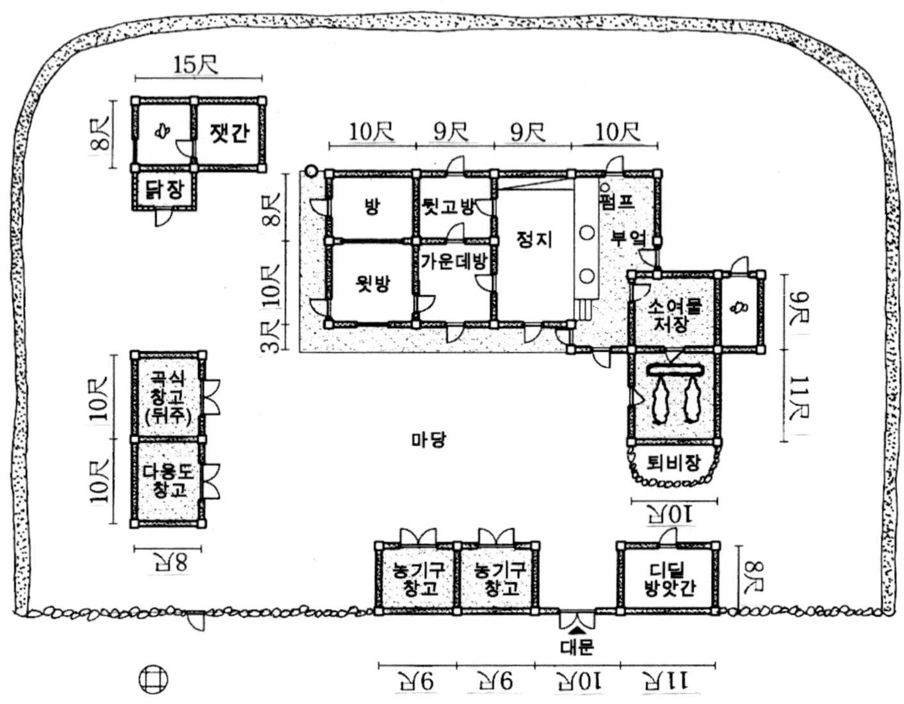

# 22. 북청군 주수요 씨 댁

성명: 주수요(1933년생)
주소: 함남 북청군 속후면 용원리
가족: 7인, 부모형제와 동거
경제: 농업, 상류계층, 논 6,000평, 밭 9,000평, 과수원 3만 평
마을: 평야지대 농촌, 약 60호

## 북청의 대농주거

회신자는 부친이 일제시기에 면장을 지낸 부농계층 출신이다. 다행히 회신자와 면담할 기회가 있었기 때문에 상세한 내용을 얻을 수 있었다. 북청은 동해바다에서 15리 정도 거리에 있었고 마을은 남대천을 끼고 있는 평야지대라고 한다. 북청에서도 남대천 하구는 주로 논농사를 지어 부촌이었다. 당시에도 머슴(농사일꾼)을 둔 집이 많았는데, 머슴방을 살림채에 두는 이유는 살림채에만 구들이 있었기 때문이라고 한다.

이 집은 70년 전, 즉 일제시기에 건립된 기와집으로서 부농주거의 모습을 잘 보여 준다. 우선 10칸이 넘는 거대한 부속채가 그 계층적 성격을 보여 준다. 이 부속채는 대문채를 겸한 담장의 기능을 가지고 있다. 집 전체를 두르는 담장이 없는데, 회신자는 "함남지역에는 돌담이나 토담이 없고, 수숫대나 싸리 울타리(배재울) 정도가 고작"이라고 한다. 대문채에는 외양간과 방앗간을 비롯한 각종 창고 등 생산과 관련한 공간이 10여 칸 정도 만들어져 있다. 대문채와는 별도로 3칸 규모의 창고를 2층으로 지었으며 밑에는 사과, 배 등 과일을 저장하였고, 2층 다락에는 나락을 보관하였다.

마당에는 우물이 있는데, 동네에서 유일하게 집안에 우물이 있는 집이라고 한다. 살림채는 전면이 6칸에 이르는 거대한 양통집이지만 평면구성은 전형적

인 중농주거와 큰 차이가 없다. 부엌 옆으로 생산공간이 사랑방으로 대치되어 있을 뿐이다. 이 사랑방은 용정리에 선생이 부임하면 빌려 주었다고 한다. 정주간은 레일을 달은 미서기문으로 부엌과 구획하였는데, 도둑이 들면 소리가 나기 때문이라고 설명했다. 그러나 정주간을 막은 집보다는 안 막은 집이 더 많았으며, 레일과 미서기문도 일제시기에 만들어졌다고 기억한다.

그는 주택의 지역성이나 계층성에 대해서도 상세히 설명해 주었다.

"함남지역의 주택들은 1칸의 규모가 대략 9척이며, 뒷칸은 그보다 작다. 함남에서는 살림채의 외양간이 마당으로 돌출한 것이 일반적이다. 도시에는 일본식 주택이 있었고, 농촌지역에서는 전통식 주택이 지어졌다. 후치령 밑에는 벚나무 껍질로 만든 굴피지붕이 있었다. 평야지역에는 천장에 반자를 두는데 산골에는 반자도 없다. 이 반자는 나무틀을 만들고 흙을 덮어 만든 반자이다."

계층성에 대한 그의 설명은 다음과 같다.

"잘사는 집은 부속채가 크고, 안마당이 넓다. 안마당은 생산물의 건조, 갈무리, 수장이 이루어지기 때문에 생산물의 양과 비례한다. 본인의 집 마당도 가을이면 낟가리로 가득했다. 부잣집은 창호를 겹문으로 하여 밖여닫이, 안 미닫이를 둔다."

■ 1차 도면

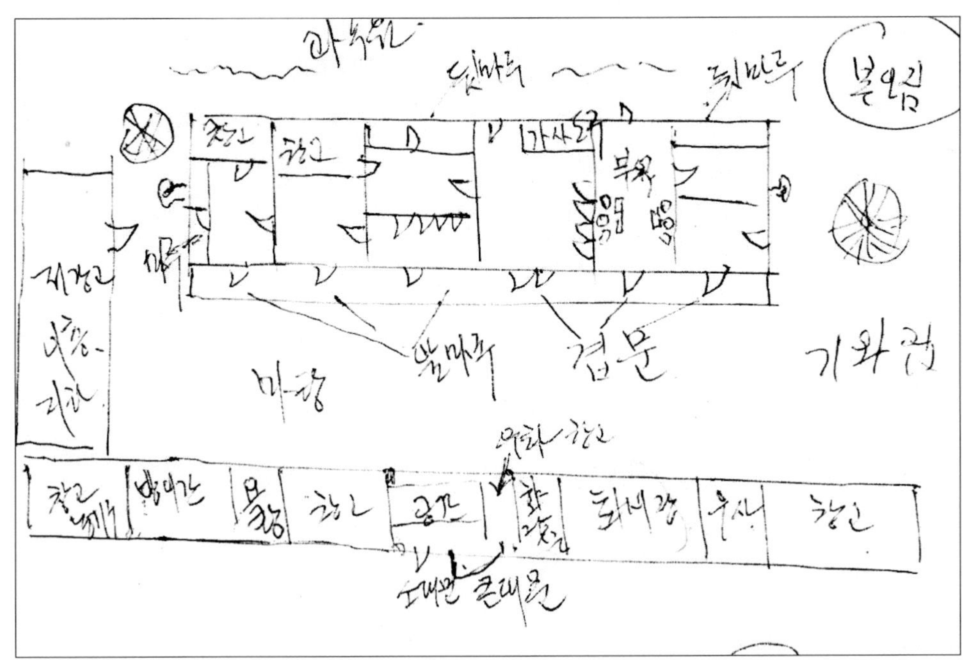

## ■ 보정 도면

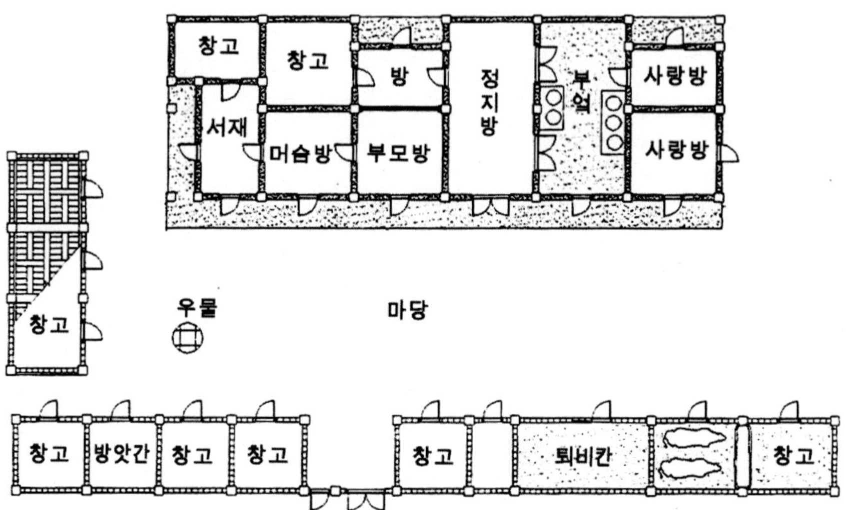

# 23. 북청군 고재명 씨 댁

성명: 고재명(1931년생)
주소: 함남 북청군 후창면
가족: 9인, 부모형제 및 형님가족
경제: 농업, 상류계층
마을: 산악지대 농촌, 25호, 논 1,000평, 밭 2,000평
주택: 1860년대, 돌출형 양통집, 팔작기와지붕

## 이중영역의 상류주거

회신자는 중류계층이라고 기재했으나, 그의 집안은 조부 때 경상북도 관찰부 주사로 재직할 정도로 상류계층이었으며, 이 가옥을 건립할 당시만 해도 소작인 20명, 소 3마리를 둔 대지주였다. 마을에서도 가장 많은 전답을 소유한 부자로 알려져 왔다고 한다. 주택 또한 외담과 내담으로 이중영역이 구성된 상류주거의 모습을 보여 준다.

바깥 담장은 2미터 정도 높이의 싸리 울타리와 판자 울타리로 허술하나, 안쪽 담장은 흙돌담으로 견고하다. 바깥마당이 넓고 방앗간과 돼지우리 등이 있는 것으로 보아 소작인(머슴)들의 생산영역이었을 것으로 보인다. 주인가족의 거주영역은 안쪽담장 안에 분리되어 있다. 거주영역으로 출입하는 대문은 대문간과 기와지붕을 갖춘 널대문이며, 거주영역 안에는 침실을 갖춘 사랑채까지 별채로 만들어 상류주거로서의 틀을 갖추었다.

살림채는 평면형식은 일반적인 중농계층의 것과 큰 차이가 없다. 개방된 정주간(정지)이 있고 외양간이 돌출된 양통집이다. 다만 침실구성이 독특하다. 뒤 열과 앞 열을 구분하는 방식은 동일하나 뒤 열은 칸막이 없는 통간으로 곳간 3칸을 만들었다. 이곳은 쌀, 보리, 수수, 조, 기장 등의 곡식을 단지 안에

두어 보관하는 곡식창고였다. 정주에는 3개의 솥을 설치했는데, 하나는 소죽 끓이는 솥이며 취사용 큰 솥과 작은 솥 2개를 두었다. 부엌과 정주의 바닥 높이 차이는 50센티 정도이다. 가마솥 위 천정에는 둥근 대들보가 걸려 있었는데 길이는 18척이며 직경은 약 2.5척이다.

주인방과 중간방 사이도 병풍식 칸막이를 사용하여 확장사용이 가능하도록 하였다. 아랫방은 할머니가, 윗방은 할아버지가 사용하였으며, 중간방은 본래 서생들의 공부방이었으나 후에 다용도실로서 누에를 기르기도 했다. 끝방에는 장롱을 두어 의복이나 이불을 수장했다. 사랑채의 아랫방은 객실로 사용하고, 윗방은 학생들의 공부방으로 서당의 역할을 했다고 한다. 툇마루는 두께 5센티 정도의 송판으로 조립하였으며, 폭은 2미터 높이는 약 50센티 정도이다.

## ■ 1차 도면

N
( 싸리로 엮은 울타리 )
안    채
庫間 ( 秋收用 )
취사용부엌
(칸막이 없슴)
정지 ( 안녀)방 )
주인방
屈折式 칸막이
다용도실
이불방
老齡수의 배나무 한구루
(木)
방앗간
미닫이널문
牛舍 ( 오양깐 )
미닫이문
사랑채 (接客用)
부엌
온돌방
온돌방
흙돌담
변소
앞    마당
( 전체 면적의  40 % )
돈사 (豚舍)
몽나무기둥 ( 문이 없슴)

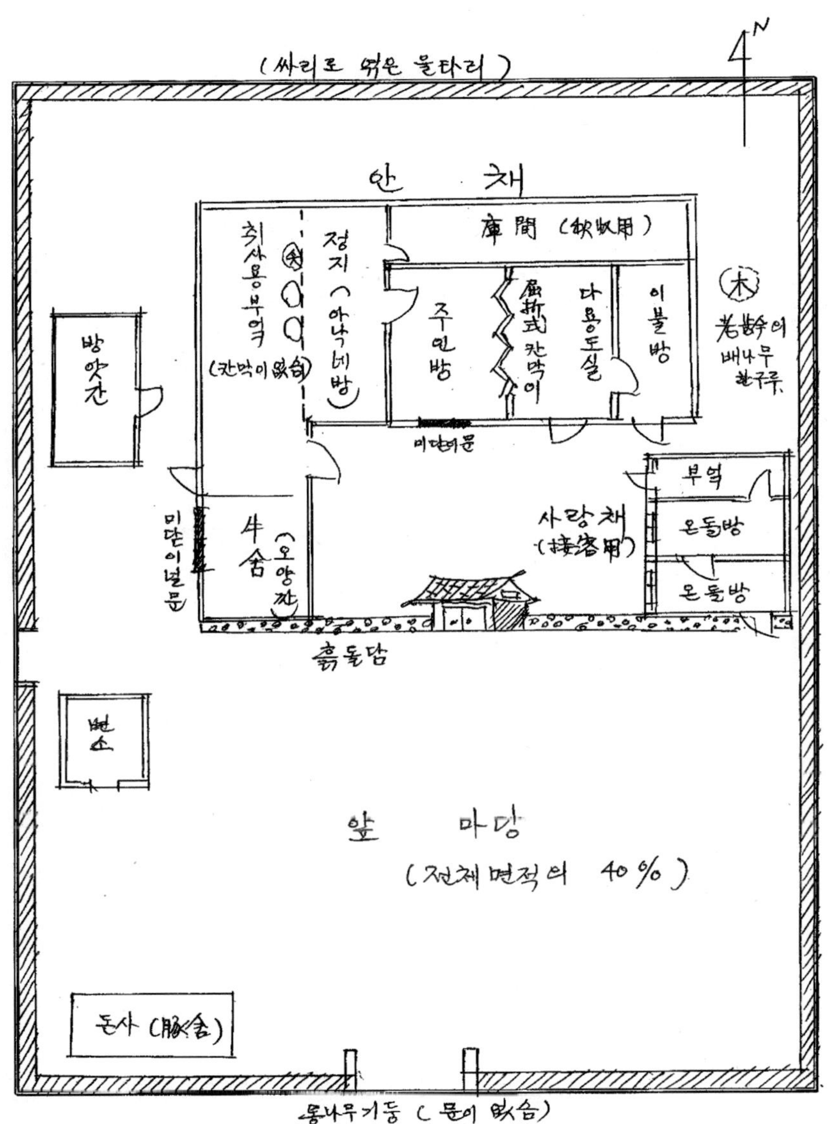

## ■ 보정 도면

10尺
10尺
10尺
12尺
8尺
6尺
12尺
50尺
곳간
부엌
정지
주인방
다용도실
이불방
방앗간
부엌
온돌방
온돌방
6尺
10尺
10尺
10尺
앞마당
돈사
퇴비
야적장

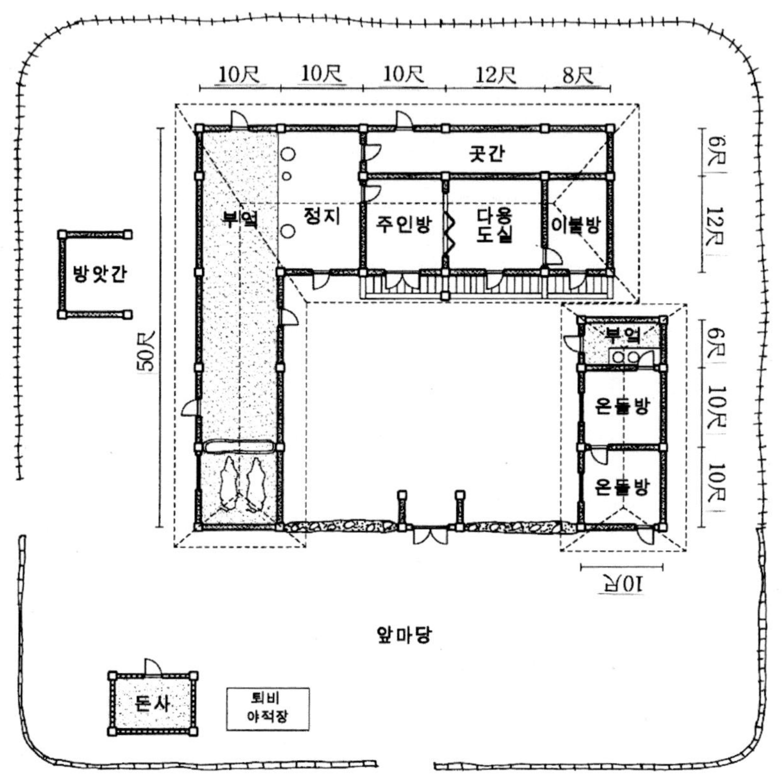

# 24. 북청군 문곤수 씨 댁

성명: 문곤수(1922년생), 토역
주소: 함남 북청군 후창면 동평리
가족: 4인, 조모 및 부모형제
경제: 농업, 중류계층
마을: 평야지대 농촌, 65호, 논 3,500평, 밭 6,700평
주택: 1946년, 돌출형 양통집, 우진각기와지붕

### 해방 이후의 변형

이 집은 본래 해방 이듬해인 1946년도에 새로 지었으나, 1947년에 개축이 이루어졌다. 문곤수 씨는 토역일을 한 경험이 있기 때문에 개축 당시의 상황과 건축방법에 대하여 상술해 주었다. "추운 지방이었기 때문에 옛날에는 소를 보온하기 위해서 부엌 옆에 외양간을 두었다. 안방과 부엌, 외양간이 모두 트여 있어 소와 사람이 마주 보고 살았다. 1947년 개조 시에 외양간을 돌출시켰으며, 부엌과 안방 사이도 미닫이로 막았다. 또한 이때 주위 울타리를 흙돌담으로 쌓았으며, 살림채의 지붕도 초가지붕에서 기와집으로 바뀌었다."

"1.2미터 정두로 집터를 돋우고 주춧돌을 놓는데, 대목이 주춧돌 위에 기둥을 대고 그랭이칼로 돌려 그으면 기둥에 먹금이 표시된다. 그 먹금대로 끌로 기둥 하부를 다듬어 주춧돌 위에 세우면 기둥이 수직으로 세워진다. 대들보는 직경 40센티 정도의 크기였으며 서까래도 최소한 10센티 이상의 목재로 기억된다."

이 집은 해방 이후에 신축되었음에도 불구하고 전통형식에서 크게 변한 것이 없다. 정주간이 있는 양통집이라는 점에서 함경도 지방의 전형에서 벗어나지 않는다. 회신자기 기술한 건축방법 또한 전래의 방식을 따르고 있다. 다만 외양간의 돌출이나 정주간의 칸막이 구획정도가 시대적 변화임을 보여 준다.

■ 1차 도면

※ 46年一瓦형
북쪽
곡반 (곡관)
안방
부엌
외양간 (소배는곳)
곡간화
웃 방
가운데 방
소여물 쑤는곳 (기타)
서 우쪽 책
동쪽 소여물주는곳
마 루
(기와집)
소 외양간
남쪽
부뚜막
화양실
우타리
대문
( 도 로 )

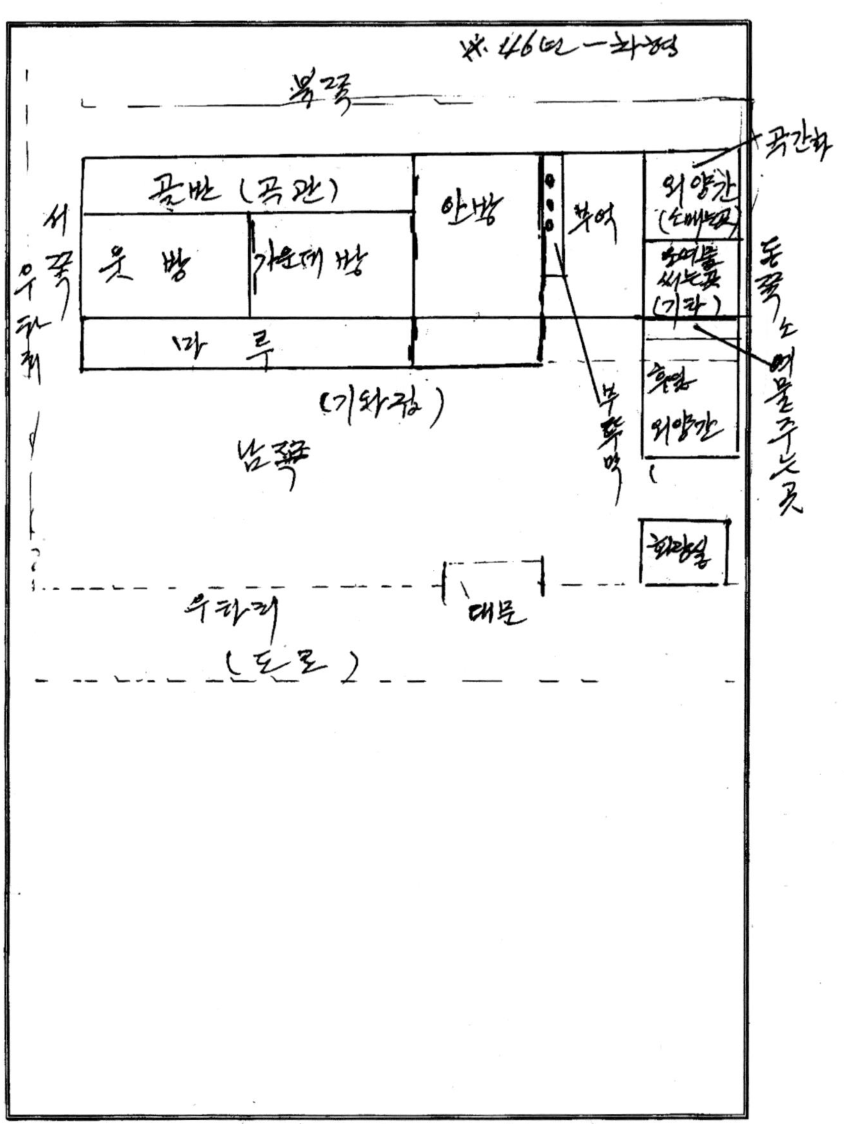

## ■ 보정 도면

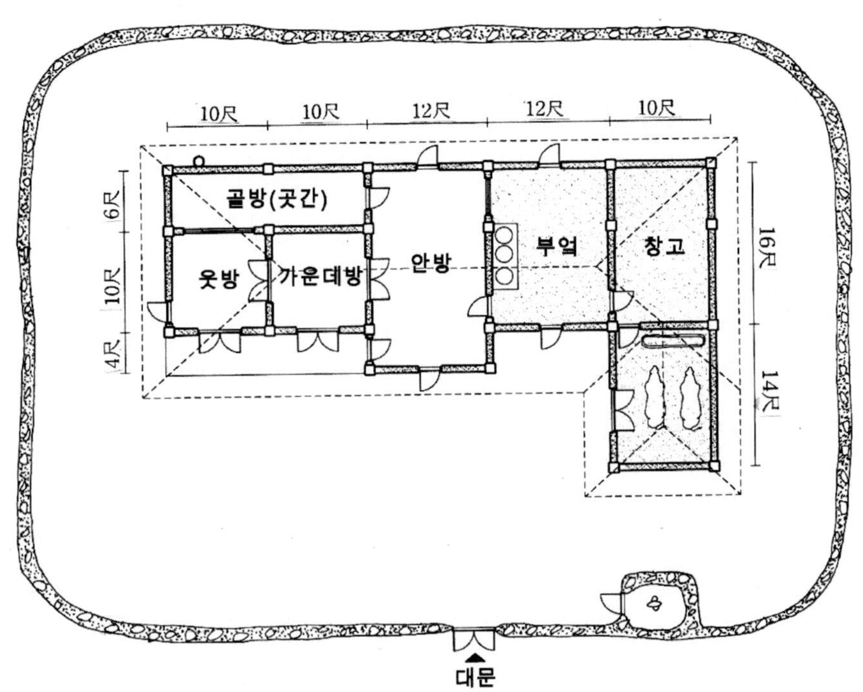

# 25. 북청군 김용철 씨 댁

성명: 김용철(1924년생), 토역
주소: 함남 북청군 건산면 상세동
가족: 11인, 부모형제 및 형 가족과 동거
경제: 농업, 하류계층, 논 300평, 밭 4,000평
마을: 산악지대 농촌, 30호
주택: 시기미상, 돌출형 양통집, 초가지붕

### 전형적인 외양간 돌출형 양통집

회신자는 자신의 가정을 소농계층이라고 기재했으나 주택의 모습은 전형적인 중농계층의 집이다. 부속채라고는 변소와 퇴비간 정도이며 모든 주거공간이 살림채 안에 수용되어 있다. 살림채는 외양간 돌출형 양통집이며, 칸막이 없이 개방된 정주간을 두었다. 침실 역시 田字形 구성으로서 전형적인 함경도 농가형식이다.

회신자는 각 침실의 사용에 대해 상세히 기술하였다. 정주간은 장남부부가 기거하며, 안방은 조부모, 윗방은 차남부부, 아래 골방은 삼남 이하의 신혼부부가 기거한다. 위 골방에는 쌀독 등을 수장하고 외양간 옆에 있는 곡간에는 곡식을 저장했다고 한다.

회신자는 어린 시절 집 짓기에 참여한 경험이 있어 주택의 시공방식에 대해 상세히 기술해 주었다. 다음은 그의 기술 내용을 요약한 것이다.

집터를 만들 때에는 동네사람을 동원하여 지반을 조성한다. 마당지면보다 1.5미터 정도로 높게 지반을 만드는데 돌을 줄로 매어 여러 사람이 함께 다진다. 기둥 세울 자리는 더욱 단단히 다지며 큰 돌로 주춧돌을 놓는다. 동네사람들이 무료로 봉사한다.

　북청지방은 겨울에 영하 25도 이하이며 눈이 많이 오는 추운 지역이다. 이 때문에 남쪽지방보다 온돌 만드는 기술이 잘 발달하였다. 우선 구들 골의 높이에 경사를 준다. 아궁이 쪽이 낮고 굴뚝 쪽이 높다. 방 높이를 맞추기 위해 아궁이 부근의 정주간은 두꺼운 구들돌을 놓고 진흙으로 틈새를 메운 후 모래로 수평을 조절하고 그 위에 진흙을 바른다. 굴뚝 쪽의 윗방은 얇은 구들돌을 놓고 모래층을 얇게 편다. 이렇게 하여 정주간은 천천히 데워지고 윗방은 빨리 더워져 골고루 난방이 된다. 굴뚝개자리는 깊이 파고 굴뚝은 지붕용마루보다 높이 세워야 불이 잘 들어간다.

　벽체는 아래위에 방목을 대고 그 사이에 가는 나뭇가지로 오발대를 세운 후 여기에 수숫대를 새끼로 엮어 틀을 만든다. 이 틀에 볏짚을 섞어 갠 진흙을 바르면 갈라지지 않고 오래간다. 진흙을 두껍게 발라 만든다. 봄, 가을에 진흙을 채로 쳐서 부드러운 모래를 섞어 물로 이긴 것으로 구멍이나 틈을 메우고 칠하면, 벽은 항시 깨끗하고 보온도 된다.

　지붕은 중심에 대공을 세우고 상량과 연목을 걸어 틀을 만든다. 연목 위에 수수짚을 엮어 깔고 진흙을 편 후 흙모래를 덮고 볏짚이나 기와로 덮는다. 건물은 남향으로 배치하는데, 겨울에 따뜻하고 여름은 통풍이 잘되어 시원하기 때문이다. 이 지역에서는 외양간을 돌출시킨 ㄱ자집이 일반적이다.

## ■ 2차 도면

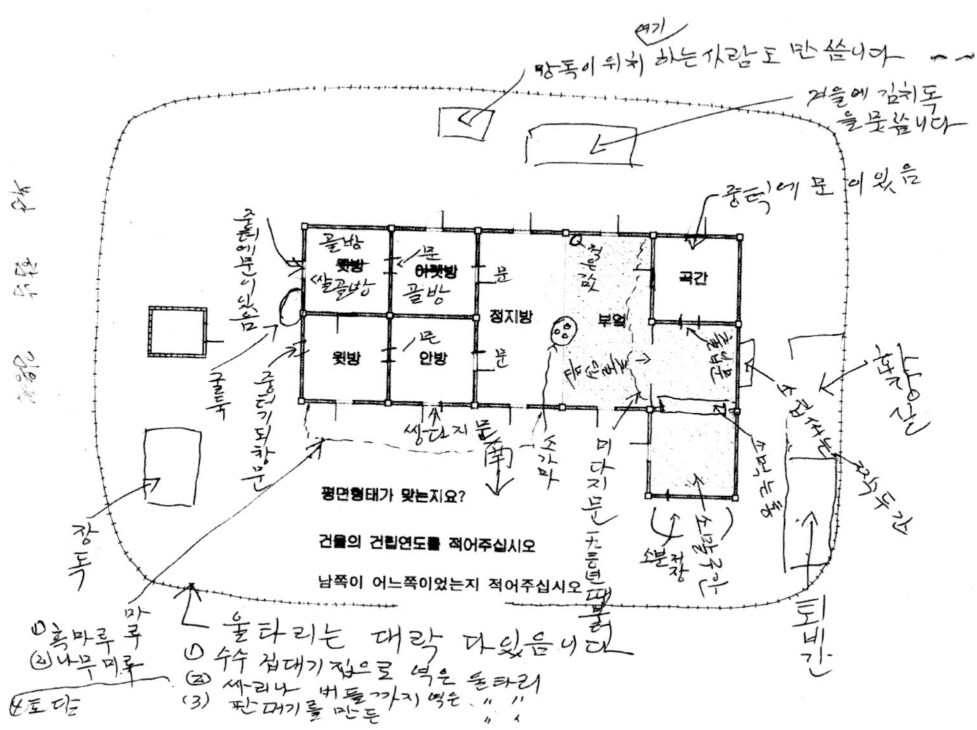

여기
망독이 위치 하는 사람도 만 씁니다
겨울에 김치독
을 뭇씁니다
굴뚝에 문 이 있음
골방
뒷방
쌀골방
문
어랫방
골방
문
곡간
부엌
정지방
윗방
문
안방
문
굴뚝
중턱에문이있음
중턱기 되창문
쌍닫지 문
소각락
미닫지문
장독
평면형태가 맞는지요?
건물의 건립연도를 적어주십시오
남쪽이 어느쪽이었는지 적어주십시오
울 타 리 는 대 략 다 있 읍 니 다
① 수수 섶대기 잡으로 역은 울타리
② 쌔리나 버들까지 역은 " "
(3) 판 머기 를 만든 " "
① 흙마루 록
② 나무 마루
① 토 담
퇴비간

## ■ 보정 도면

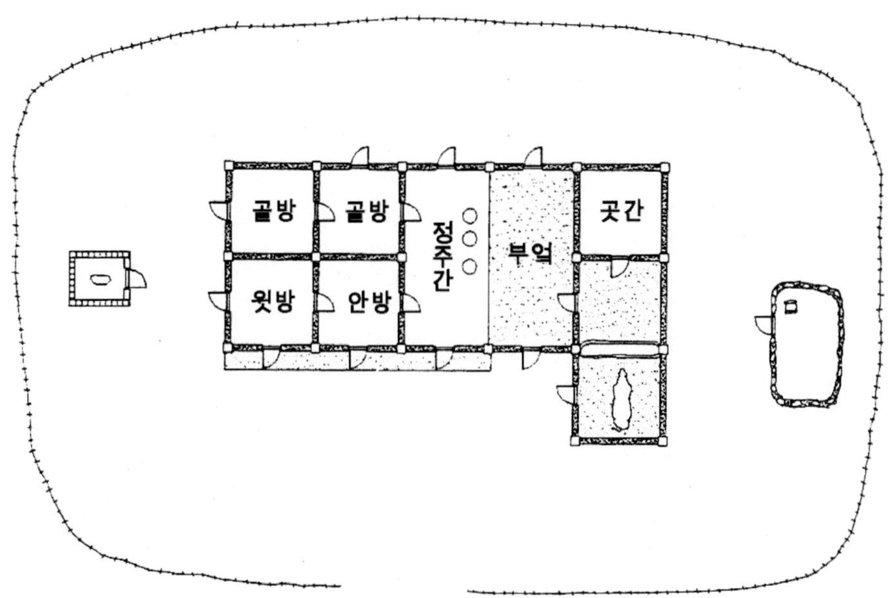

## 26. 홍원군 전영일 씨 댁

성명: 전영일(1932년생)
주소: 함남 홍원군 용포면 노은리
가족: 5인, 할머니 및 부모형제와 동거
경제: 농업, 하류계층, 논 200평, 밭 1,000평
마을: 산악지대 농촌, 120호
주택: 시기미상, 돌출형 양통집, 팔작기와지붕

### '토새'의 존재

이 집은 부속채가 전혀 없는 전형적인 소농주거이다. 담장은 수숫대로 만든 배재 울타리로 둘렀고 대문은 없다. 살림채는 남향으로 배치되었다. 살림채는 외양간이 완전히 돌출한 ㄱ자형 평면이다. 외양간 앞은 작둣간으로 소여물과 작두를 수장했다고 한다. 부엌 안에 작은 뒤주가 경제력을 암시한다. 개방된 정주간(정지)을 두었는데 그 뒤쪽으로 시렁을 그려 주었다. 시렁에는 상용하는 쌀 단지나 그릇을 보관하며 특히 조앙을 모신 신주단지가 있다고 설명한다.

침실은 田字形 구성이나 고방의 세로 폭이 훨씬 좁다. 1차 교정에서 안방과 같은 폭으로 그려 보냈으나 회신자가 이를 교정하여 좁게 그려 줄 정도로 그 차이가 기억되고 있다. 고방은 각종 쌀독을 보관하는 곳인데, 결혼 초기에는 신방으로 사용하기도 하는 은밀한 곳이라는 설명도 덧붙였다. 뒷마당을 '뒤울 안'이라고 부르는데 뒤울타리 부근에 '토새'라는 짚단을 세운 것이 이채롭다. '토새'는 기와 또는 볏짚으로 고깔 형태를 만든 것이며, 이는 울타리 수호신으로서 경비병의 역할을 한다고 설명하였다.

ㄱ자의 측면은 부엌과 출입문으로 연결되어 차우사 (오양 1간) 가 있으며 소먹이를 보관 또는 소죽을 준비 하는 작두칸이 있음

고방 — 안방의 뒤천에 있는 칸으로서 각종 살독 기타 잡동산이 물건들을 놓으며
신랑, 신부를 맞이 하였을 경우 결혼초기의 신방 으로도 사용함
출입문은 정지 쪽에 있으며 뒤울안으로 나가는 문도 있음

o 정지와 부엌은
  높이차이가 150cm
  되며 땔나무를
  많이 넣을수 있는
  부엌 아궁이가 있음

o 집을 짓기전에 터를
  마당 보다 1m 이상
  돋은 뒤에 지으며
  부엌으로 들어가는
  문은 마당에서
  바로 들어가게 되나
  안방으로 들어 갈때에는
  돋은터가 마루
  가 된다

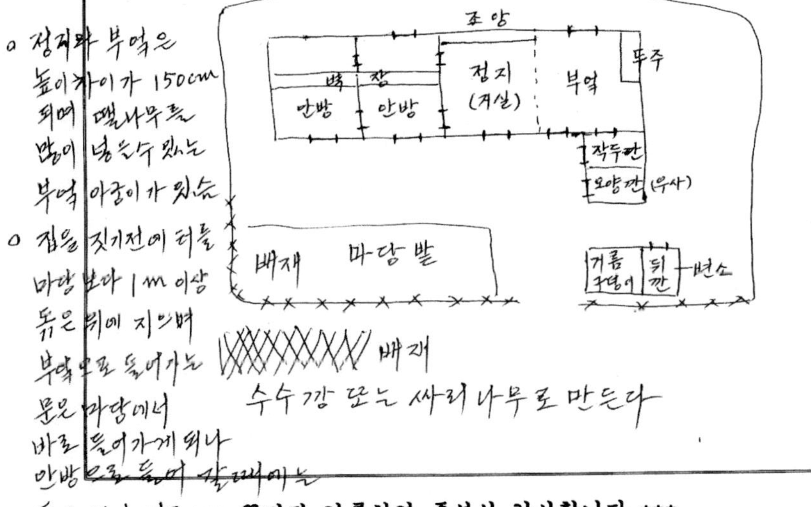


***** 끝까지 기록하여 주셔서 감사합니다 *****
함남 홍원군  전영원

## ■ 2차 도면

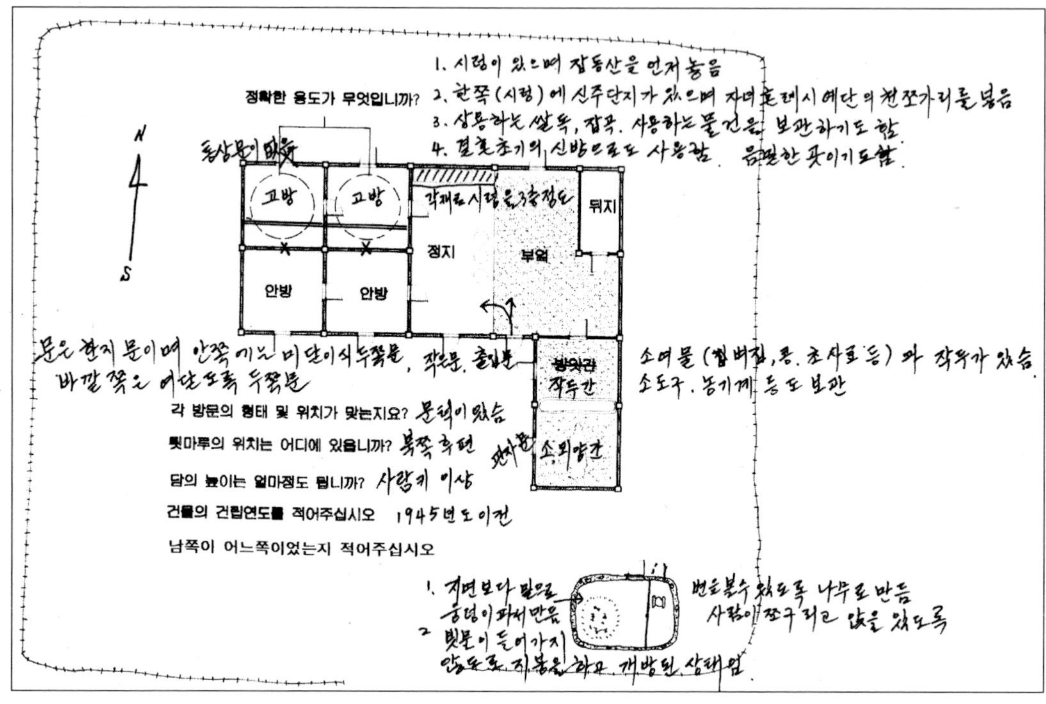

## ■ 보정 도면

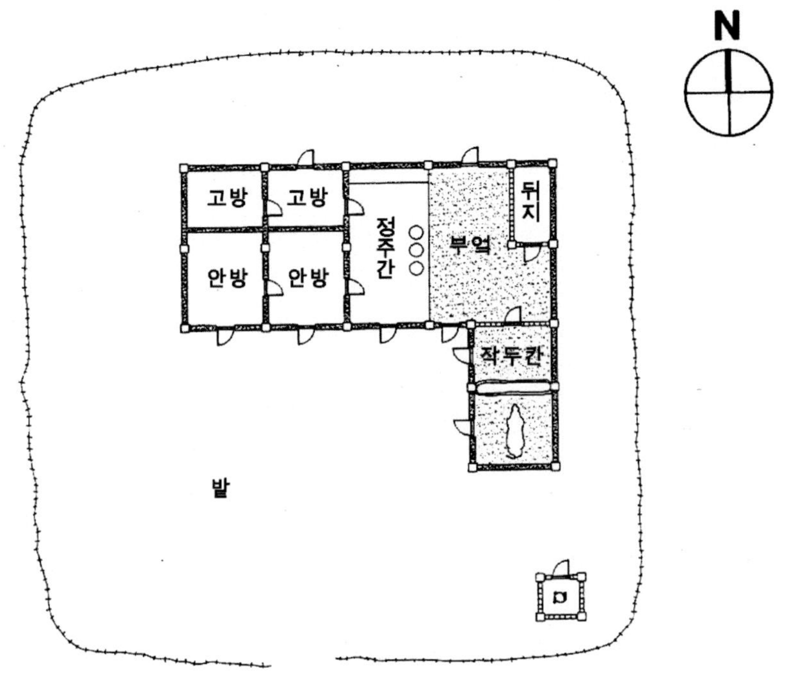

# 27. 함주군 이용빈 씨 댁

성명: 이용빈(1934년생)
주소: 함남 함주군 하조양면 풍흥리
가족: 9인, 부모형제와 동거
경제: 농업, 중류계층
마을: 평야지대 농촌
주택: 시기미상, —자 양통집, 초가지붕

## 생산공간의 분리

이 집은 회신자의 조부모가 계시는 옛집이며, 회신자는 그 후 도시로 이주하여 흥남시 근로자 주택에서 살았다고 한다. 유년 시절의 기억이기는 하지만 집 주변의 냇가와 출입로, 마당의 변소나 굴뚝의 위치 그리고 각 건물의 공간 구성까지 비교적 생생하게 표현하였다. 이 집의 건립연대는 모르지만, 초가지붕과 흙벽돌로 지은 집이라는 것이 기억되었다. 건물은 방앗간과 외양간이 별채의 부속채로 만들어진 분산형 주거이다. 흙벽돌을 사용하였고 분산형 주거라는 점으로 볼 때 일제시기 정도에 건립된 집인 듯하다.

살림채에는 생산공간이 없으나 개방된 정주간을 두었고 평면도 양통집으로서 함경도의 전형에서 크게 벗어나지 않는다. 정주간에는 '여자와 아이들이 자는 곳'이라고 기재하였다. 다만 마당에 면하는 침실 2칸을 터서 2칸통의 큰 방을 만들었다. 이 큰방은 어른들이 자는 곳이라 기재하였다. 뒷방은 아이들이 자는 곳이며, 중간에 양곡창고를 둔 점도 특이하다. 양곡창고는 정주간에서만 출입하도록 되어 있다.

## ■ 1차 도면

고향집.　함경남도 함주군 하조양면 중흥리.

함아버지 함머니가 살고 계시는 고향

대문분　사랑은 기와집 이고 농촌은 초가 집

## ■ 보정 도면

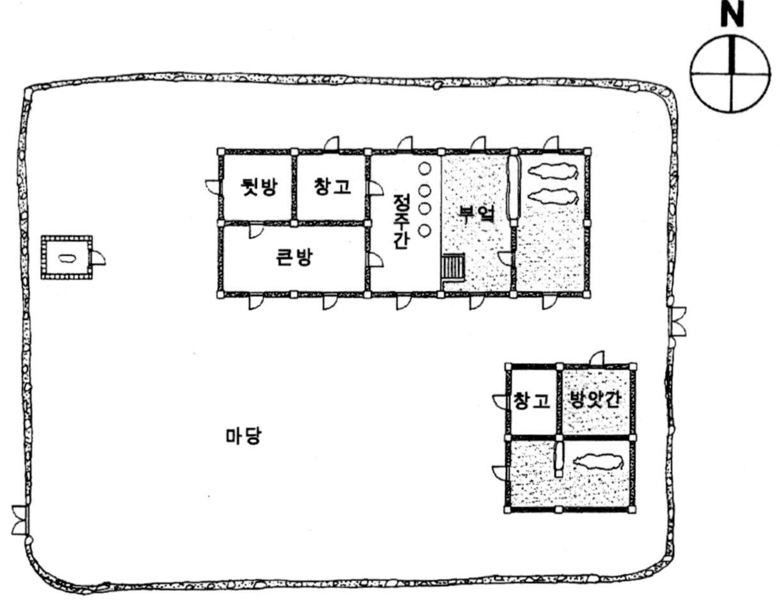

# 28. 함주군 이형철 씨 댁

성명: 이형철(1936년생)
주소: 함남 함주군 퇴조면 산흥리
가족: 9인, 조부모 및 고모, 부모 형제와 동거
경제: 농업, 중류계층, 논 2,000평, 밭 2,000평
마을: 평야지대 농촌, 약 30호
주택: 1939년, 돌출형 양통집, 팔작기와지붕

## 치수가 명확한 외양간 돌출형 양통집

이 집은 대가족을 거느린 농촌주택으로서 1939년에 건립되었다고 한다. 중류계층이라고는 하지만 넓은 대지 위에 텃밭도 갖추고 큼직한 부속채도 갖추고 있다. 건물도 기와집이다. 그러나 담장은 수숫대로 엮은 1.8미터 높이의 울타리이고, 대문은 싸리나무로 엮은 사립문이다. 부속채는 세 칸으로 구획하여 방앗간과 창고, 헛간 등을 수용하였고 헛간 뒤쪽으로 변소를 두었다. 창고는 소먹이용 콩 껍질을 수장하였고, 헛간은 거름을 수장한다고 기재했다. 방앗간을 살림채가 아닌 부속채에 두었다는 점에서 전형과 차이가 있다.

살림채는 외양간이 돌출된 양통집이다. 이렇게 부엌 앞으로 외양간을 돌출시키는 예는 주로 함경남도에서 나타나기 때문에 일단 지역성이라고 볼 수 있다. 부엌으로부터 침실구성은 전형과 차이가 없다. 부엌과 칸막이가 없는 정주간을 두었고, 침실도 田字形으로 배열되었다. 마당 쪽으로는 툇마루까지 두어 마당에서의 출입이 용이하도록 만들었다.

정주간에서는 전 가족이 식사도 하고, 할머니와 고모가 사용하는 곳이며, 안방에서는 부모와 자녀들이 기거했다고 한다. 윗방은 할아버지가 사용하는 방이며, 뒷방은 고모가 사용했다고 기재했다. 서고는 책이나 문서를 넣어 두

는 방이라고 한다.

　이 사례는 회신자가 도면에 치수를 정확히 기재했기 때문에 더욱 가치가 높다. 그 치수를 보면 부엌과 정주의 폭이 가장 넓어 12척이고 안방과 뒷방이 8척으로 가장 좁다. 할아버지 방은 10척 정도로 방마다 그 용도에 따라 차이가 있었음을 보여 준다. 더욱 중요한 것은 뒤 열의 세로 폭이 7척으로 앞 열보다 좁다는 점이다. 이렇게 뒤 열의 폭이 좁은 현상은 함경남도에서 더욱 빈번하게 나타나기 때문에 일단 지역성이라고 가정해 둔다.

## ■ 1차 도면

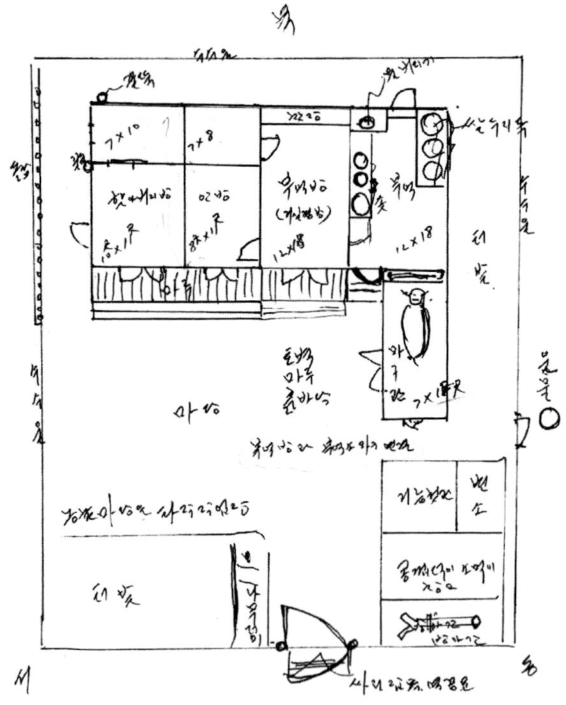

■ 보정 도면

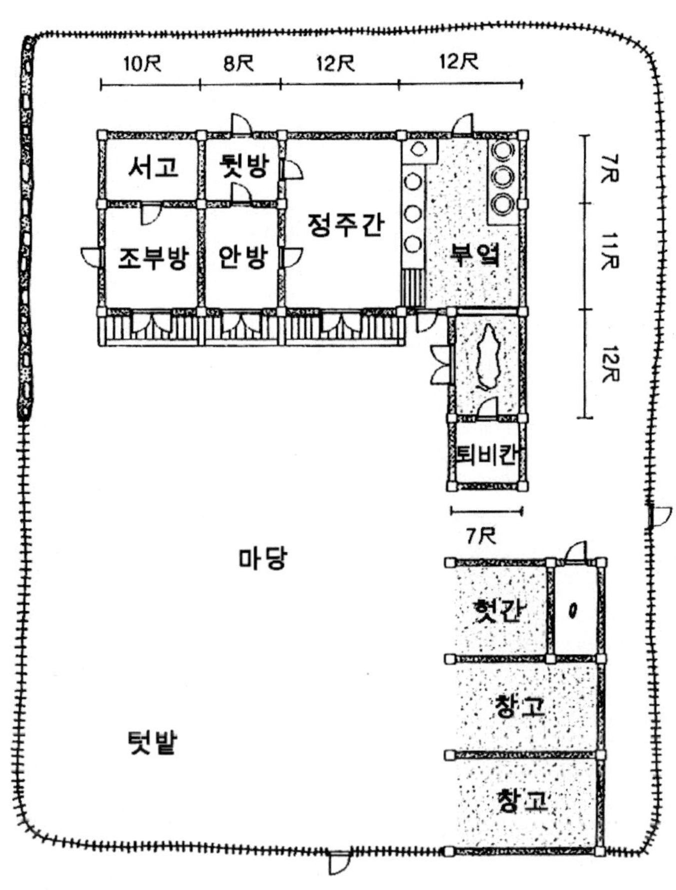

# 29. 함주군 박민균 씨 댁

성명: 박민균(1922년생)
주소: 함남 함주군 상조양면 상한리
가족: 6인, 부모형제와 동거
경제: 농업, 하류계층, 논 3,700평, 밭 1,000평 소작농
마을: 평야지대 농촌, 약 50호
주택: 1920년, 돌출형 양통집, 초가지붕

## 소농계층의 집

1920년경에 건립되었다고 하는 이 집은 경제규모로 볼 때 소작농인 하류계층의 집이다. 그러나 집의 규모나 부속채 등으로 볼 때 중농계층의 집과 큰차이가 없다. 흙돌담 위에 지붕을 얹어 쌓은 담장도 견고하고, 더구나 사랑방과 수렛간, 방앗간을 갖춘 부속채를 두고 있기 때문이다. 이러한 부속채는 남부지방의 중농주거에서 보이는 부속채와 다름이 없다. 회신자는 담장의 높이가 1.2~3미터가 일반적이나 부잣집일수록 높고 가난한 집일수록 낮다고 설명하였다. 다만 대문이 없고, 건물지붕이 초가집일 뿐이다.

나무의 위치와 내부시설, 연통의 위치, 담장의 입면까지 정확히 그린 정밀한 도면을 보내 주었다. 외양간 돌출형 양통집인 살림채는 외양간이 사선으로돌출되었다는 점에서 대단히 독특하다. 1차 검증단계에서 직교로 돌출한 모습으로 그렸으나 회신자는 다시 사선으로 수정해 왔다. 부엌 옆으로는 뒤주간를두었는데, 이곳에는 움을 파서 감자나 무 등을 저장했다고 한다. 부엌 뒤쪽으로 창고와 골방을 둔 것이 특이하다. 회신자는 부엌을 '바당'이라고 기재했는데, 연변지역에서도 같은 이름으로 부르고 있으며, 강원도나 경북지역의 양통집에서는 '봉당'이라고 부른다.

　　부엌과 칸막이 없는 정주간을 둔 것은 일반적이나 침실은 앞뒤로 2칸만 두었다. 정주 뒤에 고방을 두었고, 사랑방은 부속채로 빠져나갔기 때문에 田字形 구성이 필요 없었을 것이다. 뒷방에 매부가 기거하는 것으로 보아 누나가족이 동거하였고, 이 때문에 사랑방을 별채로 분리시킨 것이 아닌가 생각된다.

## ■ 1차 도면

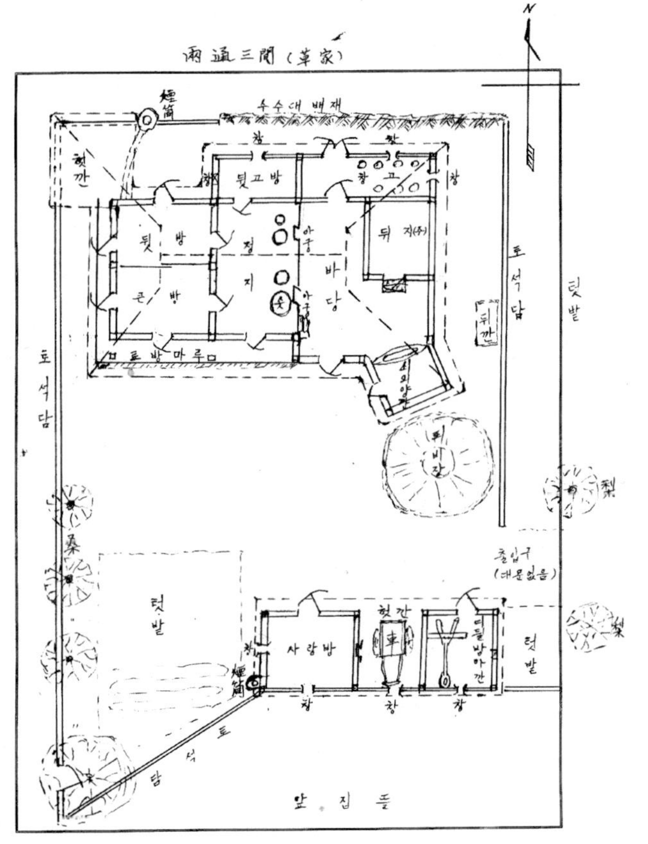

## ■ 보정 도면

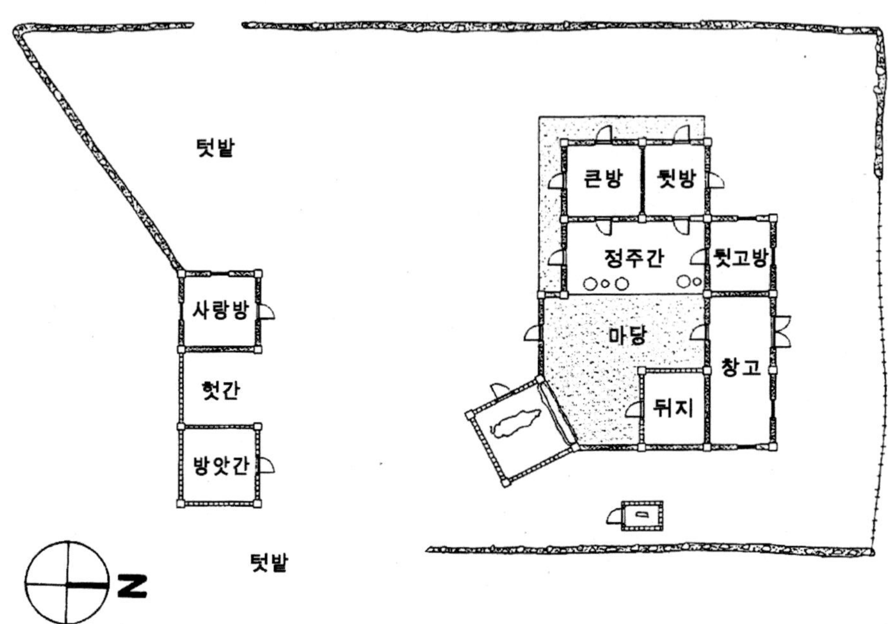

# 30. 함주군 최홍국 씨 댁

성명: 최홍국(1923년생)
주소: 함남 함주군 기곡면 장동리
가족: 8인, 부모형제 및 형 가족과 동거
경제: 농업, 중류계층, 논 5,000평, 밭 7,000평
마을: 산악지대 농촌, 100호
주택: 1900년, ㅡ자형 양통집, 팔작기와지붕

## 별채가 있는 중농주거

회신자는 자신의 계층을 중농계층으로 기재하였으나 경작규모나 주택의 형태로 볼 때 부농계층에 가깝다. 별채로 둔 생산공간도 규모가 크고 침실과 부엌을 갖춘 별채도 두었다. 살림채도 팔작기와지붕이며, 외양간에는 소를 2~3마리 사육했다고 한다. 경제력을 보여 주는 것은 아래채이다. 본채와 평행으로 배치된 아래채는 함경도에서 보기 어려운 사례에 속한다. 단순한 창고용도 이외에 베틀 간과 방앗간을 두었다고 기재하였다. 다만 담장은 수숫대로 엮은 바자 울타리로서 허약하다.

살림채의 평면은 전형적인 양통집의 모습이다. 부엌 옆에 외양간을 두었고 개방된 정주간이 있다. 침실구성도 田字形이며, 방 앞에는 툇마루를 두었다. 별채의 용도는 3차 회신까지도 언급되지 않았다. 다만 형님가족과 동거한다는 것으로 보아 형님가족이 사용했던 건물이 아닌가 추정된다. 회신자의 표현으로 볼 때 별채는 전면 3칸의 양통집으로서 통간의 침실 2칸이 있었던 것으로 보인다.

■ 1차 도면

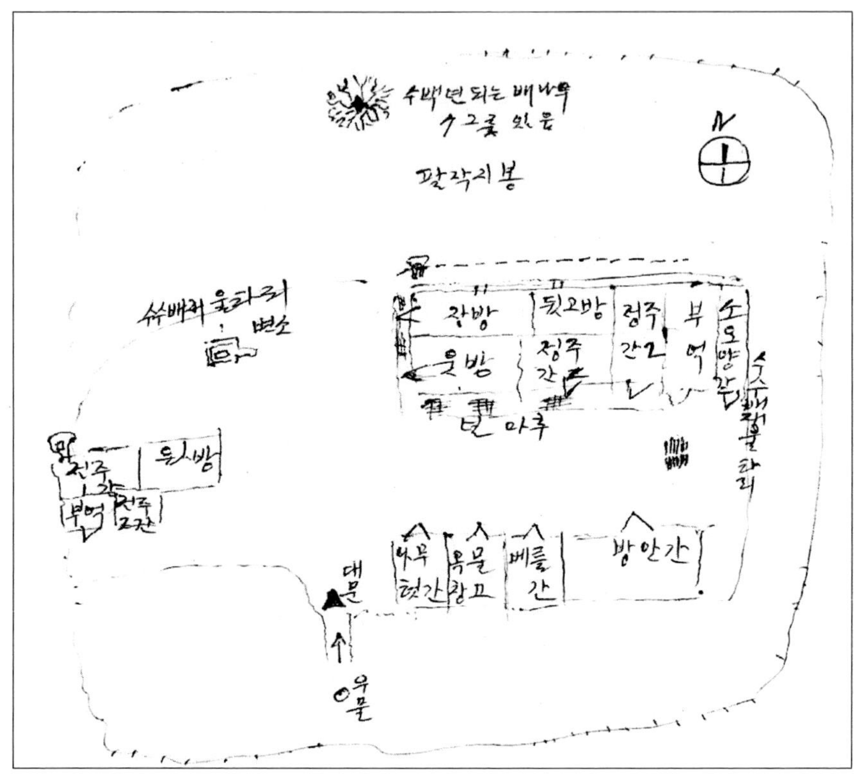

■ 보정 도면

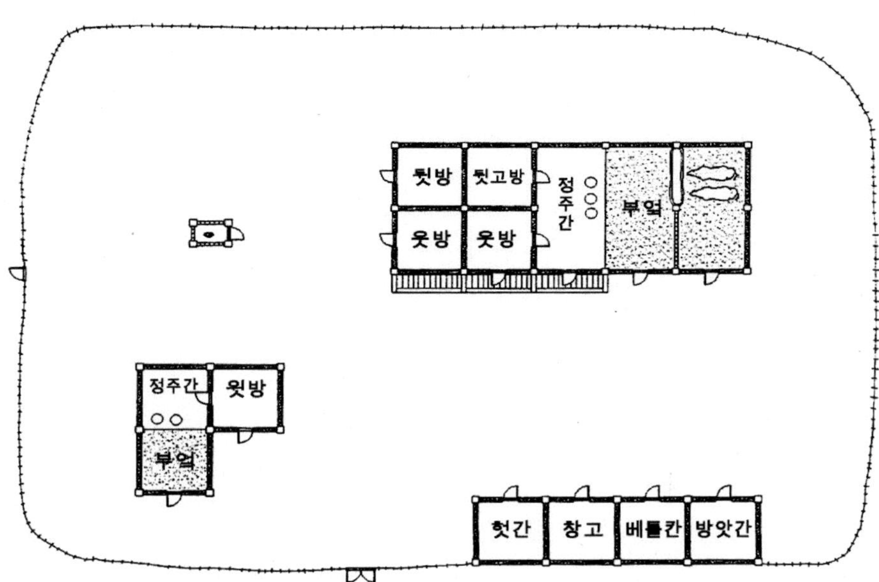

# 31. 영흥군 박성곤 씨 댁

성명: 박성곤(1924년생)
주소: 함남 영흥군 억기면 신흥리
가족: 7인, 부모형제와 동거
경제: 농업, 상류계층, 논 14만 평, 밭 10만 평
마을: 평야지대 농촌, 35호
주택: 1929년, ㅁ자형 외통집, 팔작기와지붕

## 함경도 대지주의 ㅁ자집

회신자는 함경도에서 보기 드문 대지주 가문 출신으로 당시 논 14만 평, 밭 10만 평의 농토를 소유하는 상류계층이었다. 이 집의 건립연대가 1929년으로 기록되어 있고, 건립 당시의 모습을 정확히 기록하는 것으로 보아 일제시기 초기에 지어진 것이 분명하다. 주택의 모습도 전형적인 함경도 농가와는 달리 ㅁ자 형태의 평면을 가지고 있다. 함경도에서도 상류계층은 一자형 양통집이 아닌 내정을 갖는 ㅁ자형도 건립되었다는 것을 알려 주는 중요한 사례에 속한다.

이 주택은 20여 칸에 이르는 대규모 기와집이다. 그러나 담장만은 본래 수숫대로 엮은 울타리로 둘렀다고 한다. 담장이 허술하고, 건물의 평면 형태는 다르지만 건물 1동에 모든 주거공간을 수용하는 집중형 주거의 개념을 가지고 있다. 이러한 모습은 강원도나 경북지방에서 상류계층의 주택인 '뜰집'의 모습과 유사하다. 다만 대청위치를 흙바닥으로 처리했다는 점이 독특하다.

이 주택은 18칸에 이르는 많은 주거공간을 수용하고 있다. 공간이 양통집이 아닌 외통집으로 배열되었기 때문에 난방에는 불리하다. 그러나 외통집은 채광이나 환기에는 유리하며, 많은 공간을 一자 외통집으로 배열하면 건물이 길

어지고 동선이 길어지는 단점이 생긴다. 또한 각 공간의 프라이버시를 유지하기도 어렵다. 내정을 둘러 ㅁ자형으로 배열한 이유는 이러한 문제를 해결하기 위한 방법이었을 것이다.

건물은 ㅁ자형의 평면으로 연결되어 있지만 공간은 세부분의 영역으로 나뉘어 있다. 남쪽에 배열된 전열은 사랑채에 해당되며, 동서측은 생산·수장과 관련한 부속채 그리고 북쪽에 배열된 공간들이 안채에 해당된다. 남쪽의 사랑채 부분은 뜰집의 모습이 그러하듯이 대문과 함께 출입을 통제하는 방향으로 자리 잡았다. 여기에서 부엌과 아랫방은 머슴들이 거주하는 공간으로서 계층적 성격을 보여 준다. 샛방은 이불을 넣는 곳으로 기재되었고, 윗방이 사랑방이며, 그 후면의 작은 마루방은 아버님이 여름철에 기거하는 곳으로 설명하였다. 이러한 구성은 남한의 상류주거에서도 흔히 나타나는 모습이다.

동쪽에 배열된 날개부분은 외양간과 헛간, 김칫독 간 등 대부분 수장공간으로 사용되었고, 작은 대문간도 만들었는데, 이는 안채로 통하는 중문의 기능으로 보인다. 안채 또한 사랑채와 평행하게 배열되었다. 부엌 옆에는 4짝 미닫이문으로 구획된 정주간을 두었는데, 이는 함경도 주택으로서의 지역성을 보여 준다. 윗방 옆에 있는 마루방은 베틀을 두고 명주실을 짜는 방이며, 큰 제사 때에는 제상을 차리는 방이라고 설명하였다.

특히 이 집에서 눈여겨볼 것은 단면구성이다. 회신자는 간간이 2층의 다락방이 있다고 기재하였는데, 전체적인 단면이나 형태는 파악되지 않는다. 회신자는 대문과 샛방, 김칫독 간에 2층 다락방이 있었다고 기재하였다. 아마도 대지를 조성할 때 안채 부분을 사랑채 부분보다 높게 조성하고 건물의 지붕선을 맞추었다면 자연 사랑채의 건물높이가 더 높아져 2층 구성이 가능했을 것이다. 이러한 방법은 '뜰집'에서 흔히 나타나는 방법이다.

■ 1차 도면

ㄹ깅펜 도
퇴청마루
곡간
곡간
사랑
웃방
새방
아래방
부엌
퇴청마루
시렁
작은마루방
안마당
웃방
새방
정지
부엌
복도
사료창고실
울안
우사
헛간
김치독간
쌀독칸
화장실
대문 우에 다락방이있음

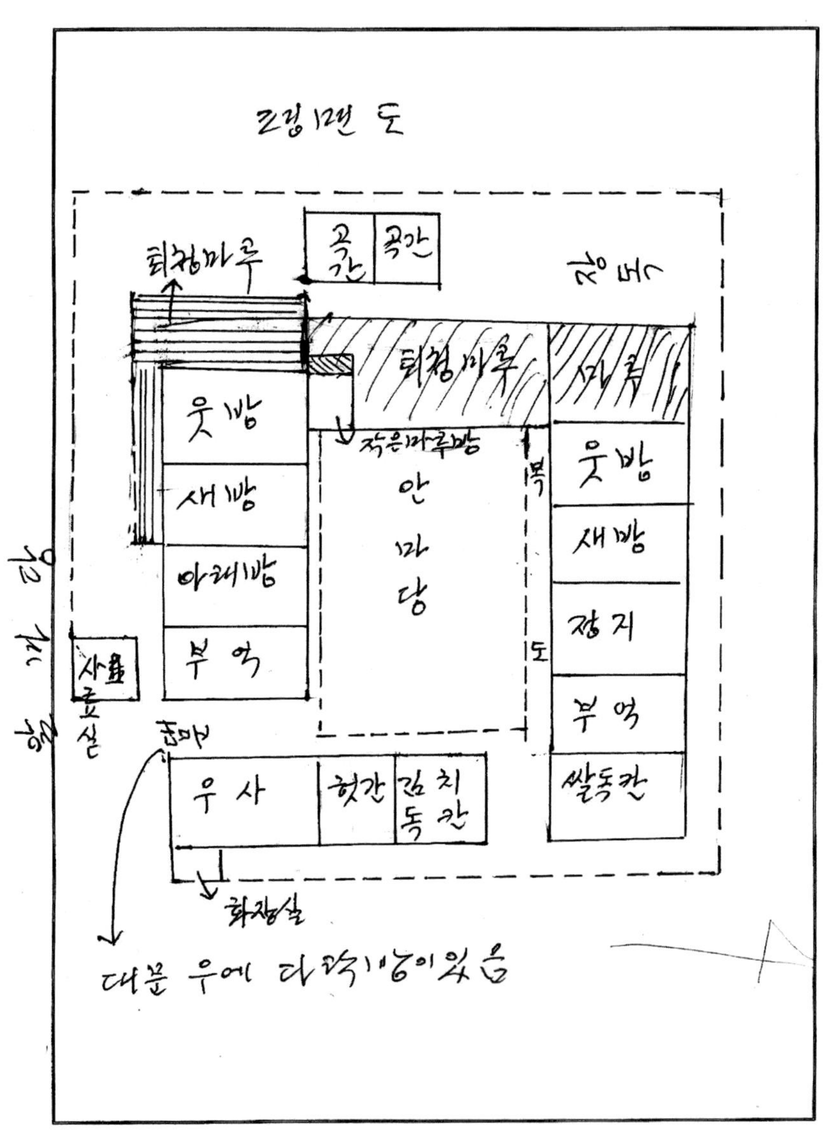

## ■ 보정 도면

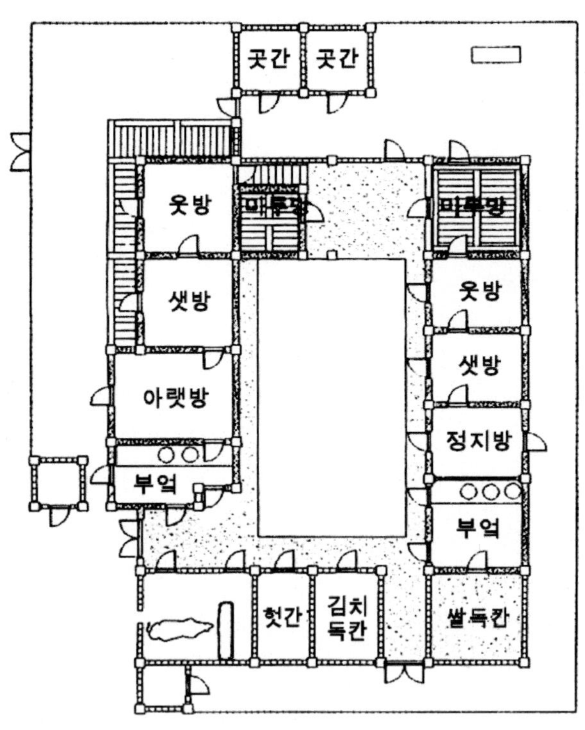

# 32. 영흥군 강명칠 씨 댁

성명: 강명칠(1926년생)
주소: 함남 영흥군 영흥읍 운평리
가족: 7인, 부모형제와 동거
경제: 상업, 하류계층
마을: 읍소재지, 반농반상, 100호
주택: 1915년, ㄱ자 외통집, 청석지붕

### 읍내의 상업주택

이 주택은 영흥읍 내에 소재하는 상업주택으로서 신작로 변에 입지하였다. 주택의 건립연대는 1915년 정도로 기억하고 있다. 상업주택이기 때문인지 함경도 주택의 전형적 모습과 큰 차이가 있다. 그는 "반농반상의 생활터전이었기 때문에 전통 민가와는 거리가 멀다."고 기록하였다. 그럼에도 불구하고 별채의 큰 외양간을 갖추고 있다. 그 외양간은 "우시장이 열리는 날 소를 보관하기 위한 곳"이라고 기록한 것으로 보아 이 주택은 상점을 겸한 주막이 아니었을까 추측된다. 회신자도 숙박, 술, 개장국, 담배 등을 취급했다고 기록하였다.

이웃과의 경계 울타리는 보통 수숫대로 엮은 '바자울'을 많이 사용했는데, 도로에 면한 부분은 대부분 울타리가 없었으나 회신자의 집에서는 판자를 불에 그슬려 울타리를 쳤다고 한다. 이는 방습, 방부의 효과가 있다고 기록하였다. 살림채는 부엌을 모퉁이에 둔 ㄱ자 외통집으로 만들어졌다. 도로에 면한 부분은 주로 손님용이고, 그 뒷부분이 살림채임을 알 수 있다. 외통집임에도 불구하고 부엌과 건넌방 사이에는 칸막이 없이 정주간을 만들어 지역성을 갖추었다. 건물의 지붕은 청석지붕이며, 점포는 함석지붕이다.

■ 1차 도면

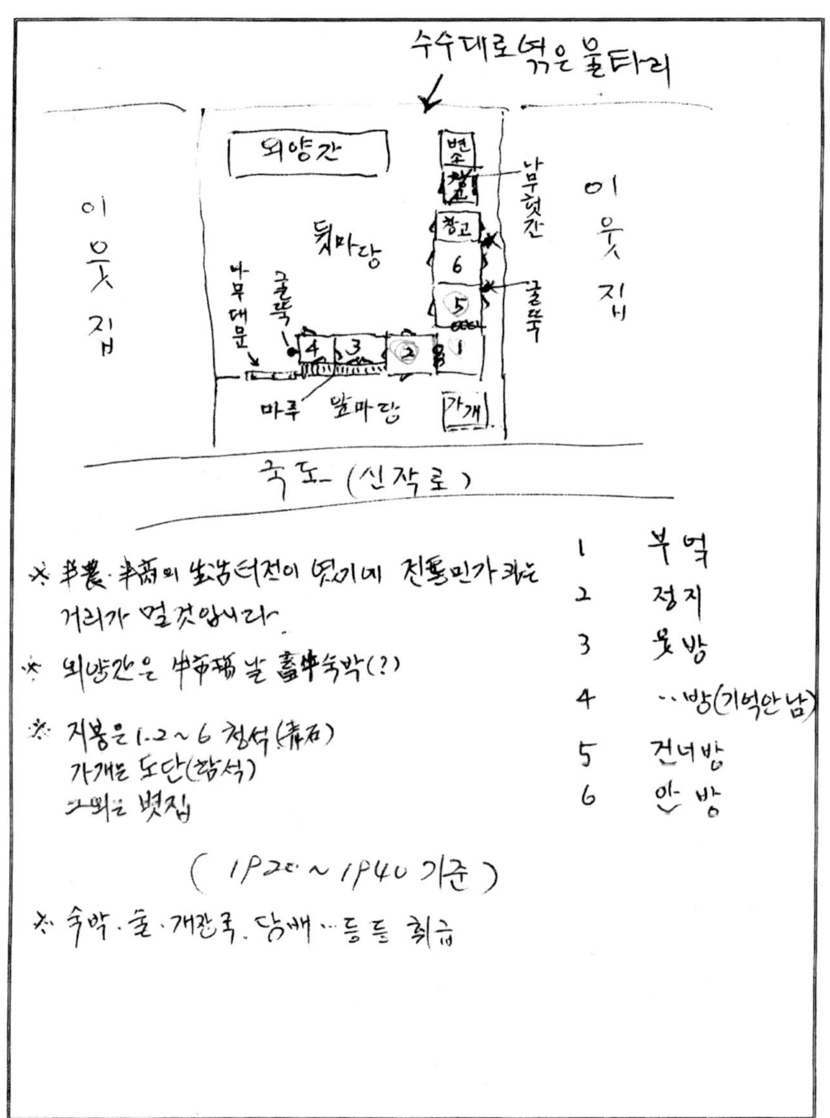

■ <u>보정 도면</u>

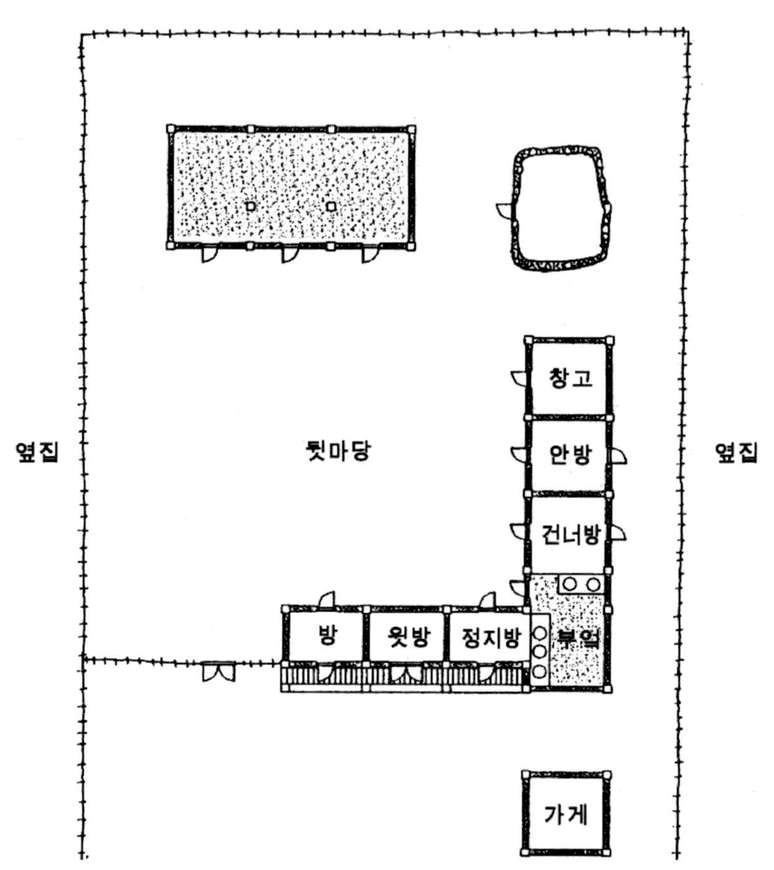

## 33. 안변군 박상근 씨 댁

성명: 박상근(1927년생)
주소: 함남 안변군 석왕사면 신월리
가족: 8인, 부모형제 및 형님가족
경제: 농업, 중류계층, 논 5,000평, 밭 1,000평
마을: 평야지대 농촌, 50호
주택: 1920년, 돌출형 외통집, 초가지붕

### 강원도 경계지역의 외통집

이 집은 강원도와 경계인 안변군에 소재하였던 집이다. 경작규모로 보면 중농계층에 가깝지만 주택은 소농계층의 모습이다. 회신자도 이러한 주택을 빈민층의 주택이라고 기재하였다. 담장이나 대문도 없고, 부속채도 없다. 다만 살림채의 뒷부분을 담장으로 막아 내부화시킨 것이 집중형의 성격을 갖는다. 1차 회신에서는 살림채의 평면만을 보내 주었으나 형님가족과 함께 8인이 거주했다는 것으로 보아 살림채 이외의 별채가 있었을 것으로 추정되었다. 2차 회신에서 작은 창고를 가진 별채가 나타났다.

살림채는 함경도에서 보기 드문 외통집이다. 외양간이 돌출되어 있고, 안방도 부엌과 구획되어 있다. 이러한 구획에 대하여 회신자는 다음과 같이 기술하였다. "함경도 지방에서도 원산·함흥 이북지역은 부엌과 방(정지)이 칸막이 없이 연결되어 있고, 그 이남지역에서는 칸막이가 있으며 외통집이다." 이러한 설명은 함경도 지방에서도 남부지역(원산이남)은 강원도에 가까운 주거형식을 가진다는 것을 시사해 준다.

## ■ 1차 도면

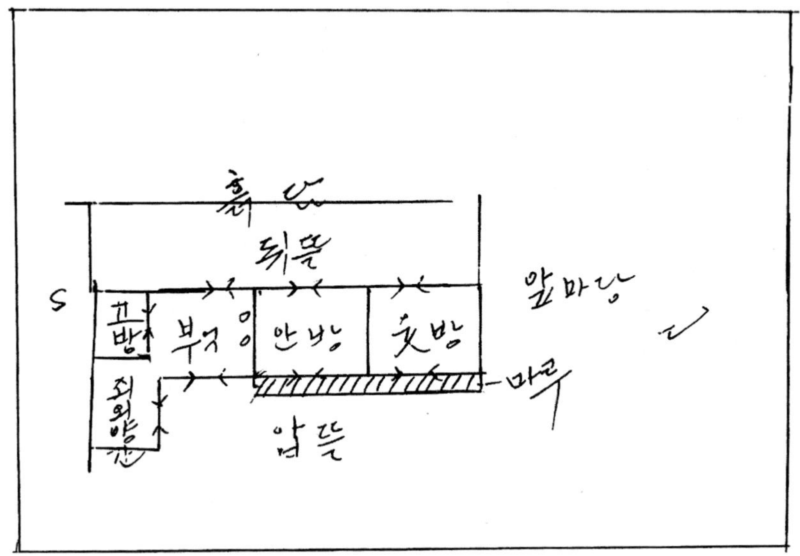

■ 보정 도면

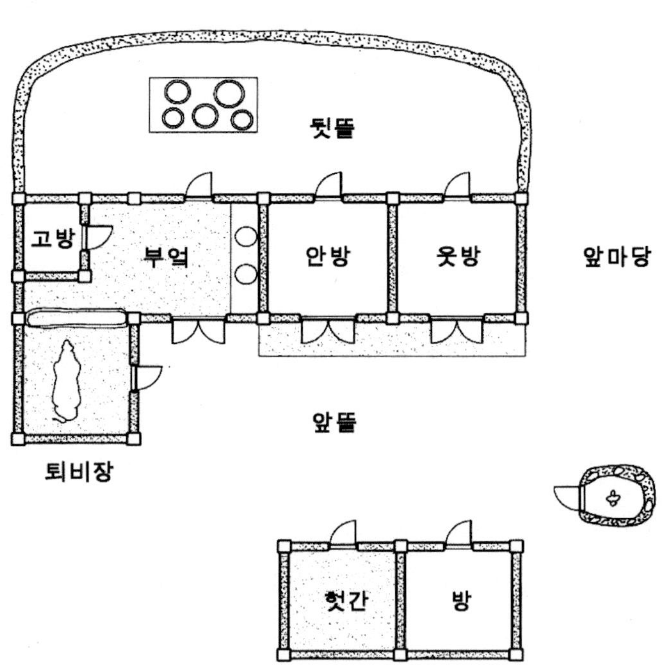

# 34. 안변군 이창환 씨 댁

성명: 이창환(1925년생)
주소: 함남 안변군 배화면 풍하리
가족: 5인, 아버지 및 누이동생, 형님가족과 동거
경제: 농업, 상류계층
마을: 평야지대 농촌, 약 60호
주택: 1910년, ㄱ자 안청형 양통집, 초가지붕

## 안청형 양통집

이 집은 1910년대에 건립되었다. 담장은 흙돌담이나 대문은 없었다고 한다. 다만 뒷마당(뒤란) 쪽은 수숫대로 엮어서 둘렀다. 살림채의 마루로 통하는 문을 대문이라고 기재하였고, 부엌문도 작은 대문이라고 기재한 점을 눈여겨볼 만한다. 부속채가 전혀 없이 모든 주거공간이 살림채 안에 집중되어 있는 전형적인 함경도 집중형 주거이다.

살림채의 평면은 외양간이 돌출한 양통집이며, 지붕은 초가지붕이다. 그러나 개방된 정주간이 없고 마루를 두고 있다는 점이 함경도의 전형적인 형식과 큰 차이가 있다. 이러한 평면구성은 강원도 남부나 경북북부지방에서 흔히 보이는 '안청형 양통집'과 유사하다. 함남의 안변군은 강원도와 접경한 남부지역이라는 점에서 '안청형 양통집'의 분포범위를 함경남도까지 올려 잡을 수 있는 귀중한 사례이다.

안방은 큰형이 기거했고, 중간방은 본인이 사용했으며, 윗방은 곡식창고 용도로 사용했다고 한다. 윗방에는 곡식을 저장하는 큰 독이 가득하여 평소에는 창고용도로 사용하다가 손님이 오면 잘 수 있도록 갈대로 만든 자리를 깔아 놓았다고 한다. 사랑방 옆에 사랑부엌을 별도로 설치한 것도 대단히 독특하

다. 부엌에 접한 방은 부친이 사용하고 손님방은 평소에 동네노인들의 마을방
으로 사용했다고 한다.



■ 1차 도면

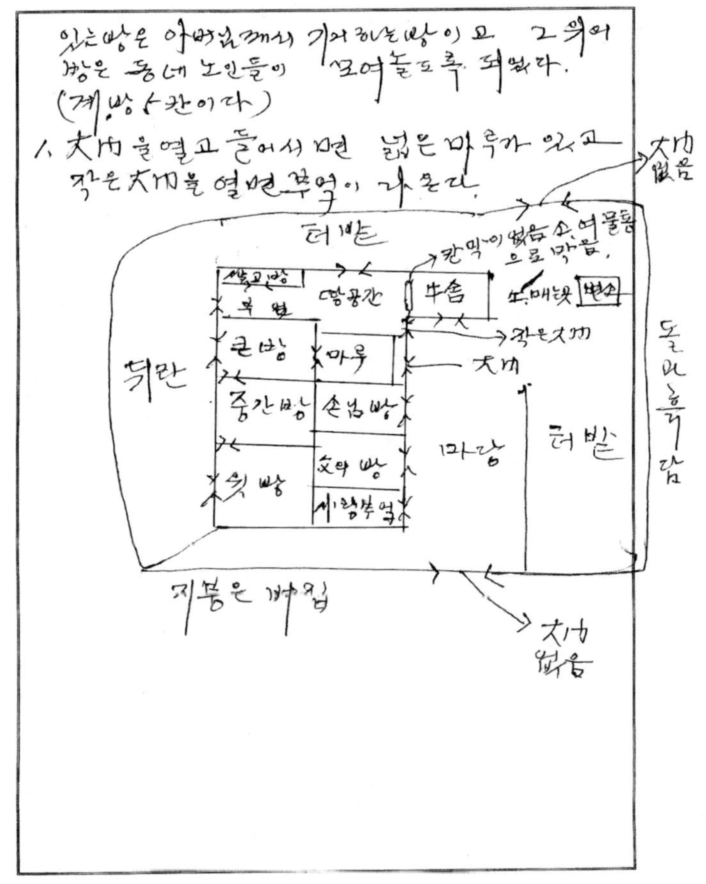

## ■ 보정 도면

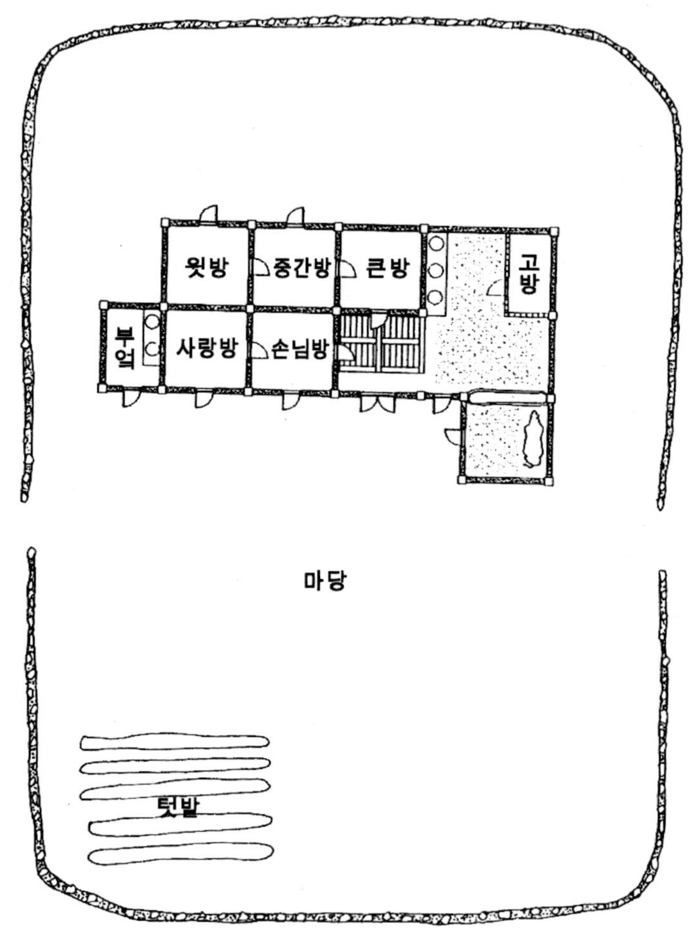

# 35. 안변군 이희덕 씨 댁

성명: 이희덕(1930년생)
주소: 함남 안변군 석왕사면 신월리
가족: 4인, 조모 및 부모
경제: 농업, 중류계층, 논 5,000평, 밭 1,000평
마을: 평야지대 농촌, 150호
주택: 1925년대, ㄱ자형 양통집, 초가지붕

## 강원도 접경지대의 ㄱ자형 양통집

이 집은 함경남도 남부 강원도 경계지역인 안변군 농촌마을에 소재했던 집이다. 담장은 높이 1미터 정도의 흙돌담이며 사립문을 달았고, 살림채가 초가지붕이며, 생산공간이 적은 것을 보아 주택의 모습은 소농주거에 가깝다. 살림채의 평면형식이 양통집이라는 것을 제외하고는 함경도 주택의 일반적인 성격과는 거리가 멀다. 살림채 안에 생산공간이 없고, 정주도 없으며, 사랑방이 돌출한 ㄱ자형 평면이다.

2차 회신에서는 방의 치수를 8척이라고 표기해 주었는데, 보통 안방의 크기가 뒷방보다는 크기 때문에 정확한 기억인지는 확인하기 어렵다. 가장 특이한 것은 안청형 마루를 가지고 있다는 점이다. 양통집 안에 마루를 둔 형식은 주로 강원도와 경북지방에서 나타나는데, 이를 '안청'이라고 부른다. 강원도와 접경지대인 까닭에 이러한 형식도 혼재하였을 것으로 보인다. 따라서 이 집은 안청형 양통집의 분포한계를 함경도 안변까지 올려 잡을 수 있는 중요한 사례이다.

■ 1차 도면

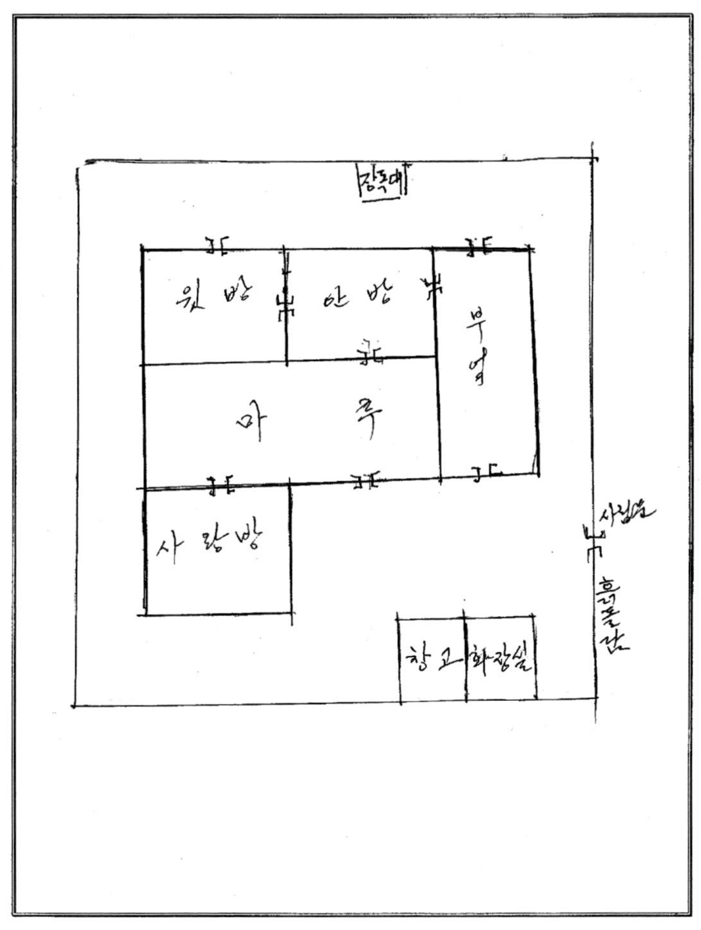

## ■ 보정 도면

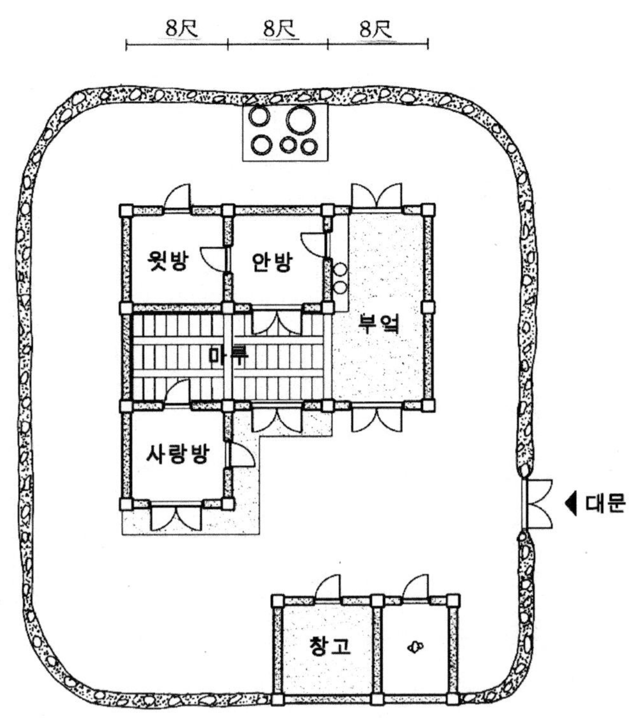

# 36. 안변군 김생려 씨 댁

성명: 김생려(1932년생)
주소: 함남 안변군 안변면 문내리
가족: 5인, 조모 및 부모 형제와 동거
경제: 농업, 공업 병행, 중류계층, 논 5,000평
마을: 면소재지, 약 1,000호
주택: 1920년대, ㄱ자 외통집, 초가지붕

## 군소재지의 도시형 주택

이 집은 안변군 소재지에 소재하는 도시형 주택이다. 이 집 앞으로는 장마당이 있고 경찰서와 군청, 면사무소 등 관공서가 자리하여 도시의 중심부에 소재함을 알 수 있다. 회신자 가정은 농사를 겸하고, 구두수선 가게를 운영하는 반농·반상의 가정이었다. 주택의 모습도 도로와 관련성을 갖는 ㄱ자형의 건물로 농촌주택과는 차이가 있다. 다만 지붕은 초가로 엮어 올렸다. 주택의 건립연대는 약 70년 전이라고 기록하였는데, 대략 일제시기 후반부에 건립된 것으로 보인다.

주택의 담장은 흙돌담으로 쌓았으며, 대문도 달았다. 마당에는 부속채로서 헛간과 창고를 두었는데, 헛간에는 장작을 쌓아 놓았다고 한다. 이 장작더미 속에 쌀독을 감추었는데, 이는 일제시기에 공출을 피하기 위해서였다고 설명한다. 창고의 용도는 기재하지 않았다.

건물의 배치나 평면으로 보면 대단히 독특하다. 살림채에서 가장 내밀해야 할 안방과 부엌이 도로에 면하고 있기 때문이다. 안방 옆의 비어 있는 칸이 구두를 수선하는 가게였다고 기록한 점으로 보아 이 부분이 상점용도로 사용되었기 때문에 도로에 접할 필요가 있었다고 보인다. 또한 이 때문에 안방의 앞, 뒤로 툇마루를 설치하는 필요가 발생했을 것이다. 일제시기부터 도시지역에서 벌어지고 있는 도시화 과정과 주택의 변화를 보여 주는 사례이다.

■ 2차 도면

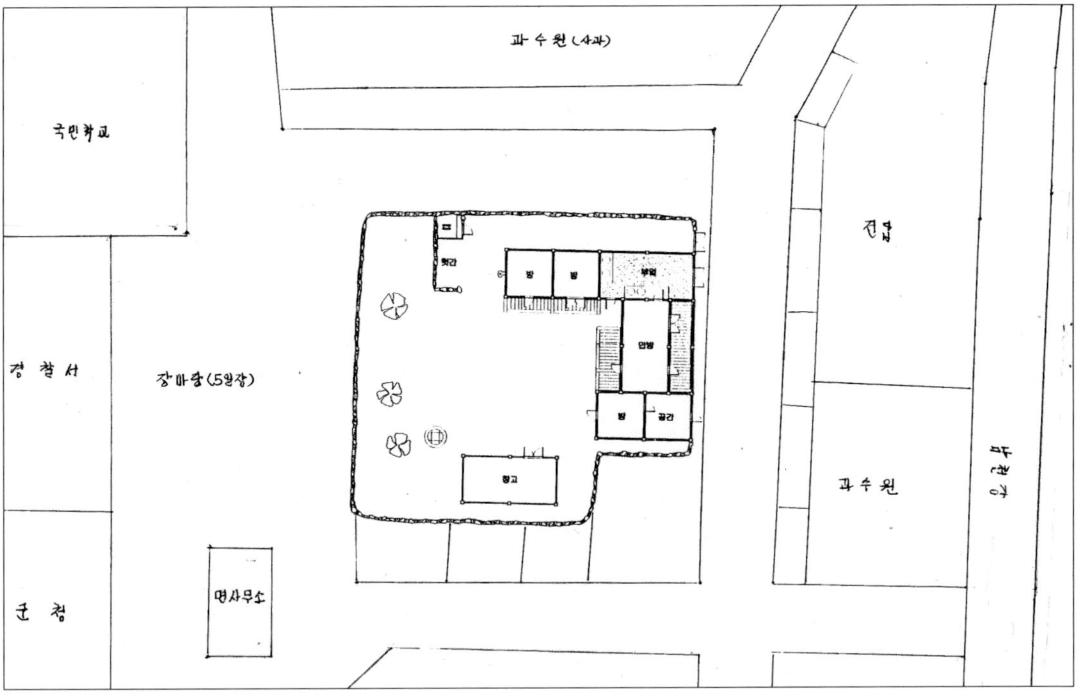

■ 1차 도면                    ■ 보정 도면

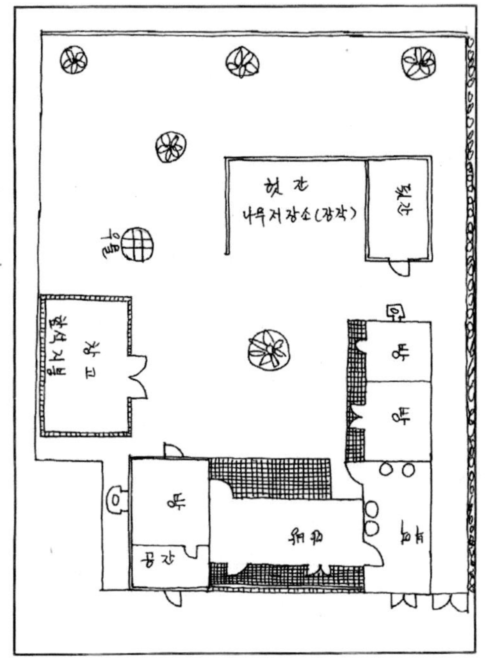


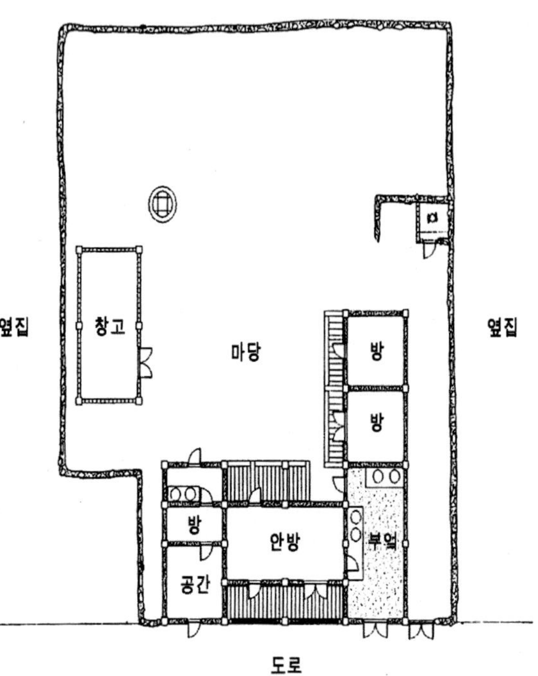

# 37. 함흥시 백일호 씨 댁

성명: 백일호(1934년생)
주소: 함남 함흥시 성천
가족: 7인, 부모형제와 동거
경제: 상업, 중류계층
마을: 대도시
주택: 1925년, ㄱ자 외통형 우진각 기와집

## 대도시의 ㄱ자형 외통집

함흥시라는 대도시에서 일제시기에 지어진 집이다. 상업에 종사하는 도시 가정으로서 농가와는 거리가 멀다. 우진각기와지붕으로 표기되어 있는 것으로 보아 전통 골기와가 아닌 왜기와를 사용한 것으로 추정된다. 농업과 관련한 생산공간이 전혀 없으며 살림채만으로 구성되었다. 살림채는 남향으로 배치되었고 담장과 대문도 튼실하다. 살림채의 평면구성 또한 함경도지방의 지역성과는 전혀 다른 모습이다.

살림채는 ㄱ자 외통형인데 마루까지 갖추고 있어 오히려 충청도 지방의 전통민가에 가깝다. 마루가 개방되었다는 점에서 분산형 공간구성의 개념을 가지고 있다. 마당 쪽으로 열린 마루를 갖는 집은 함경도에서는 보기 어렵다. 툇마루의 폭도 상당히 넓어 4척으로 기재하였다. 강원도의 전통 민가에서도 4척 이상이 되는 툇마루는 잘 나타나지 않는다. 각 공간마다 치수가 기재되어 있는데 방은 모두 9척이고, 마루는 8척으로 약간 작다. 안방은 부모님, 윗방은 본인, 중간 방은 동생들, 사랑방은 누님이 사용했다고 한다.

## ■ 1차 도면

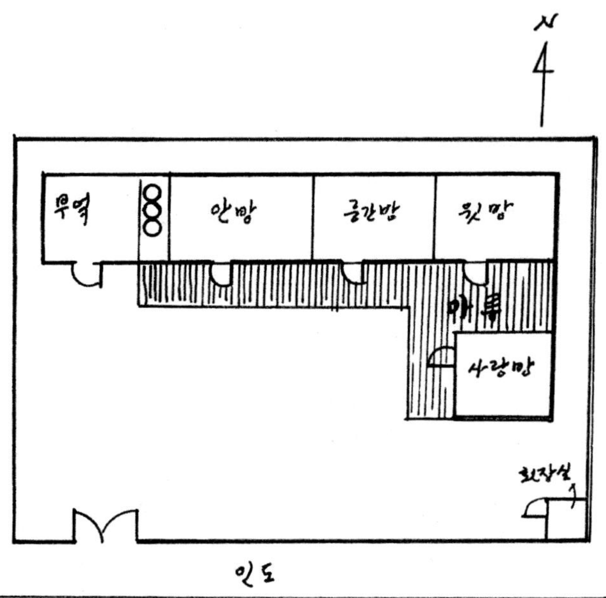

## ■ 보정 도면

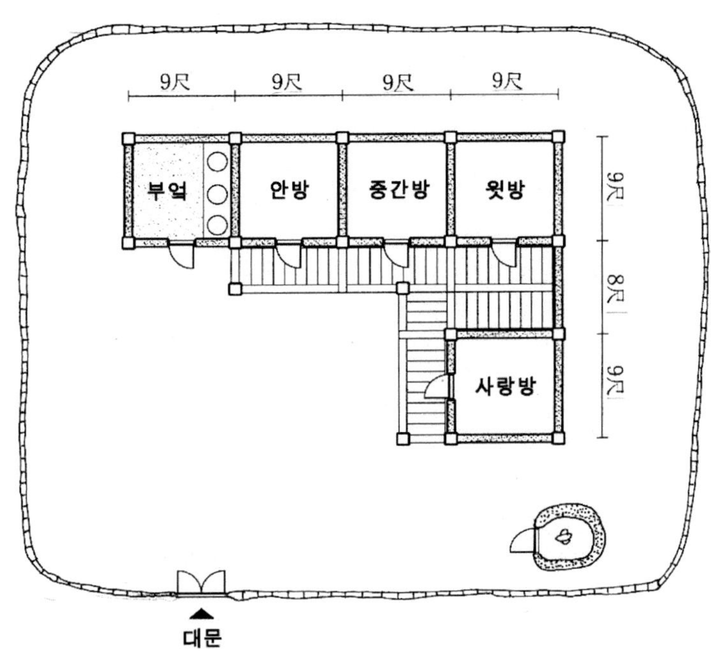

# 38. 함흥시 김하묵 씨 댁

성명: 김하묵(1929년생)
주소: 함남 함흥시 광화리
가족: 8인, 부모형제와 동거
경제: 상업, 중류계층
마을: 대도시
주택: 1910년, —자 양통집, 팔작기와지붕

## 전통주택의 상업화 개조

이 집은 함흥시에 소재하는 상업용 주택이었다. 집 부근에는 큰 장터가 있었고 이 집은 화목을 판매하는 집이었기 때문에 소마차를 가지고 오는 손님들의 숙식장소로도 이용되었다고 한다. 이 때문에 살림채 이외에도 큰 외양간을 별채로 두었다. 이 주택 안에 침실이 많은 이유도 이러한 숙박 때문이었을 것으로 보인다. 특이한 것은 별채로 지어진 사랑채뿐만 아니라 살림채 안에도 별도의 부엌을 갖춘 침실이 있다는 점이다. 이러한 방들은 월세를 놓았다고 기록되어 있다. 일제시기에 대도시의 주택난과 임대현상을 볼 수 있는 귀중한 사례이다.

1차 도면부터 거의 수정할 필요가 없을 정도로 상세하게 작도한 자료를 보내 주었다. 외부공간이나 배치, 스케일도 신뢰할 만하다. 담장은 높이 2미터 정도의 판자 울타리로 둘렀고, 대문도 있다. 살림채는 남향으로 배치되었고, 평면형식은 전통적인 양통집이다. 다만 살림채 안에 생산공간이 없고 그 공간을 침실로 대치하였다. 뒷방 또한 증축된 것으로 보인다. 따라서 임대수익을 올리기 위해 본래 전통가옥을 개조하거나 증축한 것으로 생각된다.

### ■ 1차 도면

635
N
송판 울타리
장독대
부엌건너방
문
부엌
부엌
정지문
문
문고방
문옷방
뒷방
부엌
문
안방
옷방
외양간
창문
창문
문
뒷마루
사랑옷방
사랑안방
문
부엌
화장실
소문, 재, 퇴적장
小문
大문
송판 울타리
도로 (小방)

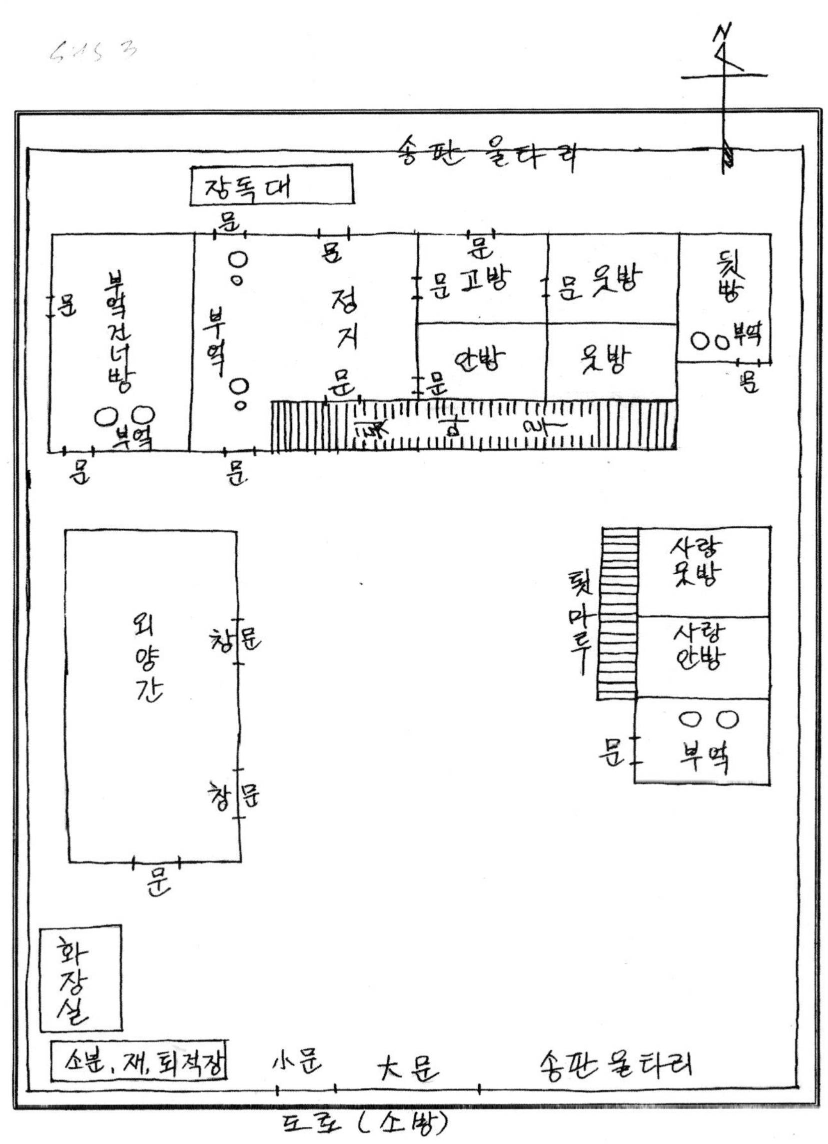

## ■ 보정 도면

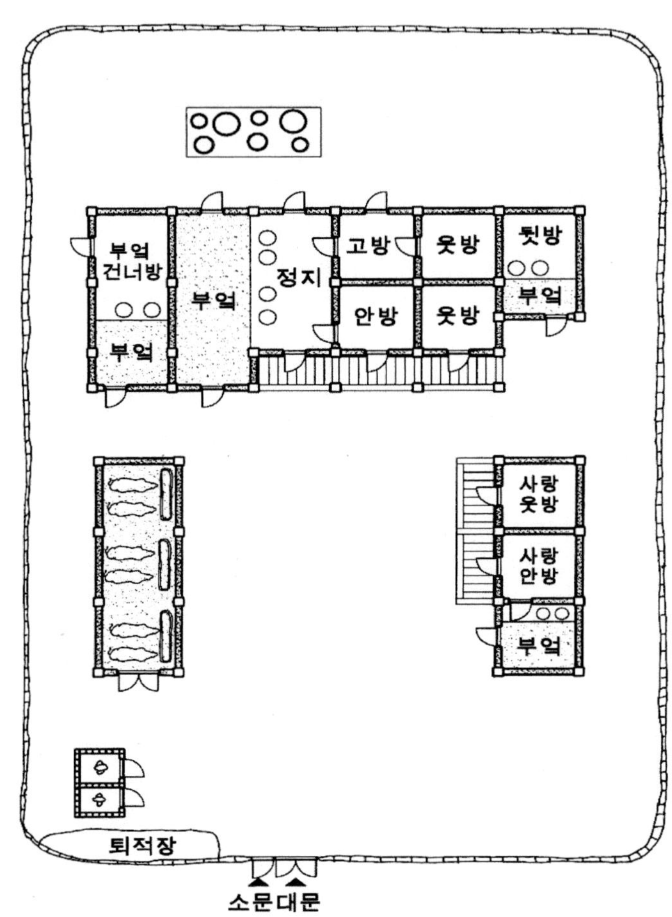

# 39. 함흥시 강상우 씨 댁

성명: 강상우(1927년생)
주소: 함남 함흥시 통남리
가족: 17인, 부모형제, 형님가족과 동거
경제: 상업, 중류계층
마을: 대도시
주택: 1940년, —자 양통형, 팔작기와지붕

## 함흥시 도시주택

이 집은 함흥시에 소재했던 도시주택이다. 대도시에 있었던 집이나 평면구성은 전통형식이 잔존하고 있다. 상업에 종사하는 중류계층의 도시주택인데 내부에 상업공간을 가지고 있는 사례는 아니다. 형님가족과 동거하는 17인의 가구구성으로 보아 별채가 있었을 것으로 추정되나 3차 회신까지도 확인되지 않았다.

담장은 1.8미터 높이의 판자 울타리이며, 건물은 남향으로 배치되었다. 평면은 정주간이 있는 양통집으로서 함경도 농가의 전형에 가깝다. 다만 생산공간이 없다는 것이 도시형 주택의 모습으로 보인다. 툇마루에 유리 창호를 달았고 정주의 칸막이도 나중에 두 짝 미서기문으로 달았다고 한다. 창호의 표현이나 치수의 표기가 상세하여 자료적 가치가 있다. 원래 전통주택이었는데 일제시기에 부분적으로 변형이 이루어진 것으로 생각된다.

## ■ 1차 도면

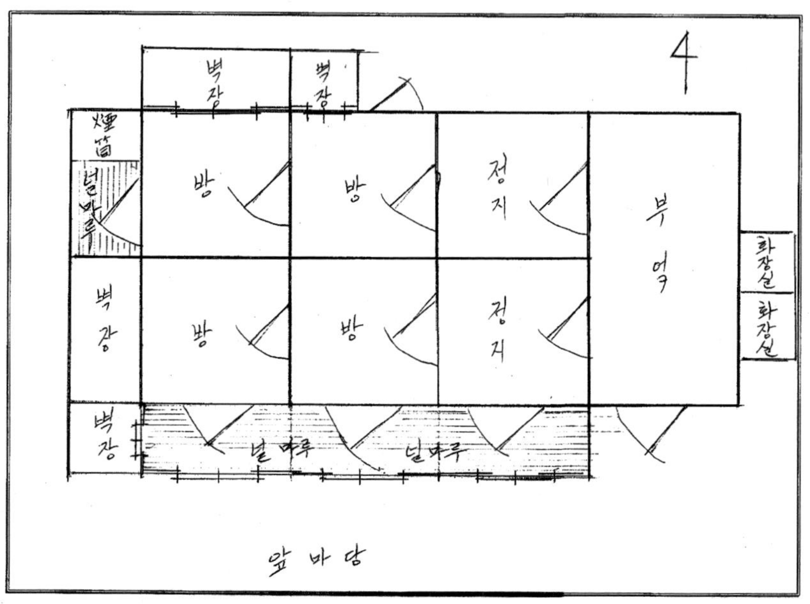

## ■ 보정 도면

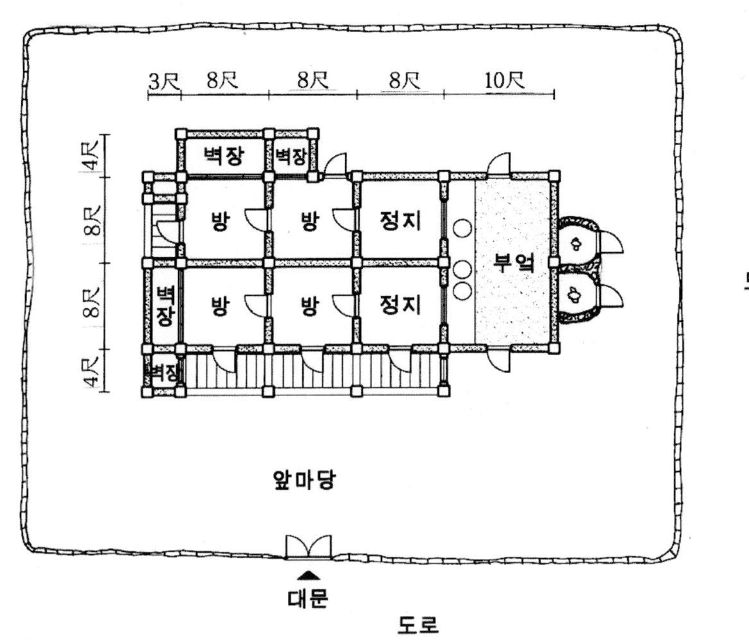

# 40. 흥남시 김동수 씨 댁

성명: 김동수(1927년생)
주소: 함남 흥남시 구룡리
가족: 6인, 조모 및 부모, 형님 내외와 동거
경제: 광업, 중류계층
마을: 도시
주택: 1900년대, —자 양통집, 팔작기와지붕

### 흥남시 도시주택

이 집은 흥남시 도시 외곽에 소재했던 집이다. 마을 앞 간선도로는 4차선이며 신구룡리 화학공장과 흥남비료공장 방향이 표시되어 있는 것으로 보아 일제시대 신흥공업지역이었던 같다. 마을 주변에는 아직도 남새밭이 남아 있으며, 회신자의 어린 시절에 사탕수수를 베어 먹던 기억을 기록해 주었다. 주택의 건립연대는 약 100년 전 정도로 기억하고 있으나, 건물형식으로 볼 때 대략 일제시기에 건립되었거나 개축된 듯하다. 연탄창고가 있는 것으로 보아 연탄난방을 사용한 것으로 보인다.

주택의 형식은 전통식과 큰 차이를 보인다. 지붕을 덮은 흙돌담을 둘렀고 대문도 달았다. 부속채가 전혀 없는 외채형이며, 기와지붕의 살림채만 갖는다. 주거 내에는 농업과 관련한 공간이 없고, 부엌에서 개방된 정주간도 없다. 살림채는 양통집으로서 침실과 창고만으로 구성되었다. 마당에 면한 쪽은 모두 침실이며, 그 뒷줄은 모두 창고로 사용된다. 침실의 앞부분에서부터 측면에 이르기까지 툇마루를 두른 것도 도시형 주택의 편의성이다. 각 실의 용도에 대해서는 상세한 기술을 얻어 내지 못하였다.

## ■ 1차 도면

北
興南에서도 부엌이 방보다, 크다
방보다 더 깨끗합니다
굴뚝
방
창고
창고
창고
쌀독
변란창고
방
방
방
안방
부엌
천장
마당
대문

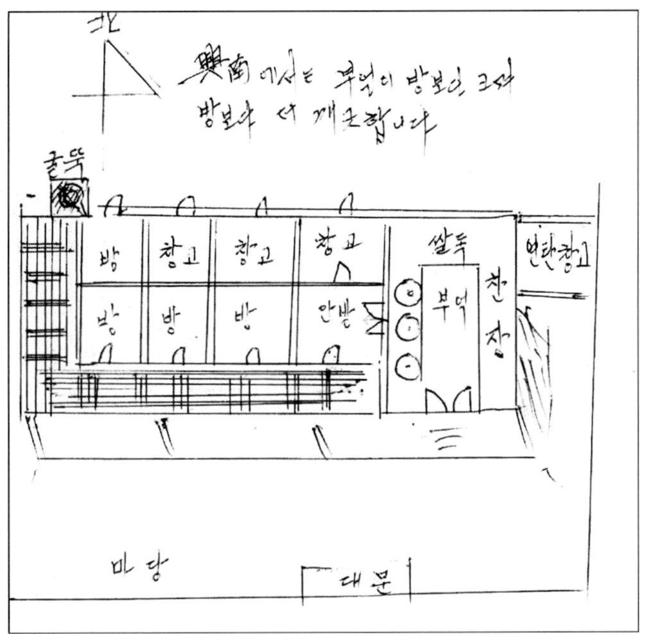

## ■ 보정 도면

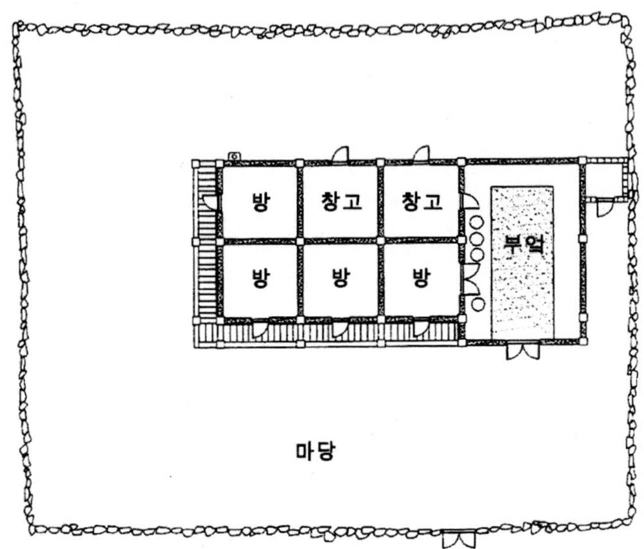

# 41. 흥남시 문재원 씨 댁

성명: 문재원(1928년생)
주소: 함남 흥남시 운성리
가족: 11인, 부모형제와 동거, 기타 4명의 가족
경제: 농업, 상류계층
마을: 평야지대 농촌, 약 30호
주택: 1910년대, 돌출형 양통집, 초가지붕

## 도시 외곽의 농촌주택

이 집은 행정구역상 흥남시에 속해 있으나 도시인근의 농촌마을에 소재한 것으로 보인다. 당시의 생업도 농업을 경영하는 상류계층이었다. 이 집은 대략 1910년대에 건립된 걸로 기억하고 있다. 담장은 높이 2미터 정도의 판자로 둘렀고 대문도 달았다고 한다.

이 집은 상류계층의 주택답게 부속채가 많다. 살림채의 동쪽에 있는 부속채에는 방앗간과 2칸의 창고를 두었다. 살림채의 서측에는 두 칸짜리 곳간을 두었다. 이러한 수장공간만으로도 당시의 경제력을 짐작게 한다. 특이한 것은 침실이 있는 3칸짜리 부속채를 만들었는데 그 용도가 분명치 않다. 경제력이 높은 것을 보아 머슴들이 기거하는 곳이 아니었나 추측될 뿐이다. 마당 쪽으로 판자 담을 설치했고, 별도의 대문까지 두었다. 다만 살림채를 포함한 다른 건물들이 모두 초가집인 데 비해 이 부속채만은 기와지붕이라는 점을 이해하기 어렵다.

살림채는 외양간이 앞마당으로 돌출한 평면구성이다. 외양간 뒤쪽으로는 고방을 두었는데, 일반적으로는 이곳에 방앗간을 설치한다. 방앗간을 별채로 내면서 이곳을 고방으로 사용한 것 같다. 부엌과 정주간 사이에도 본래에는 칸막이가 없었다고 한다. "추위관계로 칸막이를 했다."고 기재하였다.

　침실구성은 田字形이나 고방자리를 사랑방으로 기재하였다. 이곳은 남자형제들이 기거하는 공부방이었다고 한다. 이 방에는 뒷벽 쪽으로 벽장이 설치되어 있다. 식구가 많은 관계로 고방을 외양간 쪽으로 설치하면서 침실로 사용한 듯하다.


### ■ 1차 도면

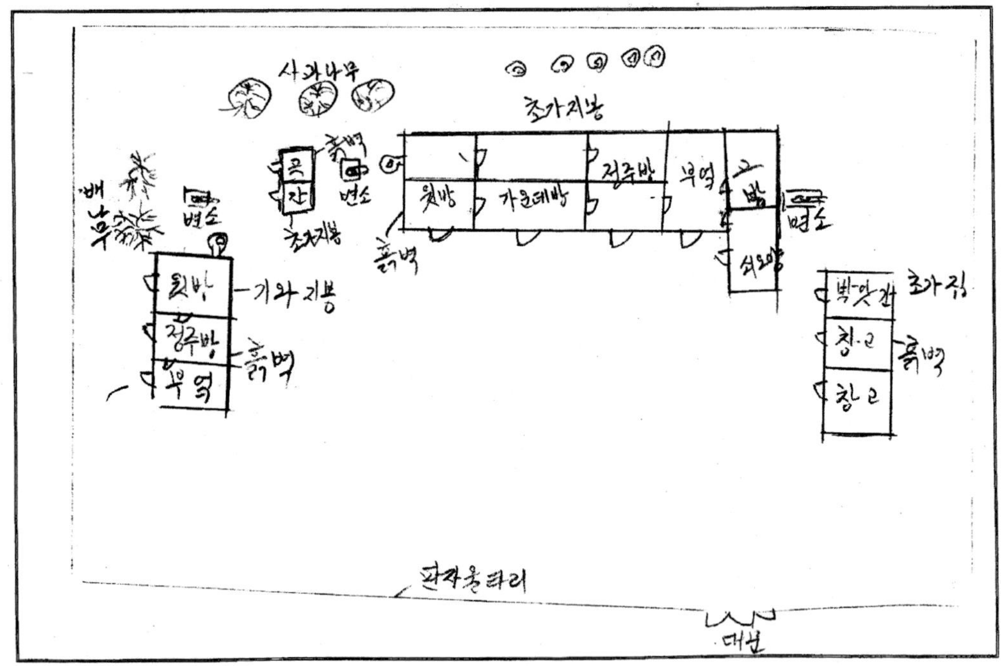

## ■ 보정 도면

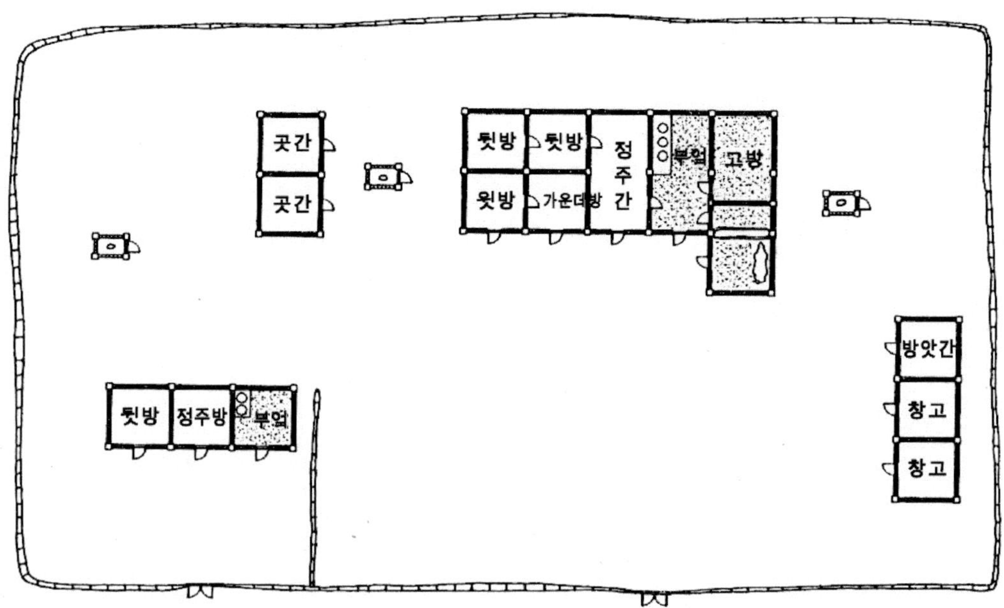

# 42. 흥남시 김종호 씨 댁

성명: 김종호(1925년생)
주소: 함남 흥남시 영대리
가족: 6인, 부모형제와 동거
경제: 회사원, 중류계층
마을: 도시 외곽, 85호
주택: 1925년, —자 양통집, 초가지붕

### 흥남시 외곽의 농촌주택

이 집은 흥남시 외곽 농촌마을에 소재했던 도시주택이다. 농촌마을에 살면서도 농사를 짓지 않았다고 한다. 주택은 재래 전통식 가옥이나 생활환경의 변화로 집 내부구조가 부분적으로 개조되었다고 한다. 그러나 평면상으로 보면 큰 변화는 보이지 않는다. 담장은 높이 1.8미터 정도의 판자 울타리이며 대문도 있다. 부속채로는 헛간, 곡간, 뒷간으로 구성된 별채가 있으며, 살림채는 남향으로 배치되었다.

1차 도면은 전문가의 솜씨로 그려진 평면도라 신뢰도가 높다. 벽체의 두께와 창호의 문짝 수를 구분하여 표현했다. 살림채는 개방된 정주를 갖춘 양통집으로서 이 지방의 전형적인 모습이다. 다만 부엌 옆으로 생산공간이 없을 뿐이다. 침실도 田字形으로 구성되어 있으며, 각 침실의 사용도 전통적인 방법으로 사용되었다. 부엌 뒷마당에 수도펌프를 설치한 것이 유일하게 근대적 변화로 보인다.

## ■ 1차 도면

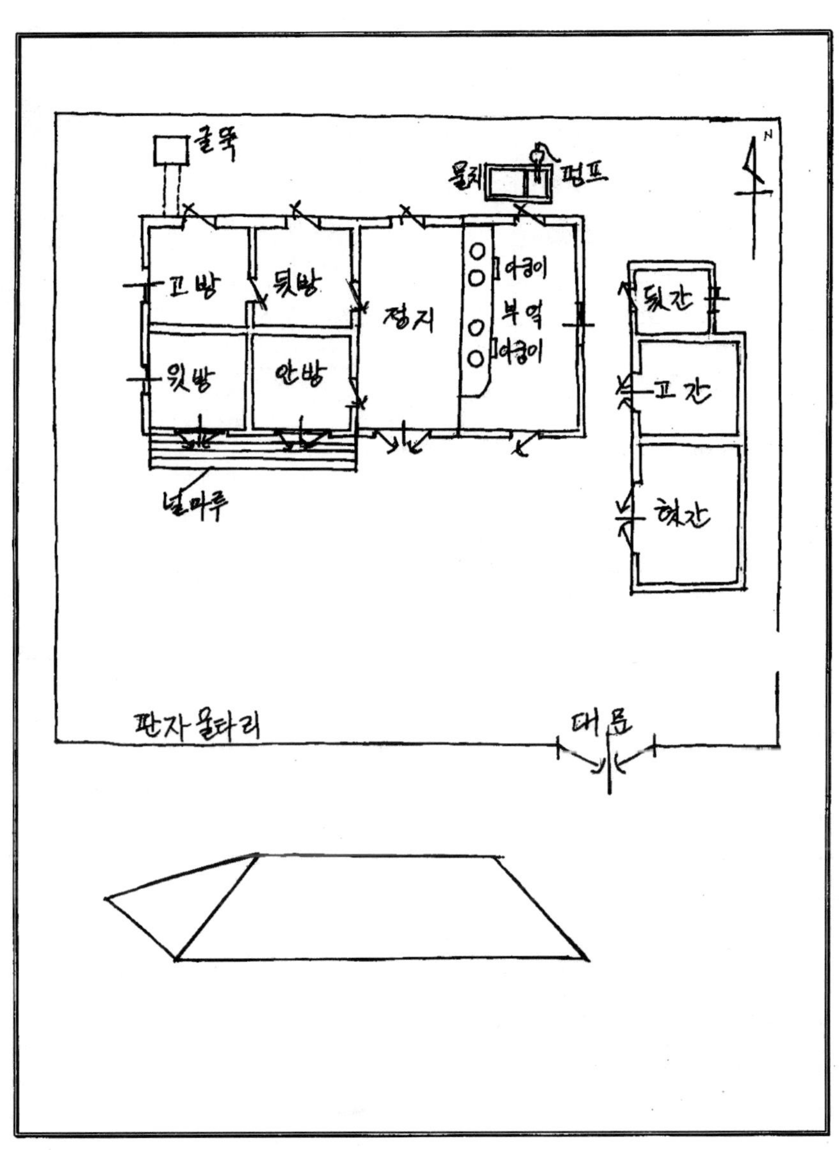

## ■ 보정 도면

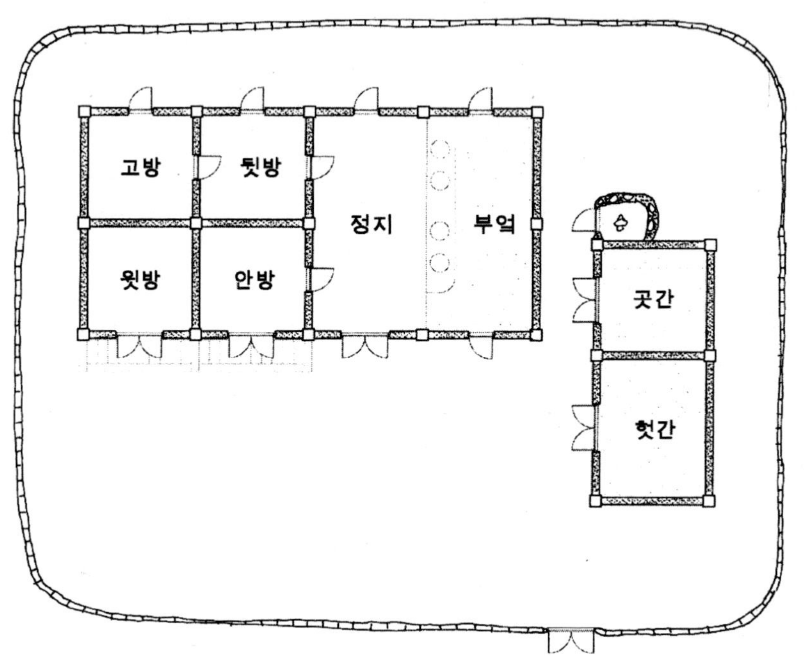

# 43. 흥남시 박충길 씨 댁

성명: 박충길(1924년생)
주소: 함남 흥남시 구룡리
가족: 3인, 부모와 동거
경제: 공무원 및 상업, 중류계층
마을: 도시
주택: 일제시기, ㄱ자 양통집, 일식기와지붕

### 음식점으로 개조

회신자의 가족은 공무원으로 일하며, 집에서는 상점을 경영하는 가정이다. 따라서 이 집은 도시 내에 소재한 주상복합의 주택이라고 볼 수 있다. 주택의 건립연대는 기재되어 있지 않으나 주택의 형태나 유리창호의 사용, 왜식기와의 사용, 별채가 양철지붕이었다는 점으로 미루어 일제시기에 건립된 것으로 보인다.

주택의 구성은 본래 일자형 양통집의 살림채에다가 상점용도의 영업장을 증축하고, 상업확대에 따라 별채를 다시 지은 것으로 보인다. 별채는 요정과 같은 술집을 경영한 것으로 기재했다. 따라서 상점 부분의 손님방 이외에도 많은 손님방이 필요했을 것이다. 살림채의 정주간과 뒷방만을 제외하고는 모든 공간을 손님방으로 사용했다.

이 주택은 일제시기 일본건축의 영향을 잘 보여 주는 사례이다. 본래에는 전통적인 일자형 양통집이었으나 상업용도로 개조하면서 당시의 재료나 건축방식을 도입한 것으로 보인다. 왜식기와를 사용하거나 다다미방, 양철지붕, 유리창호의 모습이 이를 반증하고 있다.

## ■ 2차 도면

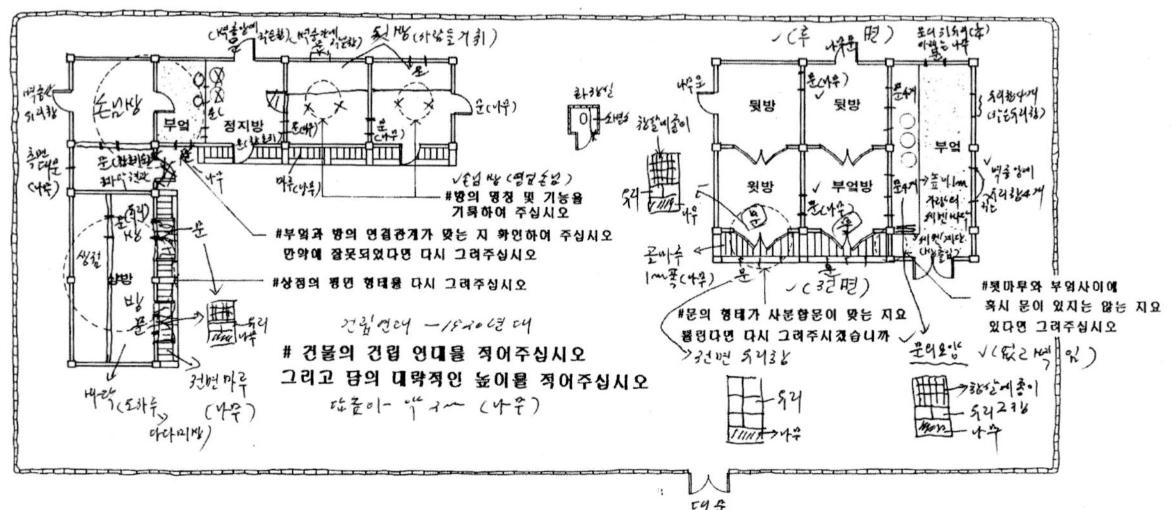

## ■ 보정 도면

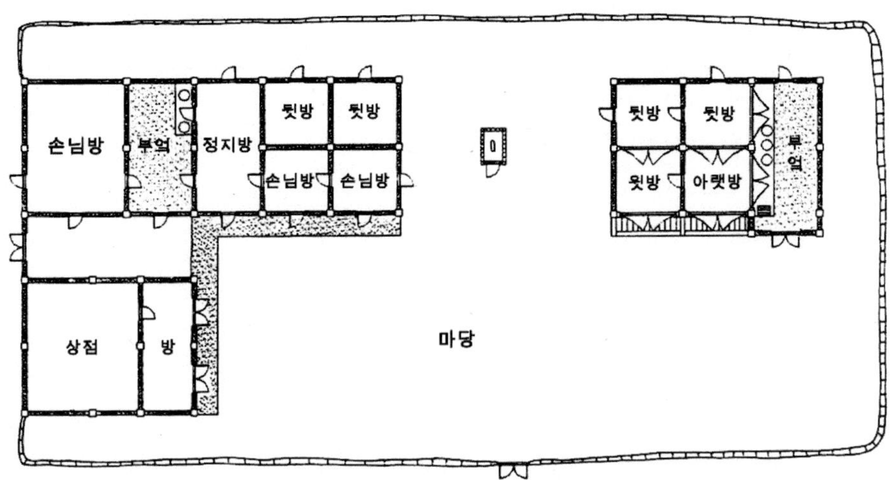

# 44. 흥남시 김기용 씨 댁

성명: 김기용(1928년생)
주소: 함남 흥남시 천기리
가족: 5인, 부모형제와 동거
경제: 회사원, 중류계층
마을: 도시
주택: 일제시기, ㄱ자 외통집, 일식기와지붕

## 일제시기의 연립주택

흥남시 외곽에 소재했던 집이다. 회신자가 그려준 2차 도면에는 집 주변의 상황이 구체적으로 묘사되었다. 주변에 연립주택들이 규칙적으로 배치된 것을 보아 일제 때 조성된 주거단지임을 알수 있다.

회신자의 가족은 회사에 근무하는 전형적인 도시가정이다. 이 집은 일제시기 일본인이 건축한 2가구형 연립주택이라고 한다. 본래 2가구형 연립에 증축하여 3가구형으로 개축한 듯하다. 이러한 주택의 모습으로 볼 때 조선주택영단에서 건설한 영단주택이 아니었나 추측된다. 건축요소를 살펴보면 일본식 주거의 영향이 강하게 나타난다. 현관이 있고, 부엌 안에 목욕탕이 설치되어 있으며, 다다미방을 만들었다. 다만 이러한 주택에도 온돌방이 설치되어 있어 한국인의 주거문화가 지속됨을 볼 수 있다.

■ 1차 도면

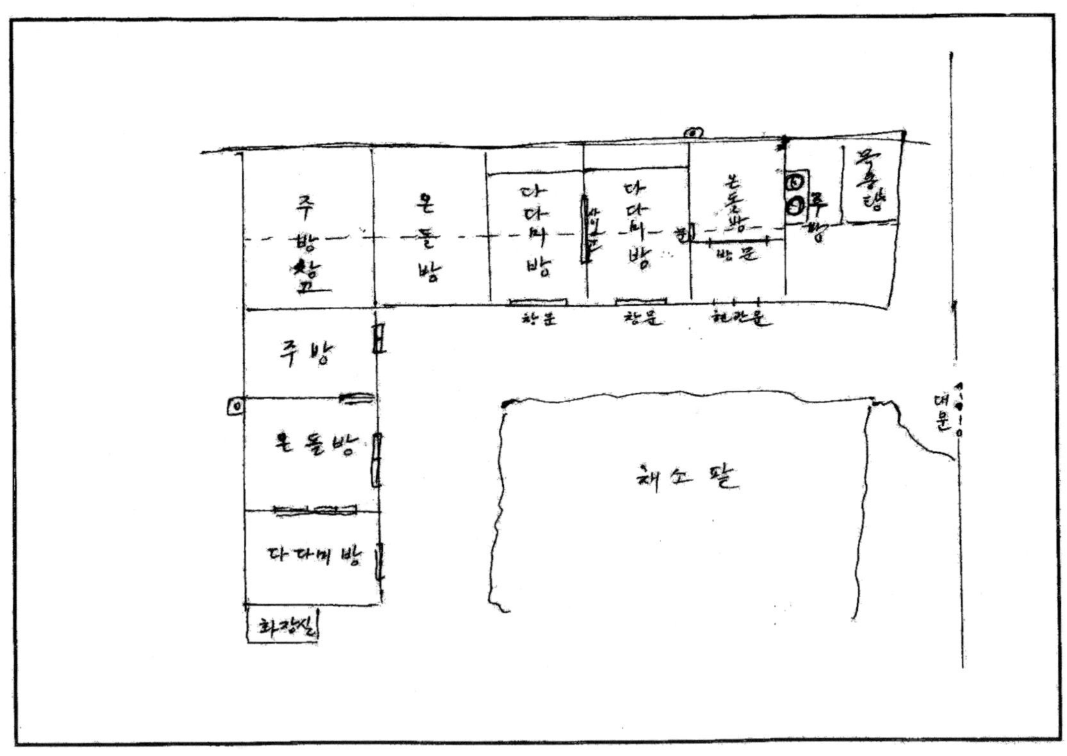

## ■ 2차 도면

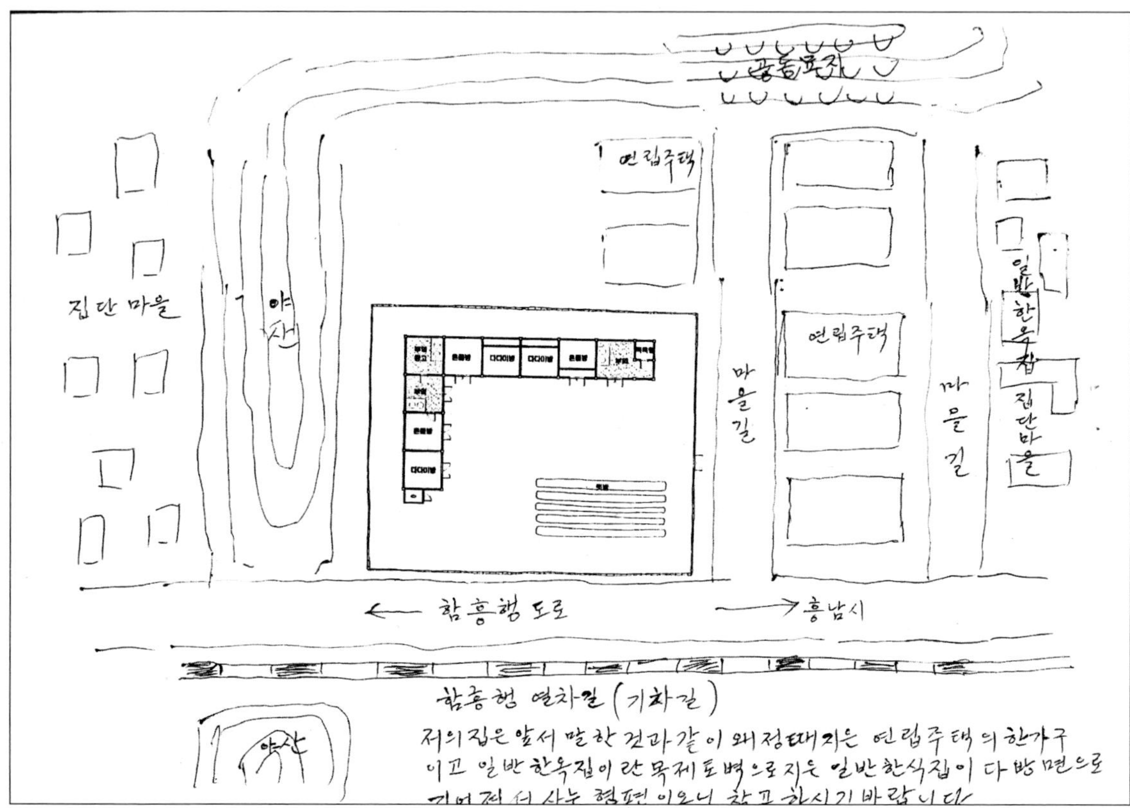


저의집은 앞서 말한 것과 같이 외정태지은 연립주택의 한가구 이고 일반 한옥집이란 목제토벽으로 지은 일반 한식집이 다방면으로 _____저 더 사는 형편 이오니 참고 하시기 바랍니다

■ 보정 도면

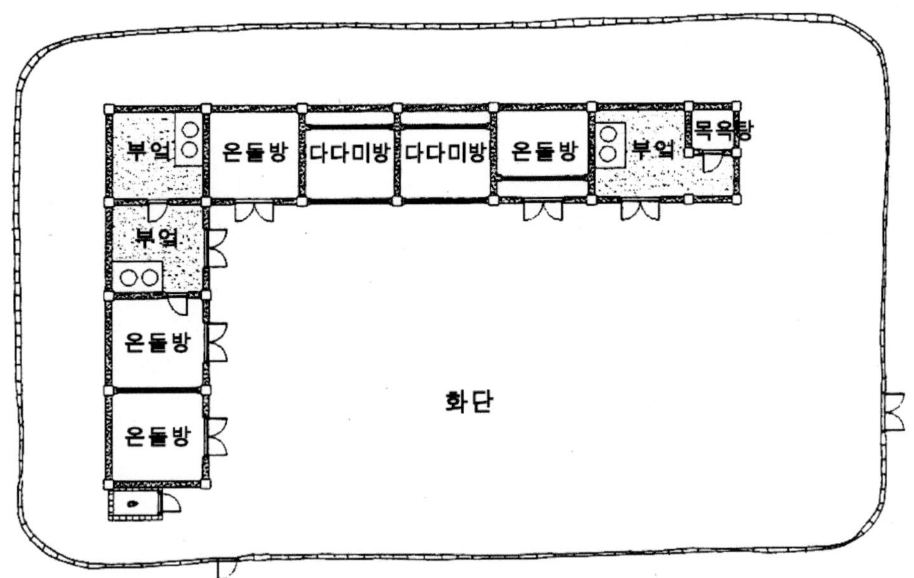

부록

# 북한지역 전통주거에 관한 연구 (1)
－북한출신주민들의 지식체계분석을 통하여－

# 1. 서론

전통주거를 대상으로 하는 연구는 일찍부터 건축학, 지리학, 민속학 등의 분야에서 중요한 연구주제가 되어 왔다. 건축학 분야에서는 주거공간 및 형태에 초점을 두어 주거문화의 특질과 그 변화를 파악하려 하였고, 지리학에서는 주거유형의 지리적 분포로서 문화권을 설정하는 데 관심을 기울여 왔다. 또한 민속학에서는 주거의 건설과정이나 건축의례 등을 대상으로 전통문화를 복원하고자 했다. 비록 각 학문의 관심영역과 관점이 약간씩 차이가 있기는 해도 연구의 대상은 전통주거의 실증적 자료를 바탕으로 지역성, 계층성, 시대성을 해석하는 작업은 기본적이고 공통적인 과제였다.

해방이후 국내학자들의 헌신적인 노력으로 전통주거의 실증적 자료들이 폭넓게 수집되고 해석되는 가운데 연구지역내에서 또는 지역 간의 비교를 통하여 한국 주거의 시대성이나 지역성, 계층성 등이 규명되어 왔다. 이를 바탕으로 한국 주거사 또는 한국 주거문화의 지역적 특성, 한민족 주거문화의 정체성 등 한반도와 한민족 전체를 포괄하는 주제로 까지 확장되고 있다.

그러나 해방이후 남한학자들은 북한으로의 현장조사가 불가능해짐에 따라 북한지역에 관한 새로운 자료의 제공이 중단될 수밖에 없었다. 따라서 북한지역에 대한 자료는 전적으로 일제시기 일본인 학자들[1]이나, 북한학자들[2]이 그들의 관점에서 섭렵한 극히 소수의 자료에 의존해 왔

---

1) 북한주거를 연구한 일본인 학자들은 小田内通敏, 今和次郎, 岩規善之, 野村孝文 등이 있다.

다.[3] 이러한 자료만으로는 주거연구의 가장 기초가 되는 지역적 특성마저도 파악될 수 없을 뿐만 아니라, 그 나마 어떤 가설도 뒷받침될 수 없는 극소수의 자료만이 제공되어있는 실정이다.

이러한 자료의 한계는 한반도와 한민족 전체를 대상으로 하는 한국 전통주거문화의 본질과 성격을 파악하려는 시도에 장벽이 되고 있다. 따라서 하루빨리 현지조사가 가능하게 되어 북한지역 주거에 대한 실증적 조사와 자료의 확충이 이루어지기를 고대해 왔다. 그러나 현실적인 상황에서 현지조사의 가능성은 쉽게 보이지 않고 있으며, 현지조사가 가능하다고 하여도 그 지역의 전통주거가 원형을 유지하고 있을 것이라는 보장이 없다. 남한의 근대화 과정에서 보여지듯이 해방이후 북한의 사회적 변화에 따라 심각한 변형이나 파괴, 소멸 등이 예상되기 때문이다.

지금까지 전통주거에 관한 연구는 현장실측조사에 의한 자료수집에 전적으로 의존해 왔다. 그러나 현장으로의 접근이 불가능한 현실적 여건을 감안할 때, 북한지역의 전통주거에 대해서는 2차적인 자료발굴이라도 시도되어야 할 필요성이 제기된다. 2차적인 자료란 그 주택에서 거주했거나 그러한 주택을 건설했던 사람들의 간접적인 경험을 의미한다. 현재 남한에는 북한출신의 월남자들이 다수 생존해 있고, 이들을 통하여 자료를 구할 수 있다면 최소한 그들이 경험한 해방이전의 간접자료는 얻어질 수 있다고 생각된다.

이러한 배경에서 본 연구는 북한지역 전통주거에 대한 자료발굴방법의

---

2) 대표적인 북한연구자로는 리종목과 황철산을 들 수 있다.

3) 기존연구에서 제공된 북한지역 전통주거의 도면자료는 통틀어 40여개에 지나지 않으며, 그나마 모두 1960년대 이전에 조사 작성된 것이다. 결국 이 자료만이 현재까지 인용, 재인용되는 실정이다.

가능성을 찾고, 새로운 자료를 발굴 제공함으로써 답보 상태에 있는 이 분야 연구에 활성화를 기할 목적으로 시도되었다. 또한 이 자료를 통하여 기존의 이론들을 비판적으로 검토함으로써 북한지역 주거문화의 지역적, 시대적, 계층적 특성 등을 규명할 수 있다고 기대하였다.

이 연구의 대상은 북한출신 월남자들이 경험한 북한지역의 전통주거이며, 그것에 대한 그들의 기억과 재생을 통하여 건축적 자료를 발굴, 수집하는 방법을 사용하였다. 물론 전통주거의 연구에서 가장 기본적이고 필수적인 자료는 주택이라는 물리적 환경이며 이는 현장에서 실측을 통한 도면작성에 의해 얻어져 왔다. 그러나 이미 언급한 바와 같이 현실적인 여건에서 실체에 대한 현장 접근이 불가능하다면 2차적인 자료로서 그곳에 거주하거나 건설에 참여한 경험이 있는 사람들이 그 주택에 대하여 가지고 있는 지식체계를 분석하는 일도 유의한 자료가 될 수 있다고 보았다.

본 연구에서는 우선 북한출신 주민들을 대상으로 설문지와 면담방법을 통하여 그들의 기억 속에 남아있는 주거형태를 색출하고자 한다. 월남이전 그들의 인지적 성숙도를 감안한다면 월남당시 15세 이상, 즉 현재 60세 이상의 주민이 유효한 것으로 추측된다. Piaget의 인지발달론에 의하면 11세에서 15세 까지의 사춘기를 환경적 인지가 완전히 성숙하는 단계[4]로 보기 때문이다. 이 조사는 이북 5도 전역을 대상으로 하며 그들이 경험한 주택의 건축적 특징 뿐 만이 아니라, 주거의 입지, 건축연대 및 당시 거주인의 사회경제적 성격 등을 기술하게 함으로써 그 주택의 시대성이나 지역성, 계층성이 분석될 수 있도록 하였다.

또한 이 조사를 통하여 북한지역 전통주거에 대하여 풍부한 경험적 지

---

4) I.Aitman & Chemers, Culture and Environment, Brooks/Cole Publishing Company, 1980, p.67.

식을 갖는 중요 자료제공자(key informants)를 색출할 수 있으리라고
예상된다. 만일 그 지역에서 전통주거의 건설경험이 있는 풍수사나 대목,
소목, 와공, 토역 등이 색출된다면 이들을 대상으로 심층조사가 이루어질
것이다. 이러한 심층조사에는 용어체계를 분석하는 민족지적 면담방법
(ethnographic interview)을 사용하여 주거유형 및 건축계획적 방법,
건설과정, 건축의례 등이 분석될 수 있을 것으로 기대하였다.[5]

　본 연구는 일종의 선행적 연구로서 연구비의 한계 상 우선 부산경남지
역에 거주하는 북한출신주민들을 대상으로 하였다. 여기에서 조사방법과
자료의 신뢰성이 확보된다면 조사대상을 남한의 전지역에 거주하는 주민
들로 확장할 계획이며, 통계학적 분석이 가능할 때까지 자료수집이 계속
될 것이다. 물론 이번 연구에서도 얻어진 자료를 통하여 기존이론을 수
정할 수 있는 단서를 찾을 것이며, 이는 향후 통계학적 검증의 대상이 될
것이다.

---

5) 민족지적 면담방법을 주거문화의 분석과 기술에 적용시킨 예는 필자의 학위논문인 "삼척이남 동해안지
역 전통민가에 관한 연구— 지방목수들의 지식체계분석을 통하여—"(서울대 박사논문, 1988)를 필두로
"민족과학적 방법을 원용한 전통주거문화의 연구"(한국문화인류학21집, 1989), "지방대목들의 지식체계
분석을 통한 전통문화의 연구"(대한건축학회논문집40호, 1992) 등이 있다.

## 2. 설문조사의 과정과 수신자료의 성격

### 가. 설문조사의 과정과 방법

본 조사는 이주민들이 기억하고 있는 북한주거의 모습을 가능한 상세히 재생하는데 초점을 두었다. 설문지라는 방법이 대상자의 기억을 정확히 재생하는 데에는 일정한 한계가 있지만 대상자의 윤곽을 파악하기 위한 초기적 조사라는 점과 제한된 시간 안에 많은 대상자와 접촉할 수 있다는 점, 연구대상자의 가치를 파악할 수 있다는 점에서 현재로서는 가장 유효한 방법으로 생각되었다. 설문지의 첫 항목은 인적사항으로서 계속적인 접촉을 위해 성명과, 주소, 전화번호 등을 기재하게 하였고, 현재의 나이와 월남 당시의 나이를 알아보기 위해 생년월일과 월남년도를 질문하였다. 두 번째 항목은 북한에서의 주소와 가족형태, 경제 형태와 계층을 기재토록 하였다. 세 번째 항목은 건설경험을 알아보기 위한 질문으로서 이는 향후 면담대상자를 가려내기 위한 것이었다.

주거의 성격을 알아보기 위한 설문항목은 마을입지에 대한 항목으로부터 시작하였다. 마을의 입지(도·농의 구분), 마을지형(산지와 평야의 구분), 마을규모는 호수로 기재토록 하였다. 주거내의 건물구성을 파악하기 위하여 건물명과 규모. 형태, 평면(홑집과 겹집의 구분), 지붕형태, 지붕재료 등 배치평면도에 표현도지 않는 내용을 질문하였다. 대문과 담장의 형태 등 외곽시설에 대한 질문도 포함되었다. 공간의 용도와 성격을 파악하기 위한 항목도 삽입하였다.

본 조사에서 가장 역점을 둔 것은 대상자들이 직접 그려준 북한거주 당시의 주거모습이었다. 설문대상자들이 도면작성의 경험이 없을 것이라는 전제하에 두 개의 배치평면도를 보기로 제시하고 도면기호 범례를 제공하였다. 입면까지 작도하는 것을 생각하였으나 비전문가에게 입면작도는 어려운 작업이며 시간이 많이 소요되기 때문에 설문지 자체가 회신되지 않을 것을 고려하여 본 조사에서는 배제 하였다. 대신 당시 주택의 사진이 있을 경우 보내줄 것을 정중히 부탁하였다. 그러나 사진은 단 한 장도 입수되지 못하여 본 조사에서는 배치평면도와 설문항목의 범주 내에서 자료를 얻을 수밖에 없었다.

설문지 양식을 확정한 후 이북오도민협회 경남사무소와 부산사무소를 통하여 설문지 배포 대상자를 선정하였다. 본 조사의 대상자는 당시 주거의 모습을 가급적 정확히 기억하고 있어야 하기 때문에 최소한 월남당시 15세 이상(현재 나이 65세 이상)으로 한정하였다. 또한 현재의 주소가 명확하고 회신이 가능한 사람으로서 각 도별 이사급을 우선 대상자로 설정하였다. 명단을 색출한 결과 부산·경남지역에서 총 436명을 확보하였고, 설문지를 발송한 결과 경남지역에서 46건, 부산지역에서 36건, 합계 80건이 회신 되어 18.3%의 회신율을 보였다.[6]

그러나 회신된 설문지 중에는 도면을 작도하지 않은 경우(7건), 북한지역이외에 거주한 경우(1건), 일본인 건설한 연립주택(1건) 등 본 연구와 관련되지 않는 자료도 있어 이를 비유효자료로 분류배제하고 71건만을 유효자료로 확정하였다. 유효자료만을 지역별로 분류하면 함북이 가장적어 6건이고, 함남이 가장 많아 27건, 평북 11건, 평남 16건 등으로서 지

---

6) 회신율이 낮은 이유는 대부분 주소변경으로 반송되는 경우가 많았기 때문이다.

역별로 큰 편차를 보였다. 물론 사례수가 절대적으로 부족하기 때문에
주거유형의 분석에 있어서 통계학적 처리가 어려웠다.

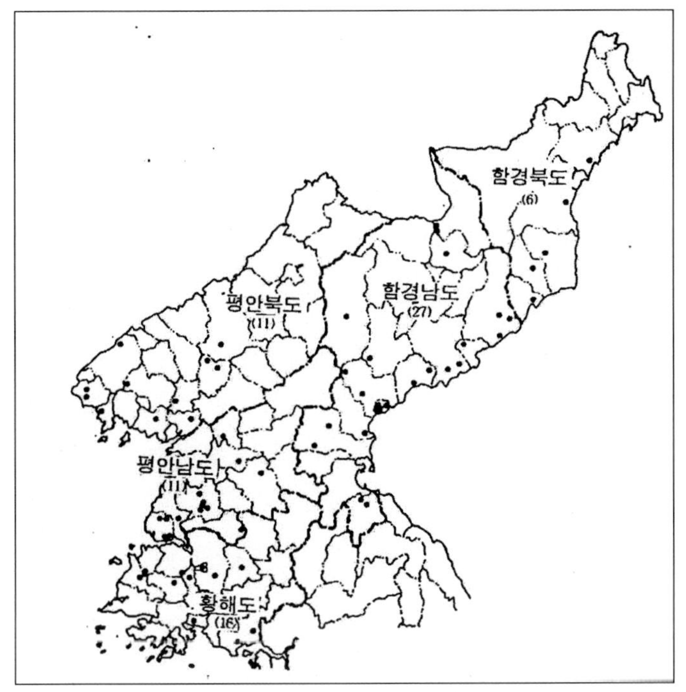


(그림 1)  수신자료의 지역별 분포

## 나. 수신자료의 성격

  회신된 설문지에서 나타난 각 항목별 답변내용을 분석해 보면 수신자
료의 성격이나 경향을 파악할 수 있다. 우선 가구의 성격 살펴보면 4인

미만의 가족은 극히 적었고, 오히려 6인 이상의 가족구성이 대다수를 차지하였다. 가구당 평균 가구원수가 6.3인으로서 대가족이지만, 가족형태로 보면 확대가족이나 방계가족이 아닌 3대 직계가족의 형태를 취하고 있었다. 개중에는 하인이나 머슴 등 비가족구성원이 거주했다는 기록이 있는 것으로 보아 일제시기까지도 부농계층에서는 주종관계의 동거가 이루어졌음을 알 수 있다.

회신자의 경제형태는 농업이 월등히 많고(47건), 그 다음이 상업(10건), 공업(7), 기타(7)의 순으로 나타난다. 이는 수신자료의 대부분이 농촌주거임을 의미한다. 회신자가 주관적으로 기록한 당시의 경제계층은 상(12), 중(40), 하(18)로서 거의 정규분포를 이루었다. 생업이 농업이었던 가구의 경우 경작규모를 살펴보면 상류계층, 즉 부농이라고 기술한 경우는 대부분 1만 5천평 이상의 경작지를 소유하고 있는 지주계층이었고, 중류계층이라고 기술한 사람은 약 3천평에서 1만 5천평 정도를 소유하고 있었다. 빈농으로 기록한 경우는 소작농으로서 3천평 이하의 토지를 경작하고 있었다.

주거입지는 농촌지역이 64건으로 대부분을 차지하여 농촌마을에 소재하였던 농촌주거였음을 알 수 있고, 소수(6건)이지만 도시에 소재했던 도시주거도 조사되었다. 마을의 지형적 조건은 산지(27건)와 평야(33건)가 비슷하게 나타나는데, 황해도 자료 모두가 평야라는 사실은 황해도가 평야지대라는 점에서 쉽게 수긍될 수 있지만, 산악지대인 함경북도에서도 모두 평야지대로 기록되었다. 그러나 함북지역의 회신자료를 지도로 표시한 결과 자료 모두가 내륙산악지대가 아닌 동해안에서 가까운 평야지대에 소재한 것이었다. 함남과 평안도에서는 산지와 평야가 비슷한 빈도

로 조사되었다. 마을규모는 30호 미만이 10건, 30호에서 90호까지 21
건, 90호 이상이 15건, 도시 및 읍소재지가 6건으로 나타났다. 30호 미
만의 소규모 마을은 주로 산악지대에서 많이 나타나고, 중·대규모 마을은
주로 평야지대에 소재한 것이었다.

주거의 건립연대는 1700년대로부터 해방시기까지 다양하게 나타났다.
이중에서 일제시기 이전, 즉 1910년 이전에 건립되었다고 기록한 응답자
는 16명이며, 1910년 이후라고 기록한 응답자는 31명이었다. 그러나 건
립연대를 기재하지 않은 사례 중에 많은 경우는 응답자가 출생하기 이전
에 건립되었을 가능성이 높기 때문에 일제시기 전후의 빈도가 비슷하리라
고 추정된다. 이러한 건립연대는 일제시기에 주거형식의 변화양상을 추적
하는데 도움이 되었다.

주거의 건축적 성격을 묻는 항목은 응답자의 대부분이 상세하게 기록하
였다. 1차 수신자료에는 건물의 형태와 배치, 공간구획정도를 스케치한
자료도 있었지만 개중에는 예상과 달리 놀랄 만큼 명확하고도 상세하게
작도한 경우도 많았다. 이 경우 바닥재료나 창호의 위치, 심지어 척수까지
기입한 경우도 있었다. 이러한 사례들은 척수가 기입되지 않은 평면들을
정리하는 기준이 되었다. 1차 수신도면을 보정하여 도면으로 재작두하고,
누락되었거나 모호한 부분에 대한 보충질문을 추가하여 재발송한 결과 2
차 회신을 얻을 수 있었다. 2차 수신도면을 정리하여 2차 보정도면을 작
성하였고, 이에 대한 확인과 검증을 위해 3차 설문지를 발송하였다. 작성
자가 도면의 적부를 확인할 때까지 발송과 회신의 반복을 거친 후에 유효
도면으로 설정하였다.

이러한 유효도면들은 오로지 작성자의 기억에 근거한 것이며 그 표현

능력에도 한계가 있기 때문에 실체적인 모습과는 어느 정도의 오차가 있을 것이다. 특히 공간의 규모, 벽체재료, 기둥위치, 창호의 종류 등은 해당지역의 일반적 경향에 의해 보정된 것이므로 신뢰하기 어렵다. 이러한 오차에도 불구하고 최소한 건물의 종류와 배치, 평면형태와 공간의 배열, 바닥재료, 창호의 유무와 위치 등은 신뢰할 만한 것으로 판단된다. 기존 연구에서 제공된 건축요소들도 결국 이러한 범주에 머물기 때문에 본 연구의 자료와 비교·검토하기에는 어렵지 않을 것이다. 따라서 본 연구의 조사방법에서 얻어진 자료들은 현장답사에 의한 기존의 자료수준과 거의 유사하다는 점에서 조사방법의 유효성이 입증되었다고 생각된다.

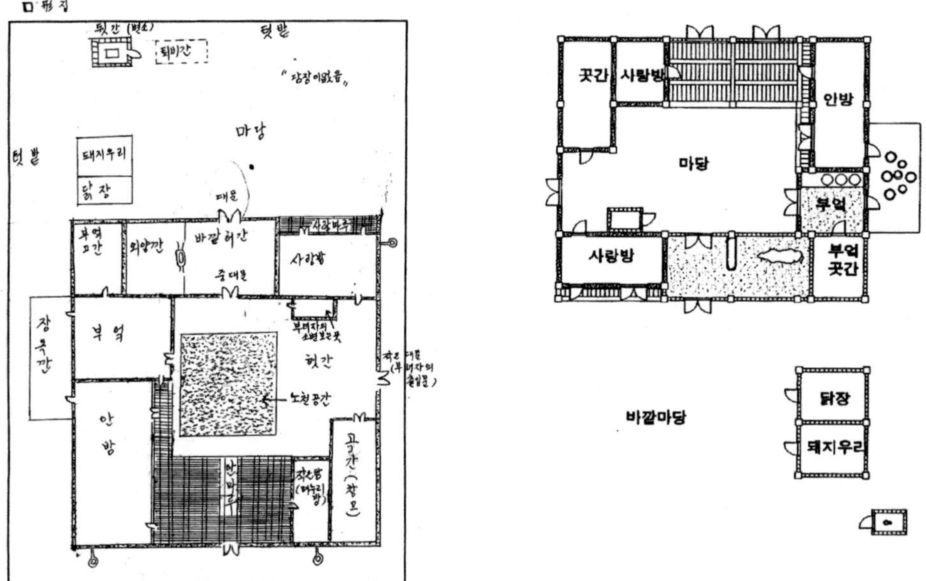

(그림 2) 1차 수신도면과 보정도면의 예

## 3. 수신자료에서 나타난 북한지역의 주거유형

### 가. 함경도 지방의 주거유형

기존의  주거유형분류법에  의하면  함경도지방의  보편적인  주거유형은 '양통집'으로 분류되어 왔다.[7] 양통과 외통의 분류법[8]은 살림채의 평면형식을 기준으로 주거유형을 구분하는 방법으로서, 양통집이란 살림채에 있어서 방의 배열이 두줄 이상 겹으로 되어 있는 집을 말한다. 이때 내부에 간막이가 없이 2간통의 방이 만들어지는 경우도 있기 때문에 엄격한 의미에서는 네 기둥으로 이루어지는 간의 배열이 두줄이상 겹으로 구성될 때를 의미하기도 한다.

그러나 양통형의 평면형식은 강원도와 경북일원에까지 폭넓게 분포하고, 내부공간의 구성이 지역마다 다르기 때문에 함경도 지방의 보편적인 주거유형은 '정주간이 있는 양통형'으로 구분되어 왔다. 정주간이 있는 양통집은 부엌과 정주간 사이에 간막이가 없고, 정주간이 통간의 거실로 사용되며, 방의 배열이 겹으로 이루어진 집을 말한다. 이러한 주거유형은 함경도형(또는 관북지방형)으로 불리울 만큼 함경도지방의 대표적인 주거유형으로 인정되어 왔고, 심지어 중국의 길림성과 흑룡강성 일대에 이주한 함경도출신의 조선족들도 아직까지 이러한 주거유형을 사용하고 있는 것이 밝혀졌다.[9]

---

7) 리종목, 우리나라 농촌주택에 관한 연구, 과학원출판사, 1961, 55쪽.
8) 학자에 따라서는 겹집과 홑집, 또는 복렬형과 단렬형으로 부르기도 한다.

이번 조사에서도 함경도 출신의 응답자들은 대부분 '정주간이 있는 양통집'을 작도해 주었다. 특히 함북지역 수신자료 모두(6건)가 이 유형으로 나타난다. 물론 이 유형은 함경남도에 이르기까지 폭넓게 나타난다. 수신자료는 기존연구에서 보여진 평면형태와 거의 유사한 형태로 나타나는 것은 물론 담장의 경계와 부속채의 종류와 배치까지도 나타나고 있다. 수신자료 중에는 부농계층으로서 거대한 부속채를 거느린 주거도 회신되었는데, 살림채는 역시 같은 유형이었다. 따라서 이 자료만으로도 '정주간이 있는 양통집'이 함경도 지방의 대표적인 주거유형이라는 사실이 충분히 검증될 수 있다.

그러나 이번 연구에서는 정주간이 부엌과 구획되거나, 정주간이 없거나, 외양간이 돌출되는 경우가 유독 함경남도에서 나타나고 있어 지역차이를 설명하기 위해서는 구분될 필요가 발생하였다. 먼저 '정주간이 없는 양통집'을 살펴보면 정주간과 부엌사이를 간막이 벽으로 막아 정주방을 만든 사례가 가장 많았고(4건), 아예 정주간이 없는 사례도 2건이 조사되었다. 또한 강원도 및 경북지방의 양통집처럼 안청을 둔 사례도 발견된다. 이러한 사례들은 주로 함경남도에서 발견되는데, 이것이 기후적, 지형적 차이에서 기인된 것인지, 또는 일제시기 도시화에 기인된 시대적 변화인지는 아직 알 수가 없다.

---

9) 강영환, 中國 延邊地區 朝鮮族의 住居空間 및 生活方式 —龍井市 智新鄕 長財村을 대상으로—, 한국건축역사연구 제 5권, 1994, 131쪽.

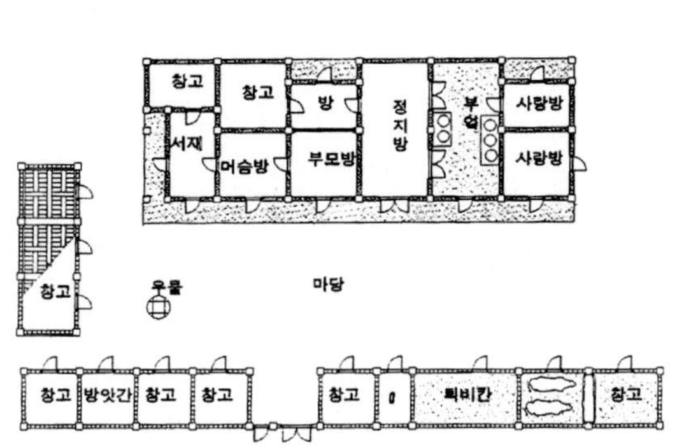

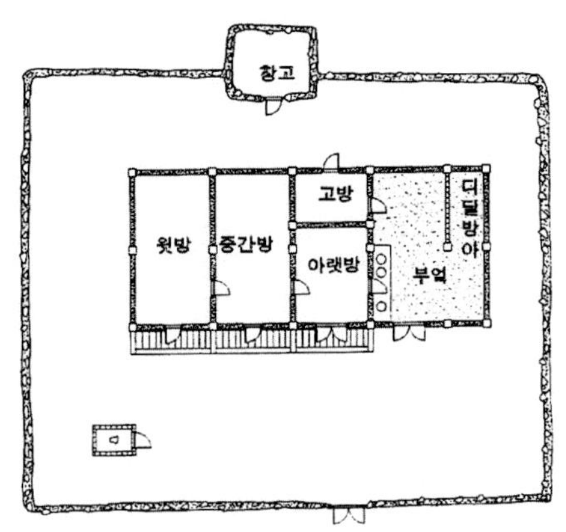

(그림 3) 정주간을 구획한 사례
(함남 북청군 속후면 용전리 주수요 씨 댁)

(그림 4) 정주간이 없는 사례
(함남 신흥군 서고천면 신상리 이구연 씨 댁)

함경남도에서 나타나는 경향 중에서 특이한 것은 같은 양통집에서도 외양간이 돌출되는 경우가 많다는 점이다. 외양간이 마당쪽으로 돌출하는 사례는 함경남도에서만 9건이 발견되었다. 이 경우 외양간만이 돌출하는 것이 아니라, 살림채 뒷열의 폭이 감소하면서 수장공간으로 전용되는 경향도 보이고 있다. (그림 6)에서 보여 지는 것처럼 앞열의 간폭이 11척인데 비해 뒷열은 7척에 불과하고 서고나 뒷방은 침실로 사용하지 않는다고 한다. 또한 부속채의 종류니 규모기 증가하는 경향도 보인다. 이는 분명 함경북도의 양통집과는 차이가 있는 것으로서 유형적 구분이 필요하다는 사실을 암시한다.

이 밖에도 기존연구에서는 제시된 바가 없는 특수한 유형들이 나타났다. 지주계층이라고 기술한 뜰집형태의 ㅁ자형 주거도 나타났으며, 도시지역에서는 홑집으로서 ㄱ자형 꺾음집도 발견되었다. 특히 이 집은 반농반상의 생업형태를 갖는 집으로서 1915년에 건립되었다고 기록하였다.

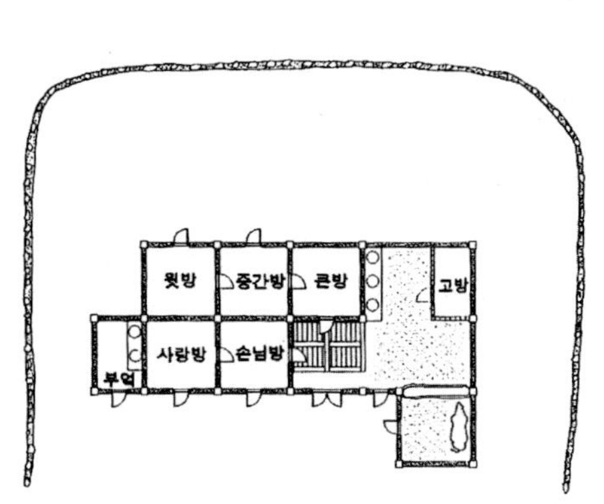



(그림 5) 안청형 양통집의 사례
(함남 안변군 배화면 풍화리 이창환 씨 댁)

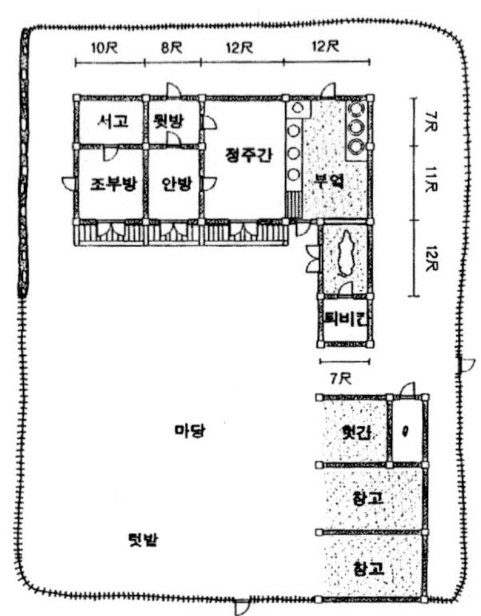



(그림 6) 외양간이 돌출된 양통집 사례
(함남 함주군 퇴조면 신흥리 이형철 씨 댁)

따라서 근대도시화 이전에도 읍성지역에서는 생업형태에 따라 다른 주거유형이 존재했을 가능성을 보여주고 있다.


## 나. 평안도 지방의 주거유형

평안도 지방의 자료는 총 27건이 수신되었는데, 평안북도(11건) 보다는 평안남도의 사례(16건)가 많았다. 평안도 지방 출신자들이 회신한 자료들을 살펴보면 살림채와 대문채가 홑집으로서 평행하게 병렬배치된 유

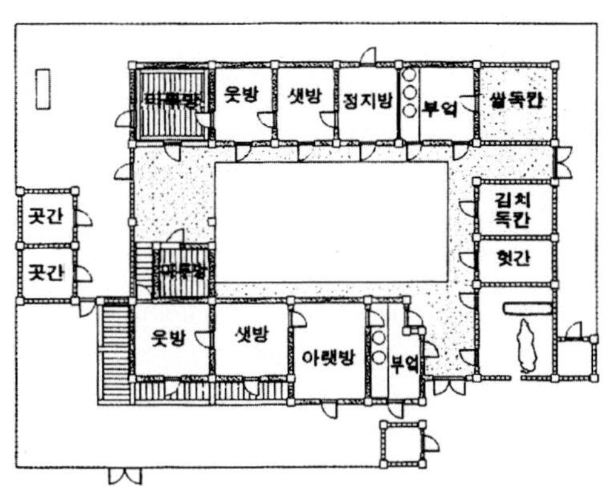

(그림 7) ㅁ자집의 사례
(함남 영흥군 억기면 신흥리 박성곤 씨 댁)

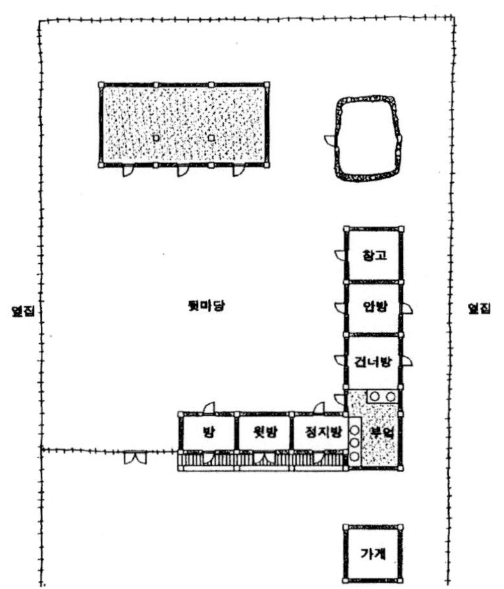

(그림 8) ㄱ자형 홑집의 사례
(함남 영흥군 영흥읍 운평리 강명칠 씨 댁)

형이 압도적 다수(14건)를 차지하였다. 기존연구에서도 이러한 주거유형을 '二자집'으로 분류한 바 있고[10], 평안도 지방의 전형적 주거유형으로 설명해 왔다. 그러나 본 연구에서는 부속채가 없이 一자형 살림채만 있는 소농형 주거로부터 실림채와 대문채 사이에 부속채를 거느린 부농형 주거에 이르기까지 다양한 주거유형이 발견되었다. 이는 이 지역에서 홑집형 살림채를 기본으로 하고 경제력의 상향에 따라 대문채가 병렬배치되며, 최종적으로 살림채 좌우에 부속채가 건설됨으로써 결국 튼 ㅁ자형으로 발전한다는 가설을 가능하게 한다.

---

10) 리종묵은 이를 외채집과 구분하여 쌍채집이라고 분류한 바 있으나, 평안도의 외채집은 쌍채집에서 대문채가 결여된 소농형 주거로 보이기 때문에 지역적 의미는 없다.

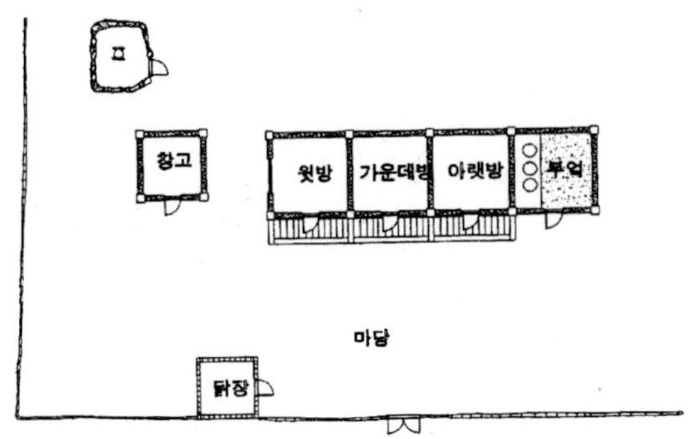


(그림 9) 평안도 소농주거의 사례
(평북 운산군 북진읍 진도 강조경씨댁)

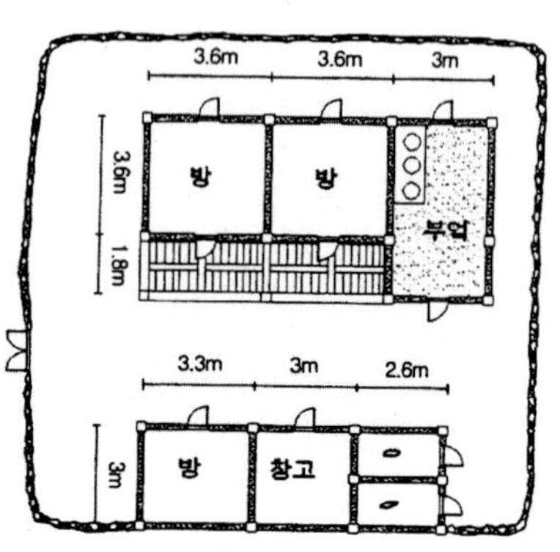


(그림 10) 평안도 중농주거의 사례
(평북 용천군 북중면 원봉리 김병주 씨 댁)

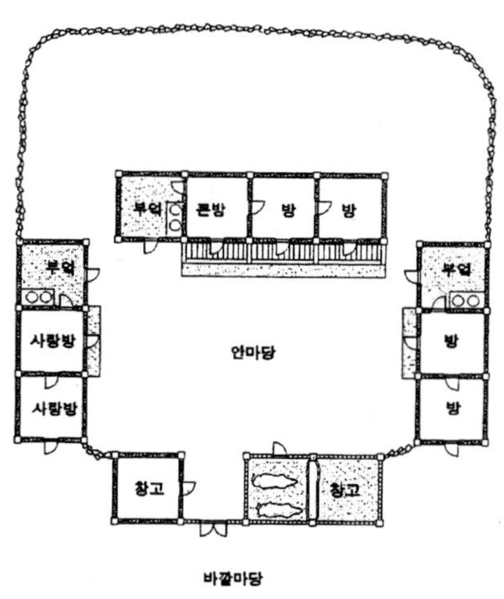


(그림 11) 평안도 부농주거의 사례
(평북 태천군 서면 임천동 김헌구 씨 댁)

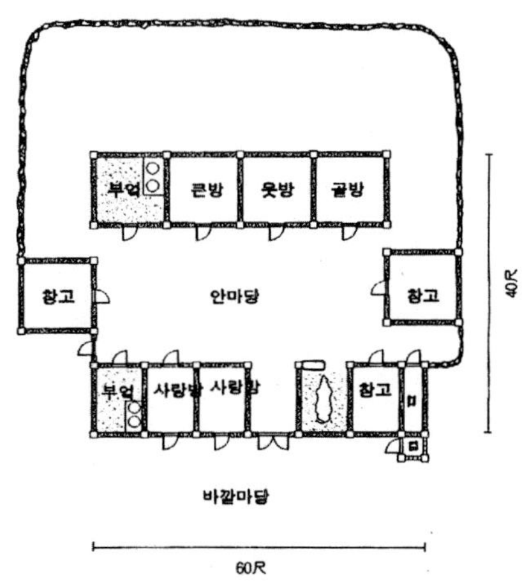


(그림 12) 이자집에서 마당과 배치
(평북 박천 차만석 씨 댁 )

(그림 13) 평안도 부농주거의 사례
(평북 태천군 서면 임천동 김현구 씨 댁)

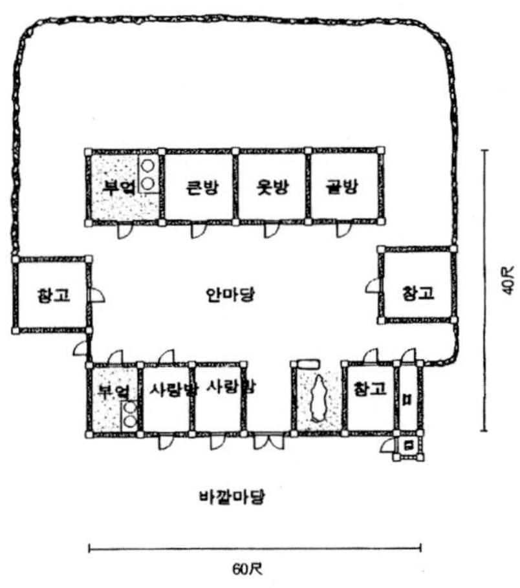

(그림 14) 이자집에서 마당과 배치
(평북 박천 차만석 씨 댁 )

　　이러한 '二자집'(튼 ㅁ자집 포함)은 한국 남부지방에서 발견되는 같은 배치평면의 주거유형들과는 성격적 차이가 있다. 우선 건물간의 거리가 가까워 안마당의 폭이 대단히 협소하고 폐쇄적이라는 점이다. 안마당은 대략 20척 이내의 폭을 갖는 장방형 평면으로서 뜰, 안뜰, 뜰안, 안마낭 등 뜰집에서 사용되는 명칭을 가지고 있으며, 대문채 밖의 바깥마당과 구분된다. 타작이나 탈곡 등 농작업은 주로 바깥마당에서 이루어지고 안마당은 마치 뜰집의 뜰처럼 채광이나 환기로 사용되는 것이다. 따라서 단지 홑집이라는 평면형태와 건물의 배치방식이 유사하다는 이유만으로 남부지방의 주거와 동일시 되기는 어렵다는 사실을 반영하고 있다.

　　이번 조사에서는 살림채가 ㄱ자형으로 구부러진 사례노 수신뇌었다.

특히 도시지역에서는 부속채가 없이 ㄱ자형 살림채만을 갖는 사례가 발견되었는데, 이는 도시지역에서 대지의 한계 때문에 발생한 것으로 보인다. 이러한 주거는 종래에 '꺾음집'이라는 명칭으로 구분되어 왔으며 주로 멸악산맥 이남 개성지구에 집중적으로 분포한다고 알려져 왔다.11) 그러나 본 조사에서는 압록강 근처인 농촌지역에서도 이와같은 꺾음집의 사례가 수신되었다. 꺾음집은 부엌을 접점으로 구부러진 경우도 있었고 창고를 접점으로 구부러진 형태도 발견되었다. 어느 경우이건 공간구성이나 배치형태로 보면 '이자집'에서 좌·우의 부속채가 살림채와 연결된 형태 이상으로는 큰 차이가 없는 것으로 보인다. 따라서 평안도 지방에서 일자집과 꺾음집을 구분하는 것은 큰 의미가 없을 것으로 생각된다.

살림채와 부속채가 연접되어 ㄷ자형, 또는 ㅁ자형으로 폐쇄화 되는 경우도 3건의 사례가 나타난다. 마치 경북지방의 뜰집이나 경기지방의 ㅁ자집에서 한변이나 한 모퉁이가 트여진 형상을 가지고 있다. 다만 대청마루가 없다는 것이 큰 차이라고 할 수 있다. 이들은 모두 평안남도 지역에서 수신되었는데 평양시와 그 인근에 소재한 것이었다. 황해도 지방에서는 이러한 유형들이 전형
으로 나타나고 폐쇄도가 더하다는 점에서 일단 지역적 유형이라고 생각할 수 있으나, 평양과 개성이라는 도시성과 함께 그 발생기원을 분석할 필요도 발견되었다.

---

11) 리종목, 앞책, 43—46쪽.

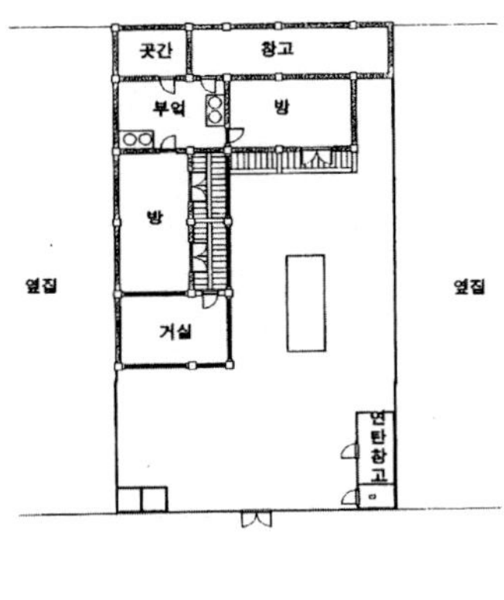


(그림 15) 도시지역에서의 ㄱ자집 사례
(평남 평양시 서문통 대제리 강인선 씨 댁)

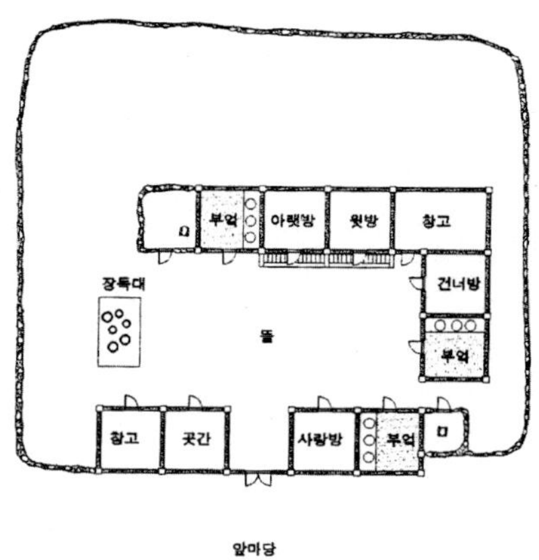


(그림 16) 농촌지역에서의 ㄱ자집 사례
(평북 철산군 부면 정의선 씨 댁)

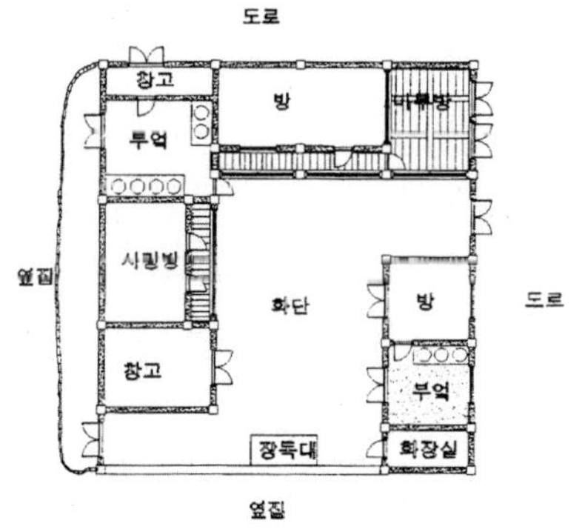


(그림 17) 평남의 ㄷ자집 사례1
(평남 평양시 김대식 씨 댁)

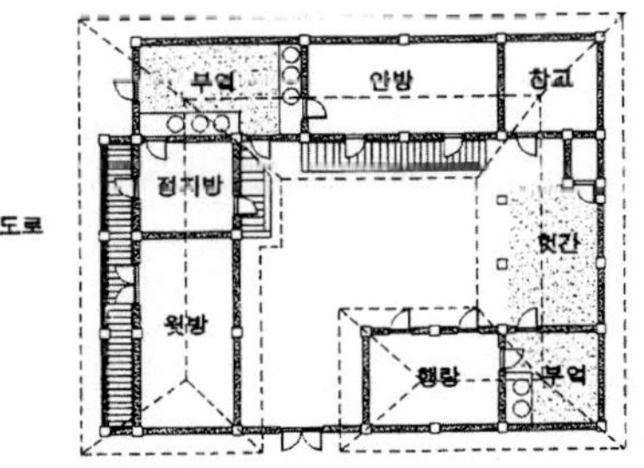


(그림 18) 평남의 ㄷ자집 사례2
(평남 성천군 사가면 장림리 이내홍 씨 댁)

## 다. 황해도 지방의 주거유형

이번 연구에서 황해도 지방의 자료는 불과 11건밖에 수신되지 못했다. 그나마 황해도 지방에서 수신된 사례들은 상당히 다양한 모습으로 나타나기 때문에 유형화하기 어려웠다. 이러한 다양성은 건물형태가 ㄱ자, ㄷ자, ㅁ자 등 다양한 꺽음집이 출현하는 데에서 기인한다. 그러나 평안도의 꺽음집이 그러하듯 '이자집'에서 살림채의 좌우 협채가 어디에 결합되는가를 중심으로 본다면 그것을 각기 다른 유형이라고 보기는 어렵다. 즉, 좌우협채의 결합방식에 따라 ㄱ+ㄴ형, ㄷ+ㅡ형, ㅡ+ㄷ형 다양한 변형이 가능하기 때문이다. 다만 꺾음집의 빈도가 높다는 것이 황해도 지방의 특징이라고 할 수 있다. 황해도 지방에서도 멸악산맥의 이북지역에서 이러한 변형들이 많이 발견된다는 점에서 멸악산맥을 기준으로 한 지역구분의 가능성을 남기고 있다.

멸악산맥에 가까울수록 안마당이 좁고, 폐쇄도가 높아지는 경향을 보이고 있다. 신천군의 김용성씨댁은 ㄷ자형이지만 대문과 담장으로 안마당이 폐쇄되었고, 재령군의 유창현씨댁은 안마당의 규모가 두칸여에 불과하다.[12] 멸악산맥 줄기에 소재한 서흥군 이윤호 씨 댁의 경우 기본적으로는 ㄱ+ㄴ형 주거이지만 두 채사이의 간격이 극히 협소하여 거의 ㅁ자집의 형상을 갖추고 있다. 이러한 모습들은 이미 평안도 二자집의 골격을 벗어나고 있어 황해도의 지역성에 가깝다고 보여진다.

---

12) 리종목은 ㄷ자형 꺽음집이 멸악산맥 이남에 분포한다고 했으나 신천군이나 재령군은 멸악산맥 이북지대이다.

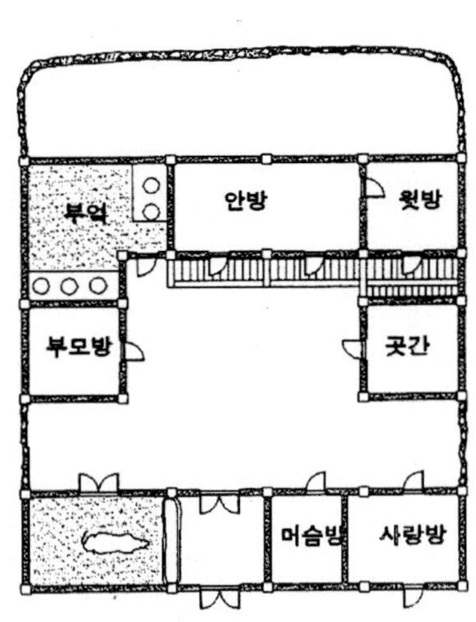


(그림 19) ㄷ자형 살림채와 일자형 대문채의
결합사례(황해도 은률군 남부면 정재원 씨 댁)

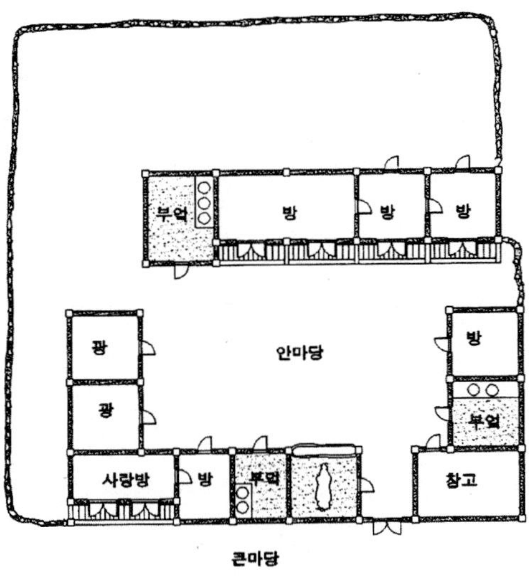


(그림 20) 일자형 살림채와 ㄷ자형 대문채의 결합사례
(황해도 사리원시 신양리 조청남 씨 댁)

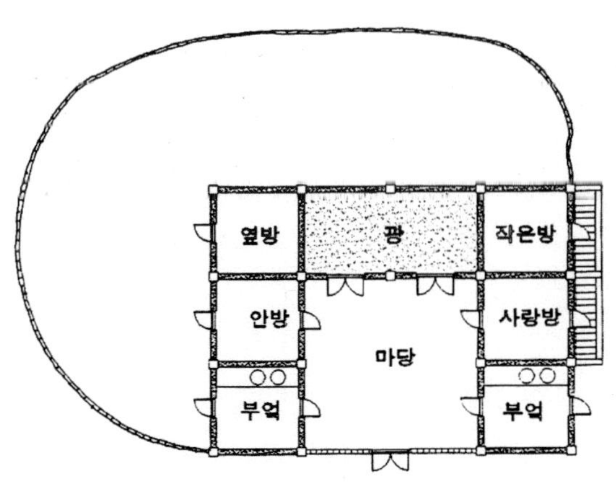


(그림 21) 황해도 ㄷ자집의 사례1
(황해도 신천군 노월면 정례리 김용성 씨 댁)

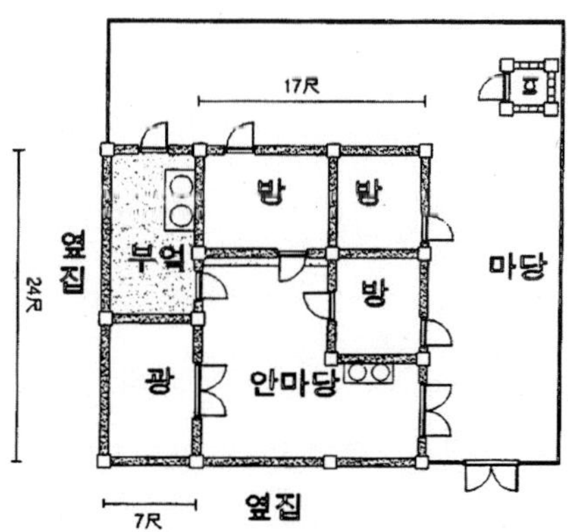


(그림 22) 황해도 ㄷ자집의 사례2
(황해도 재령군 재령읍 류화리 유창현 씨 댁)

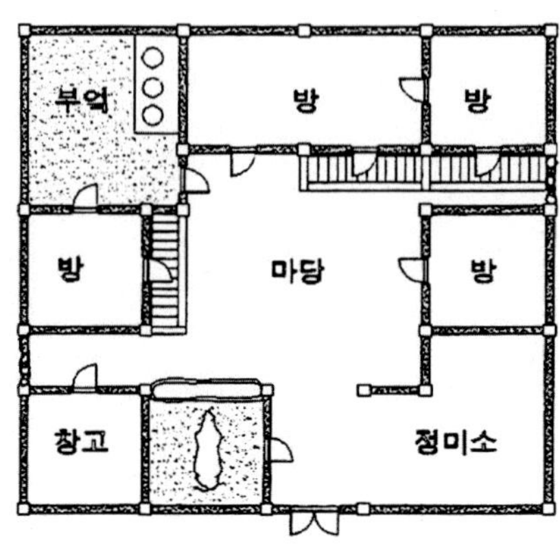



(그림 23) 황해도 ㄱ+ㄴ자집의 사례 (황해도
서흥군 용평면 이윤호씨댁)

멸악산맥에 가까울수록 안마당이 좁고, 폐쇄도가 높아지는 경향을 보
이고 있다. 신천군의 김용성 씨 댁은 ㄷ자형이지만 대문과 담장으로 안
마당이 폐쇄되었고, 재령군의 유창현 씨 댁은 안마당의 규모가 두칸여에
불과하다.13) 멸악산맥 줄기에 소재한 서흥군 이윤호 씨 댁의 경우 기본
적으로는 ㄱ+ㄴ형 주거이지만 두 채 사이의 간격이 극히 협소하여 거의
ㅁ자집의 형상을 갖추고 있다. 이러한 모습들은 이미 평안도 二자집의
골격을 벗어나고 있어 황해도의 지역성에 가깝다고 보여 진다.

멸악산맥 이남지역인 연백군에서는 완전한 ㅁ자집이 조사되었다. 이러
한 집을 회신자들은 '똬리집', 또는 '뙤쇄집'이라고 부르고 있다. 종래의
연구에서 '똬리집'은 황해도의 전형적인 유형으로서 경기도 서해안지방까
지 분포하는 것으로 보고된 바 있다.14) 본 조사에서 발견된 똬리집은 단

---

13) 리종목은 ㄷ자형 꺾음집이 멸악산맥 이남에 분포한다고 했으나 신천군이나 재령군은 멸악산맥 이북지
   대이다.

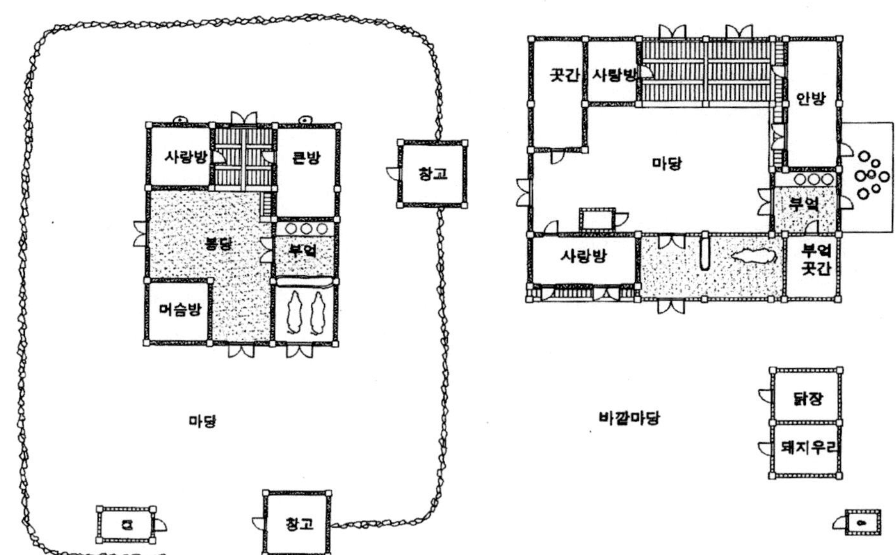



(그림 24) 황해도 ㅁ자집의 사례1
(황해도 연백군 유곡면 식현리 김희찬 씨 댁)

(그림 25) 황해도 ㅁ자집의 사례2
(황해도 연백군 호남면 개현리 이은호 씨 댁)

지 ㅁ자형 주거라는 특징만이 아니라 대청마루를 가지고 있다는 점에서 멸악산맥 이북의 주거와 큰 차이를 이룬다. 리종목도 대청이 있는 꺾음집을 멸악산맥 이남지역의 특징으로 보았다.[15] 대청은 또한 경기도 및 남부지방 주거의 중요한 특징이기도 하다. 따라서 대청의 유무는 향후 주거유형을 구분하는데 중요한 기준이 되어야 할 것으로 보인다.

황해도 지방의 특수한 사례로서 양통집이 발견된다는 사실도 특기할 만하다. 황해도 신천읍에 소재한 권영기씨댁은 전형적인 양통집으로서,

---

14) 김광언, 주거민속지, 민음사, 1988, 191–210쪽.

15) 리종목, 앞책, 48쪽.

정주간이 없고 살림채 안에 외양간을 두고 있는 모습이 보여진다. 이러한 주거는 앞서 살펴본 바와 같이 함경남도의 전형적인 주거와 대단히 유사한 것이다. 이러한 양통집의 존재는 이미 리종묵에 의해 황해도에도 분포하는 것으로 밝혀진 바 있으나 이번 조사에서는 단 1건의 사례가 발견되었다. 따라서 황해도에 양통집이 주류를 이룬다고 하는 김광언의 주장16)은 아직 통계학적 검증이 필요할 것으로 보인다. 또한 황해도의 외통집과 양통집이 계층적 차이인지, 지역적 차이인지도 규명되어야 할 것이다.

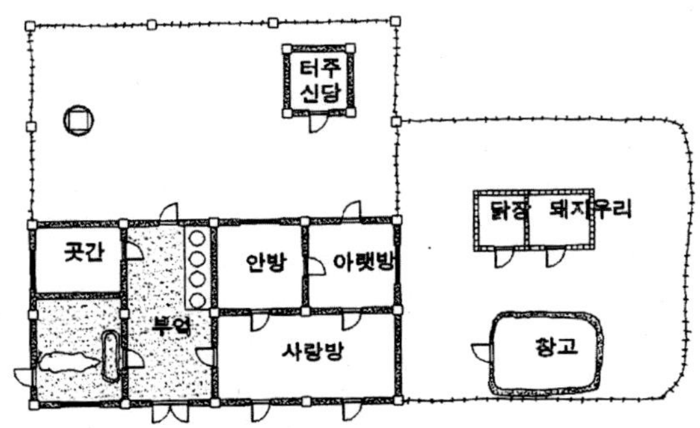


(그림 **26**) 황해도 양통집의 사례
(황해도 신천읍 권영기 씨 댁)

---

16) 김광언, 앞책, 7쪽.

## 4. 결론

　본 연구는 남한에 거주하는 북한출신 주민의 기억을 통하여 북한지역 전통주거에 관한 새로운 연구자료를 색출하고 제공함으로써 이 분야 연구에 활성화를 기할 목적으로 수행되었다. 북한출신자들을 대상으로 설문조사와 도면작성, 면담을 통하여 자료를 수집한 결과, 얻어진 자료는 지금까지 기존연구에서 제공된 자료와 비교할 때 질과 내용면에서 결코 뒤지지 않는 것으로 판단된다. 따라서 본 연구에서 사용된 자료수집의 방법은 남북분단의 현 상황에서 연구자료의 확장을 기할 수 있는 가장 유효한 방법이라는 결론에 도달하였다.

　또한 본 연구의 결과로서 주거의 입지, 가구의 인문·사회적 성격, 주택의 배치평면도 등 복합적 정보를 갖춘 71건의 자료가 얻어졌는데, 이는 지금까지 제공된 북한지역 전통주거의 도면자료 총수의 2배에 가까운 것이었다. 이러한 수치는 아직 통계학적 의미를 갖는데 부족하지만 기존의 이론을 재검토 할 수 있는 단서를 제공하고 있다. 본 연구를 통하여 얻어진 단서들을 지역별로 종합정리하면 다음과 같다.

　1. 함경도 지방의 대표적인 주거유형은 '정주간이 있는 양통집'이라고 알려져 왔으며 본 연구에서도 함경북도의 경우 대다수를 차지하였다. 그러나 함경남도 지방에서는 정주간이 없어지는 경향이 나타나며, 마구간이 돌출하면서 뒤열의 간폭이 축소되는 경향이 나타난다. 이는 함경북도와 함경남도의 주거유형을 구분하여 분석할 필요성을 암시하고 있다.

2. 평안도 지방에서는 살림채와 대문채가 병렬배치된 '二자집'이 다수로 나타났다. 평안도의 '二자집'은 두 채 간의 거리가 가깝고 폐쇄적인 안뜰을 형성한다는 점에서 남부지방의 유사한 주거유형과 동일시되기는 어려울 것으로 보여 진다. 또한 살림채의 평면형태가 ㄱ자나 ㄷ자 등 '꺽음집'이라고 구별되어 온 유형들은 '二자집'의 살림채가 부속채와 결합된 형태로서 지역유형이라고 보기는 어려울 것으로 생각된다.

3. 황해도지방은 멸악산맥 이북과 이남을 구분할 필요가 발생하였다. 멸악산맥 이북지역에서는 평안도 '이자집'을 골간으로 하면서 '꺽음집'의 빈도가 더 높게 나타났다. 멸악산맥 이남에서는 ㅁ자형 '똬리집'이 우세하게 나타나면서 대청마루가 보여 졌다. 함경도형 '양통집'도 나타났지만 종래의 가설처럼 주류를 이루는 것은 아니었다.


본 연구에서 얻어진 자료들은 향후 도시, 농촌간의 차이, 계층적 차이를 분석할 단서들도 제공하고 있다. 또한 같은 조사방법을 통하여 더 많은 자료가 확보됨으로써 통계학적 검증이 가능할 것으로 기대된다. 현재 서울·경기 및 강원도에 거주하는 북한출신자들을 대상으로 하는 조사연구가 진행되고 있으며, 이 연구가 완료되는 대로 위 단서들이 검증될 예정이다.

# 참고문헌_


조선 과학백과사전출판사 편,『조선향토 대백과』, 평화문제연구소, 2005.

배기찬,『신 북한지리지』, 다나, 1994.

지지편찬위원회,『한국지지 총론』, 건설부 국립지리원, 1980.

오홍석,『취락지리학』, 교학사, 1980.

리종목,「우리나라 농촌주택의 류형과 그 형태」,「19세기중엽 – 20세기 초엽, 문화유산 5호」, 1960.

리종목,「우리나라 농촌주택의 발전에 관한 민속학적 고찰」, 문화유산 6호, 1960.

황철산,「우리나라 과거주택의 유형과 그 형성 발전」, 고고민속 3호, 1965.

주남철,『한국주택건축』, 일지사, 1980.

장보웅,『한국의 민가연구』, 진보제, 1981.

신영훈,『한국의 살림집』, 열화당, 1983.

김광언,『한국의 주거민속지』, 민음사, 1988.

울산대 건축학부,『장재촌』, 울산대 출판부, 1995.

김홍식,『한국의 민가』, 한길사, 1993.

강영환,『새로 쓴 한국 주거문화의 역사』, 기문당, 2002.

강영환,『집으로 보는 우리분화 이야기』, 웅진덧김, 2004.

강영환,「삼척이남 동해안지역 전통민가에 관한 언구」, 서울대 박사논문, 1989.

강영환,「중국 연변지구 소선쪽 주거공긴 및 생활방식」, 건축여사연구 5권, 1994.

강영환,「북한지역 전통주거에 관한 조사연구(1)」, 건축역사연구 5권2호, 1996.

강영환,「북한지역 전통주거에 관한 조사연구(2)」, 건축역사연구 6권 3호, 1997.

문정호,「자료발굴을 통한 북한지역 전통주거에 관한 연구」, 울산대 석사논문, 1996.

小田內通敏, 1923, 조선부락조사예찰보고, 제1책, 조선총독부.

小田通敏朝, 1924, 조선부락조사보고, 제 1책, 조선총독부.

今和次郎, 1924, 조선부락특별조사보고, 제1책 (민가), 조선총독부.

岩規善之, 1924, 조선민가의 가구에 대하여, <조선과 건축> 1-5.

野村孝文, 1938, 조선주택의 일고찰, <조선과 건축> 17-5.

리종목, 1960, 우리나라 농촌주택의 류형과 그 형태, 19세 중엽- 20세기 초엽, <문화유산> 5호.

리종목, 1960, 우리나라 농촌주택의 발전에 관한 민속학적 고찰, <문화유산> 6호.

황철산, 1965, 우리나라 과거주택의 류형과 그 형성 발전, 고고민속 3호.

주남철, 1980, 한국주택건축, 일지사.

장보웅, 1981, 한국의 민가연구, 진보제.

신영훈, 1983, 한국의살림집, 열화당.

김광언, 1988, 한국의 주거민속지, 민음사.

김홍식, 1993, 한국의 민가, 한길사.

강영환, 1991, 한국 주거문화의 역사, 기문당.

강영환, 1989, 韓國 傳統民家 연구의 動向과 果題, [건축] 제33권 2호.

강영환, 1989. 三陟以南 東海岸 지역 傳統民家에 관한 연구
        - 地方木手들의 知識體系 分析을 통하여 -, 서울대 박사논문

강영환, 1989, 民族科學的 方法을 원용한 傳統住居文化의 연구
        - 동해안 지역 傳統民家를 대상으로 -, 韓國문화인류학21집

강영환, 1992, 지방대목들의 지식체계 분석을 통한 전통주거문화의 연구
        - 북부 영남지방을 대상으로 -, 대한건축학회 연구논문집 8권 2호 통권 40호.

강영환, 1994, 中國 延邊地區 朝鮮族의 住居空間 및 生活方式
        - 龍井市 智新鄕 長財村을 대상으로 -, 한국건축역사학회지 5권.

# 색 인_

강영환 ————————————————————————————

**▌약 력**

1953년 서울 출생
1979년 서울대학교 건축학과 졸업
1989년 서울대학교 대학원 건축학과 졸업, 공학박사
1983년 울산대학교 교수 취임, 현재까지 재직 중
1991년 경상남도 문화재위원회 전문위원
1992년 역사편찬위원회 한국사 집필위원
1997년 울산광역시 문화재위원
1999년 문화관광부 문화재 전문위원
2010년 울산대학교 중앙도서관장

**▌주요 논문 및 저서**

『새로 쓴 주거문화의 역사』(기문당, 2002) 외 저서 10편
「북한지역 전통주거에 관한 연구」(1996) 외 논문 30편

e-mail: yhkang@mail.ulsan.ac.kr

# 북한의 옛집
그 기억과 재생 | 함경도 편

**초판인쇄** | 2010년 5월 29일
**초판발행** | 2010년 5월 29일

**지 은 이** | 강영환
**펴 낸 이** | 채종준
**펴 낸 곳** | 한국학술정보㈜
**주    소** | 경기도 파주시 교하읍 문발리 파주출판문화정보산업단지 513-5
**전    화** | 031) 908-3181(대표)
**팩    스** | 031) 908-3189
**홈페이지** | http://ebook.kstudy.com
**E-mail** | 출판사업부  publish@kstudy.com
**등    록** | 제일산-115호(2000. 6. 19)

ISBN    978-89-268-1072-9 93540 (Paper Book)
        978-89-268-1073-6 98540 (e-Book)

이담 Books 는 한국학술정보(주)의 지식실용서 브랜드입니다.